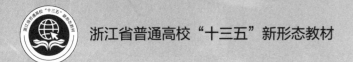

浙江省普通高校"十三五"新形态教材

U0560238

数控机床电气控制与PLC

主　编　饶楚楚

ZHEJIANG UNIVERSITY PRESS
浙江大学出版社
·杭州·

图书在版编目（CIP）数据

数控机床电气控制与PLC / 饶楚楚主编 .—杭州：
浙江大学出版社，2024.6
ISBN 978-7-308-23882-3

Ⅰ．①数…Ⅱ．①饶…Ⅲ．①数控机床–电气控制–
高等职业教育–教材②PLC技术–高等职业教育–教材
Ⅳ．①TG659②TM571.6

中国国家版本馆CIP数据核字（2023）第099418号

数控机床电气控制与PLC

SHUKONG JICHUANG DIANQI KONGZHI YU PLC

饶楚楚　主编

责任编辑	吴昌雷
责任校对	王　波
封面设计	北京春天
出版发行	浙江大学出版社
	（杭州市天目山路148号　邮政编码310007）
	（网址：http://www.zjupress.com）
排　　版	杭州晨特广告有限公司
印　　刷	杭州高腾印务有限公司
开　　本	787mm×1092mm　1/16
印　　张	19.25
字　　数	456千
版 印 次	2024年6月第1版　2024年6月第1次印刷
书　　号	ISBN 978-7-308-23882-3
定　　价	55.00元

版权所有　侵权必究　印装差错　负责调换

浙江大学出版社市场运营中心联系方式：0571-88925591；http://zjdxcbs.tmall.com

前　言

为迎接新一轮科技革命和产业革命,满足国家创新驱动发展战略需求,越来越多以高速高精度多轴控制为特点的高端数控机床走进现代车间,高端数控机床控制技术人员跻身《制造业人才发展规划指南》(教职成〔2016〕9号)紧缺人才第二位,迫切需要培养紧跟产业升级,会机床电气维护、PLC的机床功能应用、高端数控机床及辅助设备联调等综合控制技术技能的人才。而"数控机床电气控制与PLC"课程涉及数控机床制造技术、电气控制技术、数控机床故障与维修、PLC控制技术等多门专业知识,是智能制造装备技术专业重要的核心课程之一。

本书结合高职教育人才培养特点,通过视频、文档、资源库等新形态开展,以数控机床电气控制及机床专用PLC技术为主,采用项目化模式编写,在知识与技能学习的基础上,加强工程训练,通过国家发展、行业发展、个人楷模等思政案例的注入,唤起学生的责任感、使命感以及对专业的认同感,促进学生综合素质的提升。全书内容分为3个模块12个项目,从基本电气控制到数控机床电气控制,再到数控机床PLC综合技术,在内容上由浅入深,由局部到整体,由易到难,同时结合具体产品,叙述详尽,读者学习完成后,基本能完成数控机床的功能电气电路设计和PLC程序设计及调试工作。第一个模块为电气控制基本环节,以几种基本电气控制电路为依据划分为5个项目内容,学习基本电路控制原理及基本元器件的应用,同时训练各个控制电路的电气连接及工具的使用。第二个模块为数控机床控制系统,按机床运动控制功能划分为3个项目内容,以FANUC系统的数控机床为平台,学习机床主运动、进给运动与辅助运动的控制原理及系统连接与调试。第三个模块为数控机床PLC编程,按机床的各种功能程序划分为4个项目内容,从PLC基本知识过渡到数控机床PMC,通过全案例讲解,帮助读者学习和设计相关功能PLC程序。

本书可供高等职业院校、技工学院、技师学院等机械类专业学生学习,也可作为企业数控车间的维修、调试人员的参考用书。

　　本书由衢州职业技术学院饶楚楚主编,由以下人员编写完成:模块一中的项目一至项目三由衢州职业技术学院饶楚楚和兰叶深老师,以及滁州职业技术学院疏剑老师编写完成;项目四及项目五由衢州职业技术学院的饶楚楚和义乌工商学院李时辉教授合作完成;项目六至项目八由衢州职业技术学院的饶楚楚与亚龙智能装备集团股份有限公司的吕洋高级工程师合作完成;项目九至项目十二由衢州职业技术学院的饶楚楚、徐文俊、周明安老师合作完成。教材中所有的教学视频都由饶楚楚与亚龙智能装备集团股份有限公司的付强合作完成。

　　由于编者水平有限,书中难免存在不足,若有宝贵意见,恳请向编者(raochuchu@163.com)反馈。

编　者

2023年12月

目　录

模块一　电气控制基本环节 ·· 1

　　紧跟行业发展,铸就智造新人才 ·· 1

　项目一　三相异步电动机全压启动及多地控制 ······························ 5

　　知识与技能篇 ·· 5

　　　任务一　电气控制系统设计基本规则的了解 ························· 5

　　　任务二　相关低压元器件的认识 ······································· 12

　　　任务三　电动机全压启动控制线路的分析 ··························· 27

　　　任务四　常用工具的使用 ·· 31

　　匠人锤炼篇 ··· 37

　　　任务五　电气控制线路连接实训 ······································· 37

　项目二　电动机正反转及自动往复循环控制 ······························ 42

　　知识与技能篇 ·· 42

　　　任务一　相关电气元件的认识 ·· 42

　　　任务二　三相交流电动机正反转控制线路分析 ···················· 46

　　　任务三　自动往复循环控制线路分析 ································· 49

　　匠人锤炼篇 ··· 50

　　　任务四　电气控制线路连接实训 ······································· 50

　项目三　顺序控制 ·· 54

　　知识与技能篇 ·· 54

　　　任务一　相关电气元件的认识 ·· 54

　　　任务二　顺序控制电路分析 ··· 63

　　匠人锤炼篇 ··· 65

　　　任务三　顺序控制线路连接调试实训 ································· 65

　项目四　异步电动机降压启动控制 ·· 69

　　知识与技能篇 ·· 69

　　　任务一　常见降压启动控制线路分析 ································· 69

匠人锤炼篇 ···75

    任务二 电动机降压启动线路连接调试实训 ·······················75

项目五 异步电动机制动控制 ···80

  知识与技能篇 ··80

    任务一 相关元器件的认识 ···80

    任务二 常见制动控制线路分析 ·····································81

  匠人锤炼篇 ···86

    任务三 电动机可逆运行能耗制动控制线路的安装与调试实训 ·····86

模块二 数控机床控制系统 ···**91**

  国之重器,数控人传承的工匠精神 ··91

项目六 数控机床主运动控制系统 ··94

  知识与技能篇 ··94

    任务一 数控机床电气控制系统结构认识 ·························94

    任务二 数控机床主运动控制系统的连接 ·························97

  匠人锤炼篇 ··111

    任务三 主轴控制线路调试实训 ···································111

项目七 数控机床进给控制系统 ···117

  加工精度的演变——约翰·帕森斯:从学徒到数控之父,精益求精的力量 ···117

  知识与技能篇 ··118

    任务一 数控机床进给伺服驱动系统概述 ························118

    任务二 进给伺服系统识别 ··123

    任务三 FANUC进给伺服单元连接 ·····························125

  匠人锤炼篇 ··139

    任务四 进给伺服控制系统调试实训 ·····························139

项目八 数控机床辅助功能控制系统 ·····································142

  知识与技能篇 ··142

    任务一 数控系统I/O模块的认识及连接 ·······················142

    任务二 数控机床外围电气控制电路设计与实例分析 ············150

    任务三 刀库控制电路连接调试实训 ·····························157

  匠人锤炼篇 ··163

    任务四 项目训练 ···163

模块三　数控机床PLC编程 ·· **166**

厚积薄发——国产PLC的追光之路 ······································ 166

项目九　PLC概述 ·· 170

知识与技能篇 ·· 170

任务一　认识PLC ·· 170

任务二　FANUC 0C PLC-L基本编程的认识 ················ 180

任务三　PLC控制系统设计方法 ································· 189

任务四　FANUC LADDER-Ⅲ编程软件 ····················· 197

任务五　FANUC的系统编程操作 ····························· 210

匠人锤炼篇 ·· 215

任务六　PLC控制系统设计实训 ······························ 215

项目十　数控机床工作方式PMC编程 ·································· 217

知识与技能篇 ·· 217

任务一　FANUC PMC编程的认识 ···························· 217

任务二　工作方式PMC程序设计与调试 ···················· 233

匠人锤炼篇 ·· 240

任务三　项目训练 ·· 240

项目十一　数控机床运行功能PMC编程 ······························ 242

知识与技能篇 ·· 242

任务一　相关知识的了解认识 ···································· 242

匠人锤炼篇 ·· 246

任务二　手动进给PMC程序设计与调试 ···················· 246

任务三　系统运行功能PMC程序设计 ······················· 265

项目十二　数控机床辅助功能PMC编程 ······························ 274

知识与技能篇 ·· 274

任务一　相关知识的了解认识 ···································· 274

匠人锤炼篇 ·· 281

任务二　机床典型辅助功能PMC程序设计与调试 ·········· 281

附录A　常用电气简图用图形及文字符号一览表 ···················· 295

附录B　FANUC功能指令 ··· 298

模块一 电气控制基本环节

本模块主要内容

主要介绍对电动机各种控制电路的分析。由于涉及电气系统图,所以首先介绍电气图的类型、画法及国家标准。

学习目标

(1)掌握绘制电气图的基本原则。

(2)掌握电动机的启动、停止、正反转、多地、降压启动、制动等控制原理,并能根据功能需求设计简单的单元电路。

(3)掌握电动机控制电路常用的保护环节。

(4)能根据提供的线路图,按照安全规范要求,正确利用工具和仪表,熟练完成电气元器件安装;元件在配电板上布置要合理,安装要准确。

(5)能按照现场管理要求(整理、整顿、清扫、清洁、素养、安全)安全文明生产。

紧跟行业发展,铸就智造新人才

一、我国数控机床的发展

自1958年我国研制出第一台数控机床至今已有几十年的历史,当前我国工业领域"卡脖子"问题仍然较为突出,需要依赖国外集成电路、操作系统和基础软件,我国90%的芯片、80%的高档数控机床和80%以上的核心工业软件依赖进口。

机床工业一直以来都是主要国家和领先企业重要的战略布局点,未来制造业格局变化调整,尤其对于全球汽车、航空航天、高端装备制造业等,机床行业是重要的战略支点,对于未来竞争力杠杆起到重要的影响作用。《中国制造"2025"》将数控机床和基础制造装备列为"加快突破的战略必争领域",其中提出要加强前瞻部署和关键技术突破,积极谋划抢占未来科技和产业竞争制高点,提高国际分工层次和话语权。

（一）现状

近年来，在国家政策利好以及企业不断追求创新的背景下，我国数控机床行业发展迅速。数据显示，2019年，中国数控机床产业规模达3270亿元。由于2020年开始受新冠疫情的影响及能源供应限制，2020年我国数控机床产业市场规模小幅下降，市场规模为2473亿元，同比下降24.4%。2021年我国数控机床产业规模为3589亿元，同比增长10.4%。预计2024年我国数控机床产业规模将接近4500亿元，如图1-1所示。"十四五"期间，我国积极培育先进制造业集群，推动高端数控机床产业创新发展，预计行业将迎来快速发展时期。

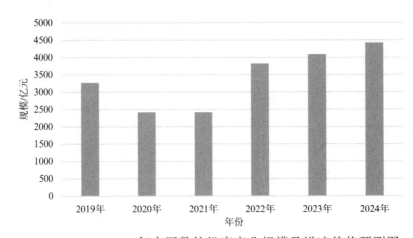

图1-1　2019—2024年中国数控机床产业规模及增速趋势预测图

（二）国内数控机床发展存在的不足与问题

尽管我国数控机床近年来发展较快，但仍存在较多问题。

（1）从技术层面看，我国生产的数控机床尤其是高端数控机床，普遍未掌握核心技术，更多处于组装和制造环节。关键的零部件、基础高端材料等核心技术受制于人。高端材料与零部件自给率不足，高端芯片、优质大型铸锻件、高性能电机、高规格轴承、高端制造材料等大都依赖国外进口。我国数控机床短板主要体现在：

①主机，核心部件主轴、进给机构是我国的短板。

②数控装置，数控机床的核心包括硬件印刷电路板及相应软件则是我国的明显短板。

③驱动装置，数控机床执行机构的驱动部件包括主轴驱动单元、进给单元主轴电机及进给电机，作为数控机床的核心零部件，我国目前仍以进口为主。

（2）从市场层面看，数控机床企业市场占有率低。我国数控机床企业缺乏高层次、高素质人才，研发能力较低，生产能力有限，市场占有率低，发展主要是以中低端产品的产能扩充为主，高端数控机床的研发投入不足。在国际数控机床企业排名上，我国数控机床生产厂家排名靠后，知名度不高，关注度不够。在数控机床的各个品牌中，用户对德国、美国、日本、韩国等数控机床品牌的关注度已占全部市场的60%以上。

（3）数控机床产品性能落后。我国工业基础整体水平不高，缺乏自主核心技术，加之国外对机械制造技术的封锁，致使国产数控机床的性能和质量与国外还有较大差距。一是国产高档数控机床可靠性差，各种故障发生率高，性能不够稳定；二是国产高档数控机床加工精度无法达到更高的要求；三是国产高档数控机床加工能力不够，不能胜任一些复杂的加工，难以得到大多数用户的认可，影响应用范围。

因此，数控机床行业的技术壁垒荆棘遍布，智能制造高端装备技术领域人员任重而道远，为国家复兴、行业发展而奋斗是当代数控人的使命。

二、数控机床维护人员的素养

（一）数控人才的需求

数控技术是制造业实现自动化、柔性化、集成化生产的基础；是提高产品质量、提高劳动生产率必不可少的技术手段；是关系国家战略地位和体现国家综合国力水平的重要基础性产业。加入世贸组织（WTO）后，中国正在逐步变成"世界制造中心"。为了增强竞争能力，制造企业已开始广泛使用先进的数控技术。根据中国2016年发布的《制造业人才发展规划指南》，到2025年，我国高端数控机床人才缺口预计将达450万人，缺口巨大。

（二）数控人才的素养要求

数控类职业资格包括数控加工、数控装调等，目前中、高职类学生及社会人员都可根据自身条件报考相应的职业资格等级考试。职业共设四个等级，分别为：四级/中级工、三级/高级工、二级/技师、一级/高级技师。下面以机床装调维修工为例。

机床装调维修工的定义：使用设备、工装、工具和检测仪器，装配、调试和维修机床的人员。

机床装调维修工的工作内容：

（1）准备工装、夹具、工具和产品零部件；

（2）进行机床导轨或轴瓦刮研，检查研点；

（3）装配床身和立柱等支撑部件；

（4）装配机床的变速机构、进给机构、主轴箱、刀架、刀库等部件；

（5）装配机床的控制和操纵系统、润滑系统、冷却系统等部件或组件；

（6）装配机床上下料装置、液压装置、卡盘、虎钳、回转工作台和分度头等机床附属装置；

（7）安装数控机床数控装置和伺服系统的程序；

（8）使用仪器仪表和工装工具，进行机床的机械、电气、液压和数控等系统的综合检测和调试；

（9）维护保养装配设备和工夹量具。

除专业知识外，机床装调维修工还需具备自主学习、团队合作、沟通协调、独立分析与解决问题、组织管理、持续改进等职业素养。

　　本职业分为数控机床机械装调维修、数控机床电气装调维修、普通机床机械装调维修、普通机床电气装调维修四个方向。

　　天下兴亡,匹夫有责。制造业是国家发展的重要战场,机床作为"工业母机",其行业人才更是任重而道远,只有不断地提升自己的专业能力与职业素养才能更好地服务于企业、行业、国家。

项目一 三相异步电动机全压启动及多地控制

项目描述：全压启动，即直接启动，即在额定电压下启动。这种方法的启动电流很大，可达到额定电流的4~7倍。根据规定，单台电动机的启动功率不宜超过配电变压器容量的30%，一般来说，适宜启动10kW以下的负载电动机。生产实际工作中，机械设备有时候需要短时或瞬时工作，称为点动。例如数控车床对Z方向进行调整时，手动按下+Z点动键，Z轴向正方向点动，撒手即停。有时还需长时间运转，即电动机持续工作，称为长动。例如数控车床手动方式下按下主轴正转键，主轴正方向连续旋转。根据需求设计三相异步电动机全压启动控制电路，并进行连接及实验。

三相异步电动
机全压启动

知识与技能篇

任务一 电气控制系统设计基本规则的了解

生产机械种类繁多，其电气控制方案各异，但电气控制系统的设计原则和设计方法基本相同。设计工作的首要问题是树立正确的设计思想和工程实践的观点，它是高质量完成设计任务的基本保证。

一、电气控制系统设计的一般原则

（1）最大限度地满足生产机械和生产工艺对电气控制系统的要求。电气控制系统设计的依据主要来源于生产机械和生产工艺的要求。

（2）设计方案要合理。在满足控制要求的前提下，设计方案应力求简单、经济、便于操作和维修，不要盲目追求高指标和自动化。

（3）机械设计与电气设计应相互配合。许多生产机械采用机电结合控制的方式来实现控制要求，因此要从工艺要求、制造成本、结构复杂性、使用维护方便等方面协调处理好机械和电气的关系。

（4）确保控制系统安全可靠地工作。

二、电气控制系统设计的基本任务、内容

电气控制系统设计的基本任务是根据控制要求设计、编制出设备制造和使用维修过程中所必需的图纸、资料等。图纸包括电气原理图、电气系统的组件划分图、元器件布置图、安装接线图、电气箱图、控制面板图、电气元件安装底板图和非标准件加工图等，另外还要编制外购件目录、单台材料消耗清单、设备说明书等文字资料。

电气控制系统设计的内容主要包含原理设计与工艺设计两个部分，以电力拖动控制设备为例，设计内容主要有：

（一）原理设计内容

电气控制系统原理设计的主要内容包括：

（1）拟订电气设计任务书。

（2）确定电力拖动方案，选择电动机。

（3）设计电气控制原理图，计算主要技术参数。

（4）选择电气元件，编制元器件明细表。

（5）编写设计说明书。

电气原理图是整个设计的中心环节，它为工艺设计和制订其他技术资料提供依据。

（二）工艺设计内容

进行工艺设计主要是为了便于组织电气控制系统的制造，从而实现原理设计提出的各项技术指标，并为设备的调试、维护与使用提供相关的图纸资料。工艺设计的主要内容有：

（1）设计电气总布置图、总安装图与总接线图。

（2）设计组件布置图、安装图和接线图。

（3）设计电气箱、操作台及非标准元件。

（4）列出元件清单。

（5）编写使用维护说明书。

三、电气控制系统设计的一般步骤

（一）拟订设计任务书

设计任务书是整个电气控制系统的设计依据，又是设备竣工验收的依据。设计任务的拟订一般由技术领导部门、设备使用部门和任务设计部门等几方面共同完成。

电气控制系统的设计任务书中，主要包括以下内容：

（1）设备名称、用途、基本结构、动作要求及工艺过程介绍。

（2）电力拖动的方式及控制要求等。

（3）联锁、保护要求。

（4）自动化程度、稳定性及抗干扰要求。

（5）操作台、照明、信号指示、报警方式等要求。

（6）设备验收标准。

（7）其他要求。

（二）确定电力拖动方案

电力拖动方案选择是电气控制系统设计的主要内容之一，也是以后各部分设计内容的基础和先决条件。

所谓电力拖动方案是指根据零件加工精度、加工效率要求、生产机械的结构、运动部件的数量、运动要求、负载性质、调速要求以及投资额等条件去确定电动机的类型、数量、传动方式以及拟订电动机启动、运行、调速、转向、制动等控制要求。

电力拖动方案的确定要从以下几个方面考虑：

（1）拖动方式的选择。电力拖动方式分独立拖动和集中拖动。电气传动的趋势是多电动机拖动，这不仅能缩短机械传动链，提高传动效率，而且能简化总体结构，便于实现自动化。具体选择时，可根据工艺与结构决定电动机的数量。

（2）调速方案的选择。大型、重型设备的主运动和进给运动，应尽可能采用无级调速，有利于简化机械结构、降低成本；精密机械设备为保证加工精度也应采用无级调速；对于一般中小型设备，在没有特殊要求时，可选用经济、简单、可靠的三相笼型异步电动机。

（3）电动机调速性质要与负载特性相适应。对于恒功率负载和恒转矩负载，在选择电动机调速方案时，要使电动机的调速特性与生产机械的负载特性相适应，这样可以使电动机得到充分合理的应用。

（三）拖动电动机的选择

电动机的选择主要考虑电动机的类型、结构型式、容量、额定电压与额定转速等方面。

电动机选择的基本原则是：

（1）根据生产机械调速的要求选择电动机的种类。

（2）工作过程中电动机容量要得到充分利用。

（3）根据工作环境选择电动机的结构型式。

应该强调，在满足设计要求的情况下，优先考虑采用结构简单、价格便宜、使用维护方便的三相交流异步电动机。

正确选择电动机容量是电动机选择中的关键问题。电动机容量计算有两种方法：一种是分析计算法，另一种是统计类比法。分析计算法是按照机械功率估计电动机的工作情况，预选一台电动机，然后按照电动机实际负载情况作出负载图，根据负载图校验温升情况，确定预选电动机是否合适，不合适时再重新选择，直到电动机合适为止。

电动机容量的分析计算在相关论著中有详细介绍，这里不再重复。

在比较简单、无特殊要求、生产数量又不多的电力拖动系统中,电动机容量的选择往往采用统计类比法,或者根据经验采用工程估算的方法,通常选择较大的容量,预留一定的裕量。

(四)选择控制方式

控制方式要实现拖动方案的控制要求。随着现代电气技术的迅速发展,生产机械电力拖动的控制方式从传统的继电接触器控制向 PLC 控制、CNC 控制、计算机网络控制等方面发展,控制方式越来越多。控制方式的选择应在经济、安全的前提下,最大限度地满足工艺的要求。

(五)设计电气控制原理图,并合理选用元器件,编制元器件明细表。

(六)设计电气设备的各种施工图纸。

(七)编写设计说明书和使用说明书。

四、电气控制系统图

电气控制系统图主要包括电气原理图、电气安装接线图、电气元件布置图等。各种图的图纸尺寸一般选用 297mm×210mm、297mm×420mm、297mm×630mm、297mm×840mm 等 4 种幅面,特殊需要可按《机械制图》国家标准选用其他尺寸。

(一)电气系统图和框图

电气系统图和框图采用符号(以方框符号为主)或带有注释的框绘制,用于概略表示系统、分系统、成套装配或设备等基本组成部分的主要特征及其功能关系,其用途是为进一步编制详细的技术文件提供依据,供操作和维修时参考。

(二)电气原理图

电气原理图是为了便于阅读和分析控制线路,根据简单、清晰的原则,利用电气元件展开的形式绘制成的表示电气控制线路工作原理的图。电气原理图中只包括所有的电气元件的导电部件和接线端点之间的相互关系,并不按照各电气元件的实际布置位置和实际接线情况来绘制,也不反映电气元件的大小。其作用是便于详细了解工作原理,指导系统或设备的安装、测试与维修。电气原理图是电气控制系统图中最重要的种类之一,也是识图的难点和重点,本模块主要介绍电气原理图。

(三)电气布置图

电气布置图主要用来表明各种电气设备在机械设备上和电气控制柜中的实际安装位置,为机械电气控制设备的制造、安装、维修提供必要的资料。通常电气布置图与电器安装接线图组合在一起,既起到电器安装接线图的作用,又能清晰表示出电器的布置情况,如图 1-2 所示。

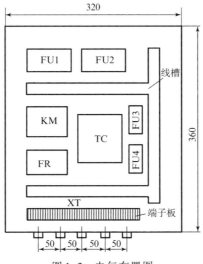

图 1-2　电气布置图

(四)电气安装接线图

电气安装接线图是为安装电气设备和电气元件进行配线或检修电气控制线路故障服务的。它是用规定的图形符号,按各电气元件相对位置绘制的实际接线图,它清楚地表示了各电气元件的相对位置和它们之间的电路连接,所以安装接线图不仅要把同一电气的各个部件画在一起,而且各个部件的布置要尽可能符合这个电气的实际情况,但对比例和尺寸没有严格要求。不但要画出控制柜内部之间的电器连接,还要画出柜外电器的连接。电气安装接线图中的回路标号是电气设备之间、电气元件之间、导线之间的连接标记,图中各电气元件的文字符号、元件连接顺序和数字符号、线路号码编制都必须与电气原理图中的标号一致,如图 1-3 所示。

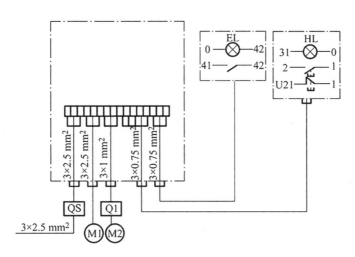

图 1-3　电气安装接线图

（五）功能图

功能图是一种用来全面描述控制系统的控制过程、功能和特性的表图,它不仅适用于电气控制系统,也可用于气动、液压和机械等非电控制系统或系统的某些部分。在功能图中,把一个过程循环分解成若干个清晰的连续的阶段,称为"步"。

（六）电气元件明细表

电气元件明细表是把成套装置、设备中各组成元件(包括电动机)的名称、型号、规格、数量列成表格,供准备材料及维修使用。

以上简要介绍了电气系统图的分类,不同的图有不同的应用场合。本模块将主要介绍电气原理图、电器布置图和电气安装接线图的绘制规则。

五、电气图的一般特点

（一）电气图的主要表达方式———简图

电气图是一种简图,它并不是严格按几何尺寸和绝对位置测绘的,而是用规定的标准符号和文字表示系统或设备的各组成部分之间的关系。这一点是与机械图、建筑图等有所区别的。

（二）电气图的主要表达内容———元件和连接线

电气图的主要描述对象是电气元件和连接线。连接线可用单线法和多线法表示,两种表示方法在同一张图上可以混用。电气元件在图中可以采用集中表示法、分开表示法、半集中表示法来表示。集中表示法是把一个元件的各组成部分的图形符号绘在一起;分开表示法是将同一元件的各组成部分分开布置,有些在主电路,有些在控制电路;半集中表示法介于上述两种方法之间,在图中将一个元件的某些部分的图形符号分开绘制,并用虚线表示其相互关系。

绘制电气图时一般采用机械制图规定的八种基本线条中的四种来绘制。线条的粗细应一致,有时为了区别某些电路或功能,予以突出,可以采用不同粗细的线,如主电路用粗实线表示,而辅助电路用细实线表示。

（三）电气图的主要组成部分———图形符号和文字符号

一个电气系统或一种电气装置总是由各种元器件组成的,在主要以简图形式表达的电气图中,无论是表示构成、功能还是电气接线等,都没有必要也不能一一画出各种元器件的外形结构,通常是用一种简单的图形符号表示。但是在大多数情况下,在同一系统中,或者说在同一个图上有两个以上作用不同的同一类型电器(例如在某一系统中使用了两个接触器),显然此时在一个图用一个符号来表示是不严谨的,还必须在符号旁标注不同的文字符号以区别其名称、功能、状态、特征及安装位置等。这样,图形符号和文字符号结合,能使人们一看就知道它们是不同用途的电器。

（四）电气图的图形符号和文字符号

电气系统图中，电气元件的图形符号和文字符号必须有统一的标准。

电气工程技术要与国际接轨，要与WTO中的各国交流。我国已经加入WTO，电气工程技术必须具备通用的电气工程语言，因此，国家标准局参照国际电工委员会（IEC）颁布的有关文件，制定了我国电气设备的有关国家标准，如GB/T 4728.1~13—1996—2000《电气简图用图形符号》、GB 4728—85《电气图常用图形符号》、GB 7159—87《电气技术中的文字符号制定通则》等。

1. 图形符号

图形符号通常用于图样或其他文件，以表示一个设备或概念，它包括符号要素、一般符号和限定符号。

（1）符号要素。符号要素是一种具有确定意义的简单图形，必须同其他图形组合才能构成一个设备或概念的完整符号。如接触器常开主触点的符号就由接触器触点功能符号和常开触点符号组合而成。

（2）一般符号。一般符号是用以表示一类产品或此类产品特征的一种简单的符号。如电动机的一般符号为"*"，"*"号用M代替可以表示电动机，用G代替可以表示发电机。

（3）限定符号。限定符号是用于提供附加信息的一种加在其他符号上的符号。限定符号一般不能单独使用，但它可以使图形符号更具多样性。例如，在电阻一般符号的基础上分别加上不同的限定符号，就可以得到可变电阻、压敏电阻、热敏电阻等。

2. 文字符号

文字符号适用于电气技术领域中技术文件的编制，用以标明电气设备、装置和元器件的名称及电路的功能、状态和特征。文字符号分为基本文字符号和辅助文字符号。

（1）基本文字符号。基本文字符号有单字母符号和双字母符号两种。单字母符号是按拉丁字母顺序将各种电气设备、装置和元器件划分为23个大类，每一类用一个专用单字母符号表示，如"R"表示电阻类。

电容类双字母符号是由一个表示种类的单字母符号与另一字母组成，组合形式是以单字母符号在前，另一个字母在后的次序列出。如"F"表示保护器件类，"FU"则表示熔断器。

（2）辅助文字符号。辅助文字符号是用以表示电气设备、装置和元器件以及电路的功能、状态和特征的，如"L"表示火线，"RD"表示红色。辅助文字符号也可以放在表示种类的单字母符号后边组成表示限制的双字母符号，"SP"表示压力传感器，"YB"表示电磁制动器。为简化文字符号，若辅助文字符号由两个以上字母组成，允许只采用其第一位字母进行组合，如"MS"表示同步电动机。辅助文字符号还可以单独使用，如"ON"表示接通，"M"表示中间线。

（3）补充文字符号的原则。当基本文字符号和辅助文字符号不能满足使用要求时，可按国家标准中文字符号组成原则予以补充。

①在不违背国家标准文字符号编制原则的条件下,可采用国际标准中规定的电气技术文字符号。

②在优先采用基本文字符号和辅助文字符号的前提下,可补充国家标准中未列出的双字母符号和辅助文字符号。

③使用文字符号时,应按有关电气名词术语国家标准或专业技术标准中规定的英文术语缩写。基本文字符号不得超过2个字母,辅助文字符号一般不能超过3个字母。

3. 接线端子标记

三相交流电源引入线采用L1、L2、L3标记,中性线为N。

电源开关之后的三相交流电源主电路分别按U、V、W顺序进行标记,接地端为PE。

电动机分支电路各接点标记采用三相文字代号后面加数字来表示,数字中的个位数表示电动机代号,十位数表示该支路接点的代号,从上到下按数值的大小顺序标记。如U11表示M1电动机的第一相的第一个接点代号,U21为第一相的第二个接点代号,以此类推。

电动机绕组首端分别用U1、V1、W1标记,尾端分别用U2、V2、W2标记,双绕组的中点则用U3、V3、W3标记。也可以用U、V、W标记电动机绕组首端,用U′、V′、W′标记绕组尾端,用U″、V″、W″标记双绕组的中点。

分级三相交流电源主电路采用三相文字U、V、W的前面加上阿拉伯数字1、2、3等来标记,如1U、1V、1W及2U、2V、2W等。

控制电路采用阿拉伯数字编号,一般由3位或3位以下的数字组成。标注方法按等电位原则进行,在垂直绘制的电路中,标号顺序一般由上而下编号,凡是线圈、绕组、触点或电阻、电容等元件所间隔的线段,都应标以不同的电路标号。

4. 项目代号

在电路图上,通常将用一个图形符号表示的基本件、部件、组件、功能单元、设备、系统等称为项目。项目代号是用以识别图、图表、表格中和设备上的项目种类,并提供项目的层次关系、种类、实际位置等信息的一种特定的代码。通过项目代号可以将图、图表、表格、技术文件中的项目与实际设备中的该项目一一对应和联系起来。

任务二　相关低压元器件的认识

一、低压电器的基本知识

(一)低压电器的定义

低压电器是一种能根据外界的信号和要求,手动或自动地接通、断开电路,以实现对电路或非电对象的切换、控制、保护、检测、变换和调节的元件或设备。控制电器按其工作电压的高低,以交流1200V、直流1500V为界,可划分为高压控制电器和低压控制电器两大类。总的来说,低压电器可以分为配电电器和控制电器两大类,是成套电气设备的基本组成元件。在工业、农业、交通、国防以及生活用电部门中,大多数采用低压供电,因此电气元件的质量将直接影响到低压供电系统的可靠性。

(二)低压电器的作用

低压电器能够依据操作信号或外界现场信号的要求,自动或手动地改变电路的状态、参数,实现对电路或被控对象的控制、保护、测量、指示、调节。

低压电器的作用如下:

(1)控制作用,如电梯的上下移动、快慢速自动切换与自动停层等。

(2)调节作用,低压电器可对一些电量和非电量进行调整,以满足用户的要求,如柴油机油门的调整、房间温湿度的调节、照度的自动调节等。

(3)保护作用,能根据设备的特点,对设备、环境以及人身实行自动保护,如电机的过热保护、电网的短路保护、漏电保护等。

(4)指示作用,利用低压电器的控制、保护等功能,检测出设备运行状况与电气电路工作情况,如绝缘监测、保护掉牌指示等。

(三)低压电器的分类

低压电器的种类繁多,分类方法有很多种。

1. 按动作方式分

(1)手动电器——依靠外力直接操作来进行切换的电器,如刀开关、按钮开关等。

(2)自动电器——依靠指令或物理量变化而自动动作的电器,如接触器、继电器等。

2. 按用途分

(1)低压控制电器——主要在低压配电系统及动力设备中起控制作用,如刀开关、低压断路器等。

(2)低压保护电器——主要在低压配电系统及动力设备中起保护作用,如熔断器、热继电器等。

3. 按种类分

刀开关、刀形转换开关、熔断器、低压断路器、接触器、继电器、主令电器和自动开关等。

二、主令电器的认识

(一)主令电器的定义

主令电器是用来发布命令、改变控制系统工作状态的电器,它可以直接作用于控制电路,也可以通过电磁式电器的转换对电路实现控制,其主要类型有控制按钮、行程开关、接近开关、万能转换开关和凸轮控制器等。

(二)分类

1. 按钮

按钮的简介

控制按钮是通过按钮操作使触点通断的一种特殊开关形式的低压主令电器,是一种结构简单、使用广泛的手动主令电器,它可以与接触器或继电器配合,对电动机实现远距离自动控制,用于实现控制线路的电气联锁。

控制按钮是一种典型的主令电器,其作用通常是用来短时间地接通或断开小电流的控制电路,从而控制电动机或其他电器设备的运行。

(1)控制按钮的结构。控制按钮的典型结构如图1-4所示。它既有常开触点,也有常闭触点。常态时在复位弹簧的作用下,由桥式动触点将静触点1、2闭合,静触点3、4断开;当按下按钮时,桥式动触点将1、2断开,3、4闭合。1、2被称为常闭触点或动断触点,3、4被称为常开触点或动合触点。

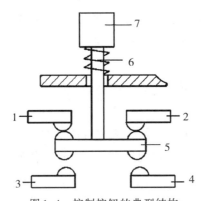

图1-4 控制按钮的典型结构

1、2—常闭触点;3、4—常开触点;5—桥式触点;6—复位弹簧;7—按钮帽

(2)控制按钮的型号及含义。常用的控制按钮型号有LA2、LA18、LA19、LA20及新型号LA25等系列,引进生产的有瑞士EAO系列、德国LAZ系列等。其中LA2系列有一对常开触点和一对常闭触点,具有结构简单、动作可靠、坚固耐用的优点。LA18系列控制按钮采用积木式结构,触点数量可按需要进行拼装。LA19系列为控制按钮开关与信号灯的组合,控制按钮兼作信号灯灯罩,由透明塑料制成。

LA25系列控制按钮的型号含义如图1-5所示。

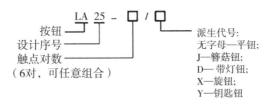

图1-5 按钮的型号及含义

（3）控制按钮的选择。为在不同场合下使用，按钮具有不同结构形式。例如一般情况可选用普通按揿操作的按钮，结构最简单、操作最方便；在控制盘中可选紧急式或旋钮式按钮；对一些容易出现误动作而可能造成事故的场合，宜用钥匙式按钮。还有用多只按钮元件拼装成的多联式按钮等。

为了正确无误地操作，按钮还采用不同颜色以识别不同用途。按钮选择的主要依据是使用场所、所需要的触点数量、种类及颜色。

国标 GB 5226—85 对控制按钮颜色做了如下规定：

①"停止"和"急停"按钮必须是红色。当按下红色按钮时，必须使设备断电和停止工作。

②"启动"按钮的颜色是绿色。

③"启动"与"停止"交替动作的按钮必须是黑色、白色或灰色，不得用红色和绿色。

④"点动"按钮必须是黑色。

⑤"复位"按钮（如保护继电器的复位按钮）必须是蓝色。当复位按钮还有停止的作用时，则必须是红色。

（4）控制按钮的符号。控制按钮的符号如图1-6所示。

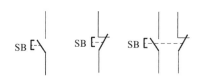

（a）常开触点 （b）常闭触点 （c）复式触点

图1-6 控制按钮的图形符号和文字符号

2. 万能转换开关

万能转换开关是一种多挡位、多段式、控制多回路的主令电器，当操作手柄转动时，带动开关内部的凸轮转动，从而使触点按规定顺序闭合或断开。万能转换开关一般用于交流500V、直流440V、约定发热电流20A以下

万能转换开关的简介

的电路中，作为电气控制电路的转换和配电设备的远距离控制、电气测量仪表转换，也可用于小容量异步电动机、伺服电动机、微电动机的直接控制。

常用的万通转换开关有LW5、LW6系列。图1-7为LW6系列万能转换开关的外形及单层的结构示意图，它主要由触点座、操作定位机构、凸轮、手柄等部分组成，其操作位置有0~12个，触点底座有1~10层，每层底座均可装3对触点。每层凸轮均可做成不同形状，当操作手柄带动凸轮转到不同位置时，可使各对触点按设置的规律接通和分断，因而这种开关可以组成数百种电路方案，以适应各种复杂要求，故被称为万能转换开关。

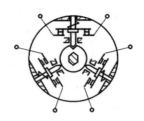

（a）外形　　　　　　（b）单层结构示意图

图1-7　万能转换开关

三、接触器的认识

（一）接触器的定义

接触器的简介

接触器是一种用来自动接通或断开大电流电路的电器。它可以频繁地接通或分断交直流电路，并可实现远距离控制。其主要控制对象是电动机，也可用于电热设备、电焊机、电容器组等其他负载。它还具有低电压释放保护功能。接触器具有控制容量大、过载能力强、寿命长、设备简单经济等特点，是电力拖动自动控制线路中使用最广泛的电气元件。

（二）接触器的分类

按照所控制电路的种类，接触器可分为交流接触器和直流接触器两大类。

1. 交流接触器

交流接触器是一种适用于远距离接通和分断电路及交流电动机的电器。主要用于控制交流电动机的启动、停止、反转、调速，并可与热继电器或其他适当的保护装置组合，保护电动机可能发生的过载或断相，也可用于控制其他电力负载，如电热器、电照明、电焊机、电容器组等。

2. 直流接触器

直流接触器主要用于远距离接通和分断直流电路，还用于直流电动机的频繁启动、停止、反转和反接制动。直流接触器的结构和工作原理基本上与交流接触器相同。在结构上由电磁机构、触点系统和灭弧装置等部分组成。由于直流电弧比交流电弧难以熄灭，直流接触器常采用磁吹式灭弧装置灭弧。

直流接触器主要用于额定电压至440V、额定电流至1600A的直流电力电路中，作为远距离接通和分断电路，控制直流电动机的频繁启动、停止和反向。直流电磁机构通以直流电，铁芯中无磁滞和涡流损耗，因而铁芯不发热。而吸引线圈的匝数多、电阻大、铜耗大、线圈本身发热，因此将吸引线圈做成长而薄的圆筒状，且不设线圈骨架，使线圈与铁芯直接接触，以便散热。

触点系统分为主触点与辅助触点。主触点一般做成单极或双极，单极直流接触器用于一般的直流回路中，双极直流接触器用于分断后电路完全隔断的电路以及控制电动机正反转电路中。由于通断电流大、通电次数多,因此采用滚滑接触的指形触点。辅助触点由于通断电流小,常采用点接触的桥式触点。

3. 交流接触器的结构与工作原理

(1)交流接触器的结构。接触器主要由电磁机构、触点系统、灭弧系统及其他部分组成,如图1-8所示。

①电磁机构。电磁机构由线圈、衔铁和铁芯组成。它能产生电磁吸力,驱使触点动作。在铁芯头部平面上都装有短路环。安装短路环的目的是消除交流电磁铁在吸合时可能产生的衔铁振动和噪声。当交变电流过零时,电磁铁的吸力为零,衔铁被释放;当交变电流过了零值后,衔铁又被吸合。这样一放一吸,使衔铁发生振动。当装上短路环后,在其中产生感应电流,能阻止交变电流过零时磁场的消失,使衔铁与铁芯之间始终保持一定的吸力,因此消除了振动现象。

②触点系统。触点系统包括主触点和辅助触点。主触点用于接通和分断主电路,通常为3对常开触点。辅助触点用于控制电路,起电气联锁作用,故又称联锁触点,一般有常开、常闭触点各两对。在线圈未通电时(即平常状态下),处于相互断开状态的触点叫常开触点,又叫动合触点;处于相互接触状态的触点叫常闭触点,又叫动断触点。接触器中的常开和常闭触点是联动的,当线圈通电时,所有的常闭触点先行分断,然后所有的常开触点跟着闭合;当线圈断电时,在反力弹簧的作用下,所有触点都恢复平常状态。

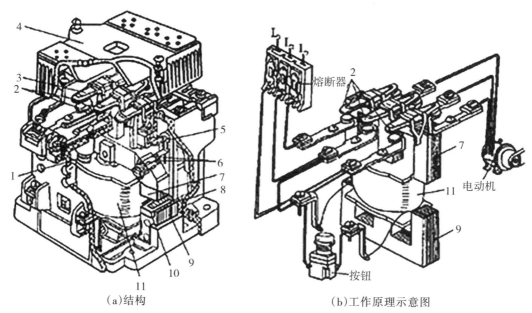

(a)结构　　　　　　　　(b)工作原理示意图

图1-8　交流接触器的结构和工作原理图

1—反力弹簧;2—主触点;3—触点压力弹簧;4—灭弧罩;5—辅助动断触点;
6—辅助动合触点;7—动铁芯;8—缓冲弹簧;9—静铁芯;10—短路环;11—线圈

③灭弧罩。额定电流在20A以上的交流接触器,通常都设有陶瓷灭弧罩。它的作用是能迅速切断触点在分断时所产生的电弧,以避免发生触点烧毛或熔焊。

④其他部分。其他部分包括反力弹簧、触点压力弹簧、缓冲弹簧、短路环、底座和接线柱等。反力弹簧的作用是当线圈断电时使衔铁和触点复位。触点压力弹簧的作用是增大触点闭合时的压力,从而增大触点接触面积,避免因接触电阻增大而产生触点烧毛现象。缓冲弹簧可以吸收衔铁被吸合时产生的冲击力,起保护底座的作用。

交流接触器的工作原理:当线圈通电后,线圈中电流产生的磁场,使铁芯产生电磁将衔铁吸合。衔铁带动动触点动作,使常闭触点断开,常开触点闭合。当线圈断电时,电磁吸力消失,衔铁在反力弹簧的作用下释放,各触点随之复位。

(2)交流接触器的基本参数

①额定电压。指主触点额定工作电压,应等于负载的额定电压。一只接触器常规定几个额定电压,同时列出相应的额定电流或控制功率。通常,最大工作电压即为额定电压。常用的额定电压值为220V、380V、660V等。

②额定电流。即接触器触点在额定工作条件下的电流值。380V三相电动机控制电路中,额定工作电流可近似等于控制功率的两倍。常用额定电流等级为5A、10A、20A、40A、60A、100A、150A、250A、400A、600A。

③通断能力。可分为最大接通电流和最大分断电流。最大接通电流是指触点闭合时不会造成触点熔焊时的最大电流值;最大分断电流是指触点断开时能可靠灭弧的最大电流。一般通断能力是额定电流的5~10倍。

④动作值。可分为吸合电压和释放电压。一般规定,吸合电压不低于线圈额定电压的85%,释放电压不高于线圈额定电压的70%。

⑤吸引线圈额定电压。接触器正常工作时,吸引线圈上所加的电压值。一般该电压数值以及线圈的匝数、线径等数据均标于线包上,而不是标于接触器外壳铭牌上。

⑥操作频率。接触器在吸合瞬间,吸引线圈需消耗比额定电流大5~7倍的电流,如果操作频率过高,则会使线圈严重发热,直接影响接触器的正常使用。为此,规定了接触器的允许操作频率,一般为每小时允许操作次数的最大值。

⑦寿命。包括电气寿命和机械寿命。目前接触器的机械寿命已达一千万次以上,电气寿命约是机械寿命的5%~20%。

(3)交流接触器的含义及型号

交流接触器的含义及型号如图1-9所示。

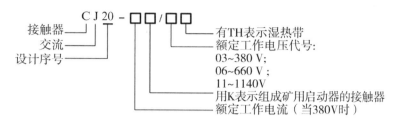

图1-9 交流接触器的含义及型号

（4）交流接触器的符号

交流接触器的符号如图1-10所示。

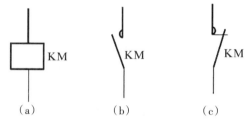

图1-10 交流接触器的符号

（5）交流接触器的选用

①根据接触器极数和电流种类来确定。

②根据接触器所控制负载的工作任务来选择相应使用类别的接触器。

③根据负载功率和操作情况来确定接触器主触头的电流等级。

④根据接触器主触头接通与分断主电路电压等级来决定接触器的额定电压。

⑤接触器吸引线圈的额定电压应由所接控制电路电压确定。

⑥接触器触头数和种类应满足主电路和控制电路的要求。

四、熔断器

（一）熔断器的定义

熔断器是一种在电路中起短路保护（有时也做过载保护）的保护电器。低压熔断器是根据电流的热效应原理工作的，使用时串接在被保护线路中，当线路发生短路或严重过载时，熔体产生的热量使自身熔化而切断电路。熔断器具有反时限特性，即过载电流小时，熔断时间长；过载电流大时，熔断时间短。所以，在一定过载电流范围内，当电流恢复正常时，熔断器不会熔断，可继续使用。

熔断器的简介

低压熔断器由熔断体（简称熔体）、熔断器底座和熔断器支持件组成。熔体是核心部件，做成丝状（熔丝）或片状（熔片）。低熔点熔体由锑铅合金、锡铅合金、锌等材料制成，高熔点熔体由铜、银、铝制成。

常用的熔断器有瓷插式熔断器RC1A系列,无填料管式熔断器RM10系列,螺旋式熔断器RL1系列,有填料封闭式熔断器RT0系列及快速熔断器RS0、RS3系列等。

(二)熔断器的分类

熔断器的类型很多,按结构形式可分为瓷插式熔断器、螺旋式熔断器、封闭管式熔断器、快速熔断器和自复式熔断器等。

1. 瓷插式熔断器

常用的瓷插式熔断器有RC1A系列,其结构如图1-11所示。它由瓷盖、瓷座、触头和熔丝4部分组成。由于其结构简单、价格便宜、更换熔体方便,因此被广泛应用于380V及以下的配电线路末端作为电力、照明负荷的短路保护。

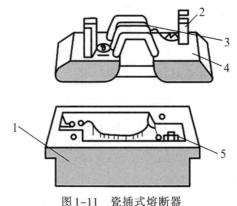

图1-11　瓷插式熔断器

1—瓷底座;2—动触点;3—熔丝;4—瓷插件;5—静触点

2. 螺旋式熔断器

常用的螺旋式熔断器是RL1系列,其外形与结构如图1-12所示,由底座、瓷帽和熔断管组成,熔断管上有一个标有颜色的熔断指示器,当熔体熔断时熔断指示器会自动脱落,显示熔丝已熔断。在装接使用时,电源线应接在下接线座,负载线应接在上接线座,这样在更换熔断管时(旋出瓷帽),金属螺纹壳的上接线座便不会带电,保证维修者安全。它多用于机床配线中做短路保护。

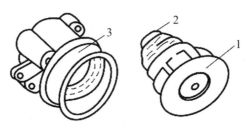

图1-12　螺旋式熔断器

1—瓷帽;2—熔心;3—底座

3. 封闭管式熔断器

封闭管式熔断器主要用于负载电流较大的电力网络或配电系统中,熔体采用封闭式结构,一是可防止电弧的飞出和熔化金属的滴出;二是在熔断过程中,封闭管内将产生大量的气体,使管内压力升高,从而使电弧因受到剧烈压缩而很快熄灭。封闭式熔断器有无填料式和有填料式两种,常用的型号有 RM10 系列、RT0 系列。

4. 快速熔断器

快速熔断器是在 RL1 系列螺旋式熔断器的基础上,为保护晶闸管元件而设计的,其结构与 RL1 完全相同。常用的型号有 RLS 系列、RS0 系列等,RLS 系列主要用于小容量闸管元件及其成套装置的短路保护,RS0 系列主要用于大容量晶闸管元件的短路保护。

5. 自复式熔断器

RZ1 型自复式熔断器是一种新型熔断器,其结构如图 1-13 所示,它采用金属钠作熔体。在常温下,钠的电阻很小,允许通过正常工作电流。当电路发生短路时,短路电流产生高温使钠迅速气化,气态钠电阻变得很高,从而限制了短路电流。当故障消除时,温度下降,气态钠又变为固态钠,恢复其良好的导电性。其优点是动作快、能重复使用、无需备用熔体;缺点是它不能真正分断电路,只能利用高阻闭塞电路,故常与自动开关串联使用,以提高组合分断性能。

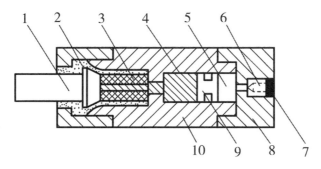

图 1-13　自复式熔断器结构图

1—进线端子;2—特殊玻璃;3—瓷心;4—熔体;5—氩气;6—螺钉;7—软铅;8—出线端子;9—活塞;10-套管

(三)熔断器的选择

熔断器的选择主要是根据熔断器的种类、额定电压、额定电流、熔体额定电流以及电路负载性质而定。具体可按如下原则选择。

(1)熔断器的额定电压应大于或等于电路工作电压。

(2)电路上下两级都设熔断器保护时,其上下两级熔体电流大小的比值不小于1.6:1。

(3)对于电阻性负载(如电炉、照明电路),熔断器可做过载和短路保护,熔体的额定电流应大于或等于负载的额定电流。

(4)对于电感性负载的电动机电路,只做短路保护而不宜做过载保护。

（5）对于单台电动机的保护，熔体的额定电流 I_{RN} 应不小于电动机额定电流的 1.5~2.5 倍，$I_{RN} \geq (1.5 \sim 2.5) I_N$。轻载启动或启动时间较短时，系数可取为 1.5 左右；带负载启动、启动时间较长或启动较频繁时，系数可取 2.5。

（6）对于多台电动机的保护，熔体的额定电流 I_{RN} 应不小于最大一台电动机额定电流 I_{Nmax} 的 1.5~2.5 倍，再加上其余同时使用电动机的额定电流之和（$\sum I_N$），即

$$I_{RN} \geq (1.5 \sim 2.5) I_{Nmax} + \sum I_N$$

熔断器型号的含义和电气符号如图 1-14 所示。

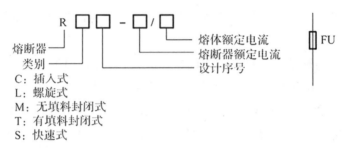

图 1-14　熔断器型号的含义和电气符号

五、刀开关

（一）刀开关的定义

刀开关俗称闸刀开关，可分为不带熔断器式和带熔断器式两大类。它们用于隔离电源和无负载情况下的电路转换，其中后者还具有短路保护功能，实物图如图 1-15 所示。

刀开关的简介

刀开关的作用是在设备配电中隔离电源，也可用于不频繁地接通与分段额定电流以下负载。它不能切断故障电流，只能承受故障电流引起的电功力。

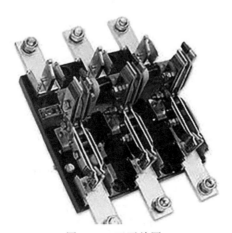

图 1-15　刀开关图

(二)分类

1. 开启式负荷开关

开启式负荷开关又称瓷底胶盖闸刀开关,简称刀开关,常用的有 HK1、HK2 系列。它由刀开关和熔断器组合而成。瓷底板上装有进线座、静触点、熔丝、出线座和带瓷柄的闸刀。其结构如图 1-16 所示。

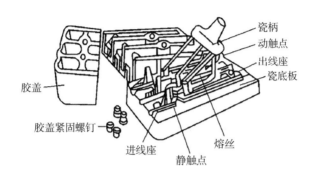

图 1-16　HK 系列刀开关结构

HK 系列的刀开关因其内部设有熔丝,故可对电路进行短路保护,常用作照明电路的电源开关或 5.5kW 以下三相异步电动机不频繁启动和停止的控制开关。

在选用时,额定电压应大于或等于负载额定电压。对于一般的电路,如照明电路,其额定电流应大于或等于最大工作电流;而对于电动机电路,其额定电流应大于或等于电动机额定电流的 3 倍。

开启式负荷开关在安装时应注意以下两点:

(1)闸刀在合闸状态时,手柄应朝上,不准倒装或平装,以防误操作。

(2)电源进线应接在静触点一边的进线端(进线座在上方),而用电设备应接在动触点一边的出线端(出线座在下方),"上进下出",不准颠倒,方便更换熔丝及确保用电安全。

2. 封闭式负荷开关

封闭式负荷开关又称铁壳开关,如图 1-17 所示为常用的 HH 系列封闭式负荷开关的外形图与结构。这种负荷开关由刀开关、熔断器、灭弧装置、操作手柄、操作机构和外壳构成。三把闸刀固定在一根绝缘方轴上,由操作手柄操纵;操作机构设有机械联锁,当盖子打开时,手柄不能合闸,手柄合闸时,盖子不能打开,保证了操作安全。在手柄转轴与底座间还装有速动弹簧,使刀开关的接通与断开速度与手柄动作速度无关,抑制了电弧。

封闭式负荷开关用来控制照明电路时,其额定电流可按电路的额定电流来选择,而用来控制不频繁操作的小功率电动机时,其额定电流可按大于电动机额定电流的 1.5 倍来选择。但不宜用于电流为 60A 以上的负载的控制,以保证可靠灭弧及用电安全。封闭式负荷开关在安装时,应保证外壳可靠接地,以防漏电而发生意外。接线时电源线接在接线端上,负载则接在熔断器一端,不得接反,以确保操作安全。

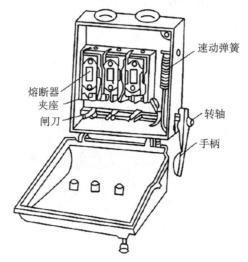

图1-17 HH系列封闭式负荷开关结构

刀开关的型号及含义如图1-18所示。

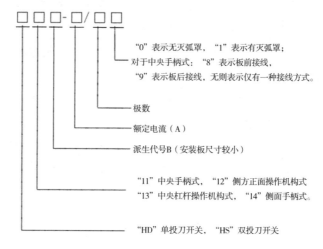

图1-18 刀开关的型号及含义

3. 刀开关的选用及图形、文字符号

刀开关的额定电压应等于或大于电路额定电压。其额定电流应等于(在开启和通风良好的场合)或稍大于(在封闭的开关柜内或散热条件较差的工作场合,一般选1.15倍)电路工作电流。在开关柜内使用还应考虑操作方式,如杠杆操作机构、旋转式操作机构等。当用刀开关控制电动机时,其额定电流要大于电动机额定电流的3倍。刀开关的图形符号及文字符号如图1-19所示。

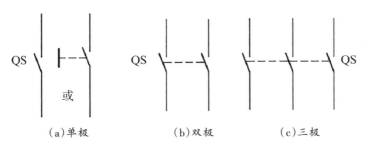

（a）单极　　　　（b）双极　　　　（c）三极

图1-19　刀开关的图形符号及文字符号

六、低压断路器

（一）低压断路器的定义

低压断路器又称自动空气断路器,主要用于低压动力线路中。它相当于刀开关、熔断器、热继电器和欠压继电器的组合,不仅可以接通和分断正常负荷电流和过负荷电流,还可以分断短路电流。低压断路器可以手动直接操作和电动操作,也可以远方遥控操作。

低压断路器
简介

（二）低压断路器的结构与工作原理

断路器主要由触头系统、灭弧系统、脱扣器和操作机构等部分组成。它的操作机构比较复杂,主触头的通断可以手动控制,也可以电动控制。断路器的结构原理如图1-20所示。

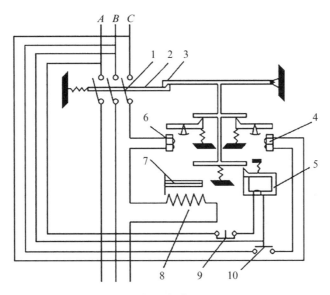

图1-20　低压断路器原理图

1—触头；2—跳钩；3—锁扣；4—分励脱扣器；5—欠电压脱扣器；

6—过电流脱扣器；7—双金属片；8—热元件；9—常闭按钮；10—常开按钮

当手动合闸后,跳钩2和锁扣3扣住,开关的触头闭合。当电路出现短路故障时,过电流脱扣器6中线圈的电流会增加许多倍,突增的电磁吸力使得其上部的衔铁逆时针方向转动,推动锁扣向上,使跳钩2脱钩,在弹簧弹力的作用下,开关自动打开,断开线路;当线路过负荷时,热元件8的发热量会增加,使双金属片向上弯曲程度加大,托起锁扣3,最终使开关跳闸;当线路电压不足时,欠压脱扣器5中线圈的电流会下降,铁芯的电磁力下降,不能克服衔铁上弹簧的拉力,使衔铁上跳,锁扣3上跳,与跳钩2脱离,致使开关打开。按钮9和10起分励脱扣作用,当按下按钮时,开关的动作过程与线路失压时是相同的;按下按钮10时,使分励脱扣器线圈通电,最终使开关打开。

(三)低压断路器的分类

1. 塑壳式低压断路器

塑壳式低压断路器又称为装置式低压断路器。目前常用的型号有DZ5、DZ10、DZ20、DZ47等。塑壳式断路器具有过载长延时、短路瞬动的二段保护功能,还可以与漏电保护、测量、电动操作等模块单元配合使用。在低压配电系统中,常用它做终端开关或支路开关,取代了过去常用的熔断器和闸刀开关。

2. 万能式空气断路器

万能式空气断路器又称框架式自动空气开关,它可以带多种脱扣器和辅助触头,操作方式多样,装设地点灵活。目前常用的型号有AE(日本三菱)、DW12、DW15、DW16、ME(德国AEG)等系列。万能式断路器一般安装于配电网络中,用来分配电能,对线路和电源设备的过载、欠电压、短路进行保护。

低压断路器的图形符号与文字符号如图1-21所示。

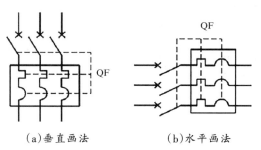

(a)垂直画法　　　　(b)水平画法

图1-21　低压断路器的图形符号与文字符号

(四)低压断路器的类型及其主要参数

从20世纪50年代以来经过全面仿苏、自行设计、更新换代和技术引进以及合资生产等几个阶段,国产低压断路器的额定电流可以生产到4000A,引进产品额定电流可到6300A,极限分断能力为120~150kA。国内已形成生产低压断路器的行业。低压断路器的品种繁多,生产厂家较多,有国产的,有进口的,也有合资生产的。典型产品有DZ15系列、DZ20系列、3VE系列、3VT系列、S060系列、DZ47—63系列等。在中国市场销售的进口产品有三菱(MITSUBISHI)AE系列框架式低压断路器、NF系列塑壳式低压断路器;西门子的3WN1（630~6300A）、3WN6系列框架式低压断路器，3VF3~3VF8系列限流塑壳式低压断路器等。选用时一定要参照生产厂家产品样本介绍的技术参数进行。

低压断路器的型号含义如图1-22所示。

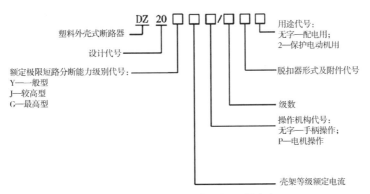

图1-22　低压断路器的型号含义

低压断路器的主要参数有额定电压、额定电流、极数、脱扣类型及其额定电流、整定范围、电磁脱扣器整定范围、主触点的分断能力等。

任务三　电动机全压启动控制线路的分析

电动机全压启动控制是一种简单、可靠、经济的启动方法，在功率不很大的电动机控制系统中使用非常广泛。同时采用按钮—接触器实现电动机启动控制的线路在电气控制系统中具有典型性，可以推广到各种电气控制系统的启动电路中。

一、点动控制电路

在三相交流电源和电动机之间只用闸刀开关（如图1-23所示）或用断路器。

点动控制电路简介

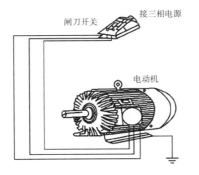

（a）刀开关连接实物图

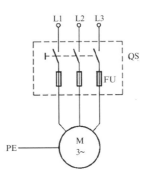

（b）刀开关连接电气原理图

图1-23　点动控制电路

（一）点动单向控制电路

三相异步电动机的点动单向控制电路的工作原理如图1-24所示。点动单向控制电路的工作原理是：当电动机需要点动时，先合上空气隔离开关QS，此时电动机M尚未接通电源。按下启动按钮SB，交流接触器KM线圈得电，进而接触器KM的三对主触点闭合，电动机M则接通电源启动运转。当电动机需要停转时，只要松开启动按钮SB，使接触器KM线圈失电，进而接触器KM的三对主触点恢复断开，电动机M失电停转。

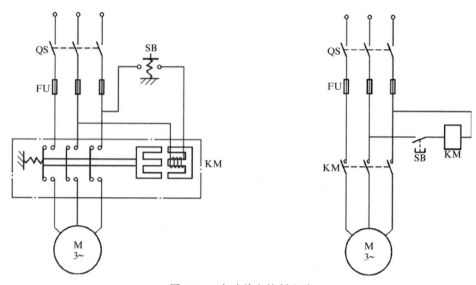

图1-24　点动单向控制电路

（二）常见几种点动控制电路

所谓点动，即按下按钮时电动机转动工作，手松开按钮时电动机停止工作。点动控制多用于机床刀架、横梁、立柱等快速移动和机床对刀等场合。图1-25列出了实现点动控制的几种常见控制线路。图(a)是基本的点动控制线路。图(b)是带手动开关SA的点动控制线路，打开SA将自锁触点断开，可实现点动控制。合上SA可实现连续控制。图(c)是增加了一个点动用的复合按钮SB3，点动时用其动断触点断开接触器KM的自锁触点，实现点动控制。连续控制时，可按启动按钮SB2。图(d)是用中间继电器实现点动的控制线路，点动时按SB3，中间继电器KA的动断触点断开接触器KM的自锁触点，KA的动合触点使KM通电，电动机点动。连续控制时，按SB2即可。

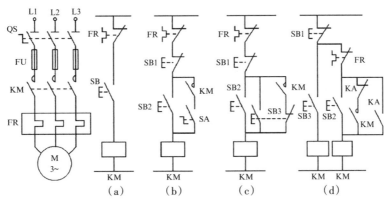

图 1-25　点动控制的几种常见控制线路

二、长动控制电路

图 1-26 是三相笼型异步电动机直接启动、自由停车的电器控制线路。主电路刀开关 QS 起隔离作用,熔断器 FU1 对主电路进行短路保护,接触器 KM 的主触点控制电动机启动、运行和停车,热继电器 FR 用作过载保护。

长动控制电路的简介

控制电路中的 FU2 做短路保护,SB2 为启动按钮,SB1 为停止按钮。三相笼型异步电动机启、停控制线路的工作情况如下:启动时,合主电路上刀并关 QS 引入三相电源。按下启动按钮 SB2,KM 的吸引线圈通电动作,KM 的衔铁吸合,其中 KM 的主触点闭合使电动机接通电源启动运转;与 SB2 并联的 KM 动合辅助触点闭合,使接触器的吸引线圈经两条线路供电。一条线路是经 SB1 和 SB2,另一条线路是经 SB1 和接触器 KM 已经闭合的动合辅助触点。这样,当手松开 SB2 自动复位时,接触器 KM 的吸引线圈仍可通过其动合辅助触点继续供电,从而保证电动机的连续运行。这种依靠接触器自身辅助触点而使其线圈保持通电的现象,称为自锁或自保持。这个起自锁作用的辅助触点,称为自锁触点。停车时,按下停止按钮 SB1,这时接触器 KM 线圈断电,主触点和自锁触点均恢复到断开状态,电动机脱离电源停止运转。当手松开停止按钮 SB1 后,SB1 在复位弹簧的作用下恢复闭合状态,但此时控制电路已经断开,只有再按下启动按钮 SB2,电动机才能重新启动运转。

在电动机运行过程中,当电动机出现长期过载而使热继电器 FR 动作时,其动断触点断开,KM 线圈断电,电动机停止运转,实现电

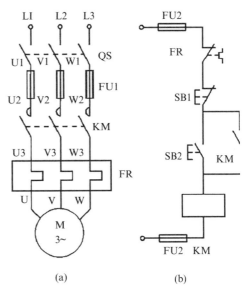

图 1-26　三相笼型异步电动机起、停控

动机的过载保护。实际上,上述所说的自锁控制并不局限在接触器上,在控制线路中电磁式中间继电器也常用自锁控制。自锁控制的另一个作用是实现欠压和失压保护。在图1-26中,当电网电压消失(如停电)后又重新恢复供电时,电动机及其拖动的机构不能自行启动,因为不重新按启动按钮,电动机就不能启动,这就构成了失压保护。它可防止在电源电压恢复时,电动机突然启动而造成设备和人身事故。另外,当电网电压较低时,达到释放电压,接触器的衔铁释放,主触点和辅助触点均断开,电动机停止运行,它可以防止电动机在低压运行,实现欠压保护。

三、多地控制电路

在实际工程中,许多设备需要两地或两地以上的控制才能满足要求,如锅炉房鼓引风机、循环水泵电动机,均需在现场就地控制和在控制室远程控制,此外电梯、工厂的行车、房间灯、机床等电气设备也有多地控制要求。能在两地或多地控制同一台电动机的控制方式称为多地控制。

多地控制电路的简介

(一)两地控制

为了达到从两地同时控制一台电动机的目的,必须在另一地点再装一组启动和停止按钮。这两组启停按钮接线的方法必须是:启动按钮要相互并联,停止按钮要相互串联。

图1-27为两地控制的控制线路,它可以分别在甲、乙两地控制接触器KM的通断,其中甲地的启停按钮为SB11和SB12,乙地为SB21和SB22,因而实现了两地控制同一台电动机的目的。

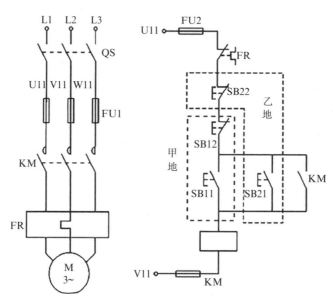

图1-27　两地控制线路

（二）多地控制

对三地或多地控制，只要把各地的启动按钮并联、停止按钮串联就可以实现。多地控制的原则是凡动合触点应并联，动断触点要串联。

任务四　常用工具的使用

电工工具

一、电工工具

（一）测电笔

测电笔又称验电笔，简称电笔，用来检查低压线路和电气设备外壳是否带电。为便于携带，测电笔通常做成笔状，前段是金属探头，或螺丝刀样式，内部依次装安全电阻、氖管和弹簧。弹簧与笔尾的金属体相接触。使用时，手应与笔尾的金属体相接触。电笔测试带电体时，很微小的电流经人体到大地形成回路。测电笔的测电压范围为60~500V（严禁测高压电）。使用前，务必先在正常电源上验证氖管能否正常发光，以确认测电笔验电可靠。由于氖管发光微弱，在明亮的光线下测试时，应当避光检测。测电笔的握法如图1-28所示。

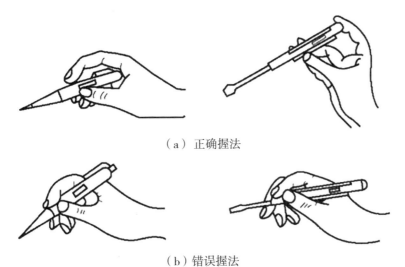

（a）正确握法

（b）错误握法

图1-28　测电笔的握法

（二）斜口钳

斜口钳又称断线钳，如图1-29所示，钳柄有铁柄、管柄和绝缘柄三种形式。断线钳专供剪断较粗的金属丝、线材及电线电缆等。

（三）尖嘴钳

尖嘴钳因其头部尖细，适用于在狭小的工作空间操作。尖嘴钳可用来剪断较细小的导线,可用来夹持较小的螺钉、螺帽、垫圈、导线等,也可用来对单股导线整形(如平直、弯曲等)。若使用尖嘴钳带电作业,应检查其绝缘是否良好,并在作业时注意金属部分不要触及人体或邻近的带电体(见图1-30)。

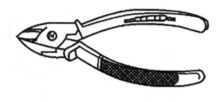

图1-29　斜口钳　　　　　　　　　　　　　图1-30　尖嘴钳

(四)钢丝钳

钢丝钳又称老虎钳,是用于剪切或夹持导线、金属丝等工件的常用钳类工具,由钳头和钳柄两部分组成,如图1-31所示。电工常用的钢丝钳有150mm、175mm、200mm及250mm等多种规格,可根据内线或外线工种需要选购。钳子的齿口也可用来紧固或拧松螺母。

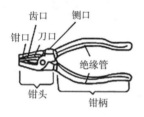

图1-31　钢丝钳

(五)剥线钳

剥线钳为内线电工、电机修理、仪器仪表电工常用的工具之一。它的主要构造由钳头和手柄两部分组成,如图1-32所示,适宜于塑料、橡胶绝缘电线、电缆芯线的剥削。使用方法是:将待剥削的线头置于钳头的刀口中,用手将两钳柄一捏,然后一松,绝缘皮便与芯线脱开。

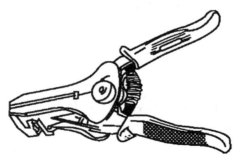

图1-32　剥线钳

(六)电工刀

电工刀是电工常用的一种切削工具。普通的电工刀由刀片、刀刃、刀把、刀挂等构成。不用时,刀片可收缩到刀把内。用电工刀剖削电线绝缘层时,可把刀略微翘起一些,用刀刃的圆角抵住线芯。切忌把刀刃垂直对着导线切割绝缘层,因为这样容易割伤电线线芯。电工刀的刀刃部分要磨得锋利才好剥削电线,但不可太锋利,太锋利容易削伤线芯。电工刀的刀柄结构没有绝缘,不能在带电体上使用电工刀进行操作,以免触电。

(七)活络扳手

活络扳手又叫活扳手,是一种旋紧或拧松有角螺钉或螺母的工具。电工常用的有200mm、250mm、300mm三种,使用时应根据螺母的大小选配。使用时,右手握手柄,手越靠后,扳动起来越省力。扳动小螺母时,因需要不断地转动蜗轮,调节扳口的大小,所以手应握在靠近呆扳唇,并用大拇指调制蜗轮,以适应螺母的大小。活络扳手的扳口夹持螺母时,呆扳唇在上,活扳唇在下,切不可反过来使用。

(八)电烙铁

电烙铁有15~500W各种不同的规格。无论哪种电烙铁,它们的原理基本相似,都是在接通电源后,电流使电阻丝发热,并通过传热筒加热烙铁头,达到焊接温度后即可进行工作。电烙铁主要是用来焊接电路和导线。使用电烙铁时要注意安全,防止被烫伤,同时要远离易燃物品,防止火灾。电烙铁的握法见图1-33。

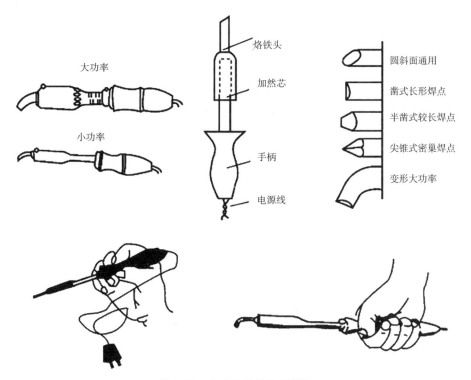

图1-33　电烙铁的结构及握法

（九）其他

交直流电压实验台，实训电路木板一块，木螺钉、废旧塑料单芯线若干。

二、万用表

（一）万用表的种类

万用表主要分为指针型（机械型）、数字、台式万用表三大类。指针型
万用表又可分为单旋钮型万用表和双旋钮型万用表两类，常见的指针型万用表有MF47、
MF500等，如图1-34所示。在实际使用中建议使用单旋钮多量程万用表。

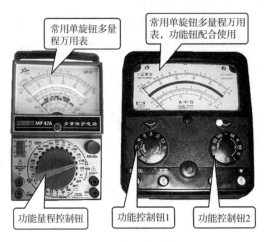

图1-34　常见的指针型万用表

（二）数字万用表

1. 数字万用表的分类

数字万用表又分为多量程万用表和自动量程识别万用表。多量程万用表常见的有
DT9205、DT9208型万用表等，如图1-35所示。需要测量时，旋转到相应功能的适当量程
即可。

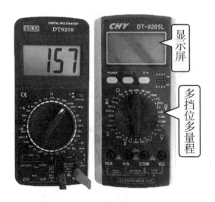

图1-35　多量程万用表

自动量程万用表常见有 QI857、R86E 等型号,在测量时只要将功能旋钮旋转到相应的功能位置即可,其量程大小可自动选择,如图 1-36 所示。

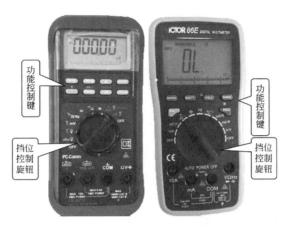

图 1-36　自动量程万用表

数字万用表中还有一种高精度多功能台式万用表,主要用于高精度电子电路的测量,常见有福禄克及安捷伦台式万用表,台式万用表如图 1-37 所示。

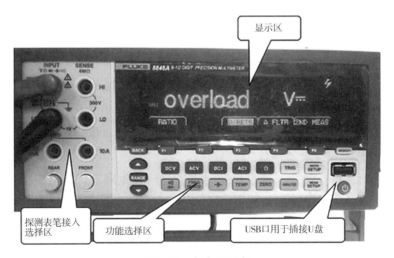

图 1-37　台式万用表

数字式万用表(见图 1-38)是利用模拟/数字转换原理,将被测量模拟电量参数转换成数字电量参数,并以数字形式显示的仪表。它比指针式万用表具有精度高、速度快、输入阻抗高、对电路的影响小、读数方便准确等优点。数字式万用表的使用可扫二维码学习。

2. 数字式万用表的使用

首先打开电源,将黑表笔插入"COM"插孔,红表笔插入"V·Ω"插孔。

(1)电阻测量

将转换开关调节到 Ω 挡,将表笔测量端接于电阻两端,即可显示相应示值。如显示最大值"1"(溢出符号),必须向高电阻值挡位调整,直到显示为有效值为止。为了保证测量准确性,在测量电阻时,最好断开电阻的一端,以免在测量电阻时在电路中形成回路,影响测量结果。

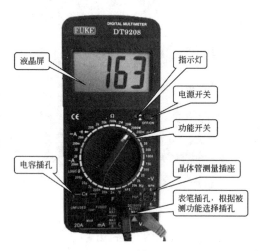

图1-38　DT9208型数字式万用表

【注意】不允许在通电的情况下进行在线测量,测量前必须先切断电源,并将大容量电容放电。

(2)"DCV"——直流电压测量

表笔测试端必须与测试端可靠接触(并联测量)。原则上由高电压挡位逐渐往低电压挡位调节测量,直到该挡位示值的1/3~2/3为止,此时的示值才是一个比较准确的值。

【注意】严禁以小电压挡位测量大电压,不允许在通电状态下调整转换开关。

(3)"ACV"——交流电压测量

表笔测试端必须与测试端可靠接触(并联测量)。原则上由高电压挡位逐渐往低电压挡位调节测量,直到该挡位示值的1/3~2/3为止,此时的示值才是一个比较准确的值。

【注意】严禁以小电压挡位测量大电压,不允许在通电状态下调整转换开关。

(4)二极管测量

将转换开关调至二极管挡位,黑表笔接二极管负极,红表笔接二极管正极,即可测量出正向压降值。

(5)晶体管电流放大系数hFE的测量

将转换开关调至hFE挡,根据被测晶体管选择"PNP"或"NPN"位置,将晶体管正确地插入测试插座即可测量到晶体管的hFE值。

(6)开路检测

将转换开关调至有蜂鸣器符号的挡位,表笔测试端可靠地接触测试点,若两者在(20±10)Ω,蜂鸣器就会响起来,表示该线路是通的,不响则该线路不通。

【注意】不允许在被测量电路通电的情况下进行检测。

（7）"DCA"——直流电流测量

小于200mA时红表笔插入mA插孔,大于200mA时红表笔插入A插孔,表笔测试端必须与测试端可靠接触（串联测量）。原则上由高电流挡位逐渐往低电流挡位调节测量,直到该挡位示值的1/3~2/3为止,此时的示值才是一个比较准确的值。

【注意】严禁以小电流挡位测量大电流,不允许在通电状态下调整转换开关。

（8）"ACA"——交流电流测量

低于200mA时红表笔插入mA插孔,高于200mA时红表笔插入A插孔,表笔测试端必须与测试端可靠接触（串联测量）。原则上由高电流挡位逐渐往低电流挡位调节测量,直到该挡位示值的1/3~2/3为止,此时的示值才是一个比较准确的值。

【注意】严禁以小电流挡位测量大电流,不允许在通电状态下调整转换开关。

匠人锤炼篇

任务五　电气控制线路连接实训

技能实训:电动机点动／长动、两地控制线路的安装实训。

一、实训内容

（1）识别与使用常用电气元件,熟悉电工工具及万用表的使用。
（2）电气元件的安装,线槽走线规范操作。
（3）元器件内部接线操作。
（4）通电试车,各电路图如图1-39至1-41所示。

二、参考电路图

（1）电气原理图见图1-39。
（2）主板元器件布置图见图1-40。
（3）主板内部接线图见图1-41。

三、实训器材、工具器材、工具

见表1-1、表1-2、表1-3所示。

表1-1 工具

工具					
测电笔	螺钉旋具	尖嘴钳	斜口钳	剥线钳	电工刀

表1-2 仪表

仪表		
万用表	兆欧表	钳形电流表

表1-3 器材、器件

器材、器件					
交流接触器	按钮	转换开关	熔断器	电动机	UT型接头
管型接头	编码套管	各类规格的电线	网孔板	PVC配线槽	固定螺丝

四、实训步骤及要求

(1)识读参考电路原理图(图1-39),熟悉电路的工作原理。

电源开关	主电路	控制电路熔断器	点动回路	异地停车	异地长动回路

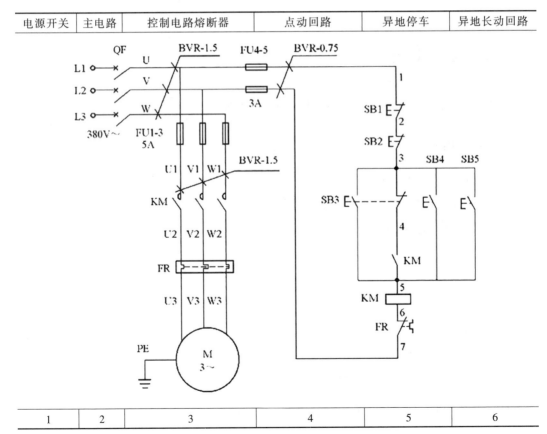

1	2	3	4	5	6

图1-39 电动机点动、长动、两地控制电路

学生按照3人一组,通过讨论、现场收集资料、查阅说明书等方法确定实施方案,识别电气元件,并将实训所需的电气元件型号填入表1-4中。

表1-4　元器件明细表

序号	代号	名称	型号	规格	数量	备注
1						
2						
3						
4						
5						
6						
7						
8						
9						

(2)在网孔板上按参考元器件布置图(见图1-40)试着摆放电气元件(可根据实际情况适当调整布局)。用盒尺量取U形导轨合适的长度,用钢锯截取;用盒尺量取PVC配线槽合适的长度,用配线槽剪刀截取。安装主板U形导轨、配线槽及电气元件,并在主要电气元件上贴上醒目的文字符号。

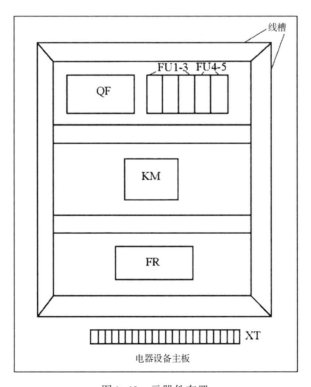

图1-40　元器件布置

（3）按参考主板内部接线图（见图1-41）的走线方法（也可合理改进）进行主板板前线槽布线并在导线两头套上打好号的线号套管。

（4）连接电动机、各按钮箱内部接线端子连线。

（5）全部安装完毕后，必须经过感观和仪表认真检查，确认无误后方可通电试车。

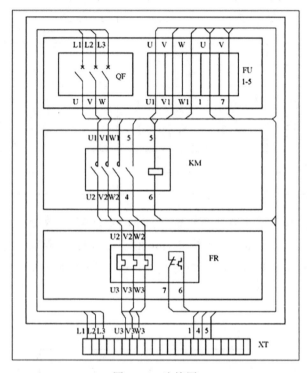

图1-41　连接图

（6）实训记录单。每位学生根据自己的实施过程、故障现象及调试方法填写下面的记录单。表1-5的前两列由学生填写，后两列由指导老师检查后填写。

表1-5　实训记录单

序号	工作内容	用时	得分
1			
2			
3			
4			
5			
6			
7			
8			
9			

【注意事项】

(1)电动机及按钮的金属外壳必须可靠接地。

(2)接至电动机的导线必须穿在导线卷式结束带内加以保护,或采用坚韧的四芯橡皮线或塑料护套线。

(3)按钮内接线时,用力不可过猛,以防螺钉打滑。

(4)上下安装的断路器、熔断器、接触器、热继电器受电端应在上侧,下侧接负载。

(5)各元件的安装位置应整齐、匀称,间距合理,便于元件的更换。

(6)紧固各元件时,要用力均匀、谨慎,紧固程度适当,以免损坏。

(7)布线通道尽可能少,同路并行导线尽量按主、控电路分开;分不开的要将发热多的导线置于线槽顶端,以利散热。

(8)同一平面的导线应尽量高低一致,避免交叉。

(9)布线时严禁损伤线芯和导线绝缘,必要时软铜导线线头上锡或连接专用端子(俗称线鼻子)。

(10)在每根剥去绝缘层导线的两端套上事先打好号的线号套管。

(11)所有从一个接线端子到另外一个接线端子的导线必须连续,中间无接头。

(12)导线与接线端子或接线桩连接时,不得压绝缘层,也不能露铜过长。

(13)每个电气元件接线端子上的连接导线不得多于两根。

(14)每节接线端子板上的连接导线不得超过两根,若超过两根,应采用短导线倒接到另外空端子上引出。

(15)线路检查应遵循先主电路后控制电路的原则。常态下取下控制熔断器熔芯、断开电动机,主电路无论哪一段三相之间用万用表检测的电阻值均为∞,人为按下接触器后三相之间电阻值仍为∞,但接通电动机后人为按下接触器,三相之间电阻值为电动机电阻值;常态下检查控制电路时,用万用表×1k 欧姆挡测得的控制熔断器两端的电阻值应为∞,按下启动按钮后,读数应等于或接近接触器线圈的阻值,大约为几十欧姆,同时按下停车按钮后阻值又回到0。

(16)通电试车前,必须征得指导教师同意,并由指导教师接通三相电源总开关,并在现场监护。学生合上电源开关 QF 后,用验电笔或万用表检查电源是否接通。按下两地控制按钮中的一组启动按钮,观察接触器吸合情况是否正常,电动机运行是否正常,再按下该组停车按钮,电动机是否正常停车;依次检查另外一组异地按钮。

(17)出现故障后,学生应在指导教师的监护下独立进行检修。

(18)通电试车完毕后先切断电源,然后拆除电源线,再从主板上拆除电动机线接头。

项目二　电动机正反转及自动往复循环控制

项目描述:生产实践中,很多设备需要两个相反的运行方向,例如数控车床的主轴正向和反向转动、工作台的前进和后退。这两个相反方向的运动均可通过电动机的正转和反转来实现。因为,只要将三相电源中的任意两相交换就可改变电源相序,而电动机就可改变旋转方向。实际电路构成时,可在主电路中用两个接触器的主触点实现正转相序接线和反转相序接线,在控制电路中控制正转接触器线圈得电,其主触点闭合,电动机正转,或者控制反转接触器线圈得电,主触点闭合,电动机反转。

电动机正反转
控制电路简介
及自动往复循
环控制

知识与技能篇

任务一　相关电气元件的认识

行程开关的
简介

一、行程开关

(一)行程开关的结构

行程开关又称位置开关或限位开关。它的作用与按钮相同,只是其触点的动作不是靠手动操作,而是利用生产机械某些运动部件上的挡铁碰撞其滚轮使触头动作来实现接通或分断电路的。行程开关用于控制机械设备的行程及限位保护。在实际生产中,将行程开关安装在预先安排的位置,当装于生产机械运动部件上的模块撞击行程开关时,行程开关的触点动作,实现电路的切换。

行程开关按其结构可分为直动式、滚轮式、微动式和组合式,主要区别在传动系统。行程开关由操作机构、触头系统和外壳等3个部分构成,其结构原理如图2-1所示。

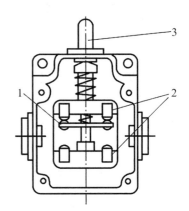

图2-1　行程开关的原理

1—动触点;2—静触点;3—推杆

(二)行程开关的型号及含义

LXK3系列行程开关型号含义如图2-2所示。

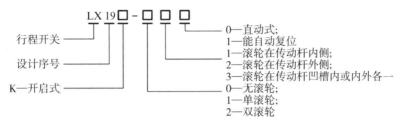

图2-2　行程开关的型号及含义

(三)行程开关的符号

行程开关的符号如图2-3所示。

图2-3　行程开关的符号

二、接近开关

(一)含义及作用

接近开关的
简介

接近开关是一种不必与运动部件进行机械接触就可以动作的位置开关,当物体与接近开关感应面的距离小于动作距离时,不需要机械接触及施加任何压力即可使开关动作,从而驱动交流或直流电器或给计算机装置提供控制指令。接近开关是开关型传感器(即无触点开关),它既有行程开关、微动开关的特性,又具有传感性能,且动作可靠,性能稳定,频率响应快,应用寿命长,抗干扰能力强并具有防水、防振、耐蚀等特点。在完成行程控制和限位保护方面,它完全可以代替机械式有触点行程开关。除此之外,它还可用作高频计数、测速、液面控制、零件尺寸检测、加工程序的自动衔接等的非接触式开关,在机床、纺织、印刷、塑料等工业生产中应用广泛。常用接近开关外形图如图2-4所示。

图2-4　常用接近开关外形图

（二）接近开关的种类

1. 无源接近开关

无源接近开关不需要电源,通过磁力感应来控制开关的闭合状态。当磁质触发器靠近开关时,开关在内部磁力线产生的磁力作用下闭合。无源接近开关具有不需要电源、非接触式、免维护、环保等特点。无源接近开关中的核心部件为如图2-5所示的磁簧管。磁簧管的主体为玻璃管,内装有两根彼此有一定间隙的强磁性簧片,如图(a)所示。玻璃管内封入惰性气体,同时在触点部位镀铑或铱,以防止触点的老化。当有磁性的物体接近磁簧管时,将在簧片上诱导出N极和S极,如图(b)所示,簧片在这种磁性吸引力的作用下吸合;当磁性物体远离时,由于簧片的弹性,触点即刻恢复原状并断开。

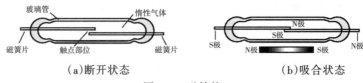

（a）断开状态　　　　　　　　（b）吸合状态

图2-5　磁簧管

利用磁簧管可制成如图2-6所示的气缸接近开关。接近开关安装在气缸表面,气缸内部的活塞装有磁环。当带有磁环的活塞运动到接近开关附近时,即触发磁簧管动作,输出活塞位置信号。

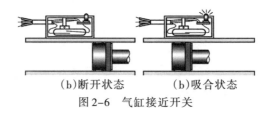

（b）断开状态　　　（b）吸合状态

图2-6　气缸接近开关

2. 电感式接近开关

电感式接近开关及工作原理如图2-7所示。开关内部集成了高频振荡器、检波器、放大器、触发器及输出电路等。振荡器在传感器的检测面产生一个交变电磁场,当无金属物体时,振荡器正常振荡;当金属物体接近传感器检测面时,会在金属表面产生电涡流,这样就吸收了振荡器的能量,使振荡减弱以至停振。振荡器的振荡及停振这两种状态代表了有无金属物体这两种状态。状态转换为电信号,通过整形放大就可转换成二进制的开关信号,经功率放大后还能驱动功率器件。电感式接近传感器仅能检测金属物体。

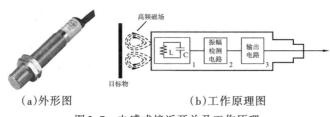

（a）外形图　　　　　　　　（b）工作原理图

图2-7　电感式接近开关及工作原理

3. 电容式接近开关

电容式接近开关及工作原理如图 2-8 所示。这种开关的测量头通常是构成电容器的一个极板,而另一个极板是物体的本身,当物体移向接近开关时,物体和接近开关的介电常数会发生变化,使得和测量头相连的电路状态也随之发生变化,由此便可控制开关的接通和关断。这种接近开关所能检测的物体并不限于金属导体,也可以是绝缘的液体或粉状物体。在检测较低介电常数 ε 的物体时,可以调节位于开关后部的多圈电位器来增加感应灵敏度。

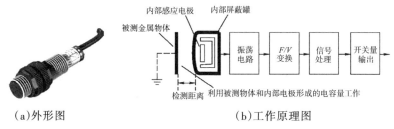

(a)外形图　　　　　　　(b)工作原理图

图 2-8　电容式接近开关及工作原理

4. 霍尔接近开关

霍尔元件是一种磁敏元件,利用霍尔元件做成的开关,叫作霍尔开关,其外形如图 2-9(a)所示,其工作原理如图 2-9(b)所示。当磁性物件移近霍尔开关时,开关检测面上的霍尔元件因产生霍尔效应而使开关内部电路状态发生变化,由此识别附近有磁性物体存在,进而控制开关的通或断。这种接近开关的检测对象必须是磁性物体。

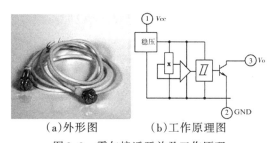

(a)外形图　　　　(b)工作原理图

图 2-9　霍尔接近开关及工作原理

5. 光电式接近开关

利用光电效应做成的开关叫光电接近开关,或称光电开关,光电式接近开关工作原理如图 2-10 所示。光电开关有发光器件与感光电器件,分为反射式和对射式两种。反射式光电开关将发光器件与感光器件装在同一个检测头内。当有反光面(被检测物体)接近时,光电器件接收到反射光后便产生信号输出,由此便可"感知"有物体接近。对射式则是将发光器件与感光器件分开,被检测物体在发光器件与感光器件之间移动。当被检测物体遮住发光器件与感光器件之间的光束时,感光器件有信号输出,由此"感知"有物体接近。

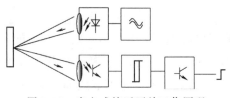

图 2-10　光电式接近开关工作原理

任务二　三相交流电动机正反转控制线路分析

电动机正反
转控制电路

一、电动机正反转原理

正反转控制在生产中可实现生产部件向正反两个方向运行。对于三相异步电动机来说,其旋转方向取决于定子旋转磁场的旋转方向,并且两者的转向相同,因此只要改变旋转磁场的旋转方向,就能使三相异步电动机反转,而磁场的旋转方向又取决于电源的相序,所以电源的相序决定了电动机的旋转方向。任意改变电源的相序时,电动机的旋转方向就会随之改变,即要改变三相异步电动机转动方向,只要把电动机的3根引出线中任意两根调换一下,再接上电源电动机就能反转了。如图2-11所示,电动机的U、V、W分别与三相电源出来的U1、V1、W1相对应,U1相和U相、V1相和V相、W1相和W相对应地连接起来时,为电动机正转。如图2-11所示,U1相和V1相调换一下,U1相和V相对应,V1相和U相对应,W1相仍与W相对应,这样调换三相交流电源的U1、V1、W1相中的任意两相,接上电动机的引出线,电动机就会反方向转动。

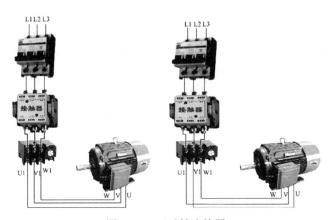

图 2-11　正反转连接图

二、几种正反转控制电路原理

如图2-12所示,KM1、KM2分别为电动机正、反转电磁接触器,利用它们对电动机的电源电压进行换相。当 KM1 正转接触器线圈得电、KM2 反转接触器线圈断电时,电源和电动机通过接触器 KM1 主触点,L11 和 U1 相、L12 和 V1 相、L13 和 W1 相对应连接,从而 U1 和 U、V1 和 V、W1 和 W 也分别对应连接,电动机正向转动。如果电动机要求换相时,则 KM2 接触器线圈得电、KM1 接触器必须断电,电源和电动机通过 KM2 主触点,L11 和 W1 相、L12 仍与 V1 相、L13 和 U1 相对应连接,此时 U1 与 W1 换相,电动机反向转动。

　　对于三相交流电动机可借助正、反向接触器改变定子绕组相序来实现。图 2-12 为三相笼型异步电动机实现正、反转的控制线路。图中 KM1、KM2 分别为正、反转接触器,它们的主触点接线的相序不同,KM1 按 U-V-W 相序接线,KM2 按 V-U-W 相序接线,即将 U、V 两相对调,所以两个接触器分别工作时,电动机的旋转方向不一样,实现电动机的可逆运转。图 2-12 所示的控制线路虽然可以完成正反转的控制任务,但这个线路是有缺点的,在按下正转按钮 SB2 时,KM1 线圈通电并且自锁,接通正序电源,电动机正转。若发生错误操作,在按下 SB2 的同时又按下反转按钮 SB3,KM2 线圈通电并自锁,此时在主电路中将发生 U、V 两相电源短路事故。

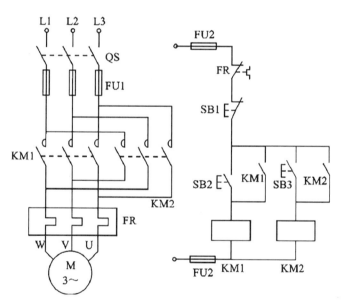

图 2-12　三相笼型异步电动机实现正、反转的控制线路

　　为了避免上述事故的发生,就要求保证两个接触器不能同时工作。这种在同一时间里两个接触器只允许一个工作的控制作用称为互锁或联锁。图 2-13 为带接触器联锁保护的正、反转控制线路。在正、反两个接触器中互串一个对方的动断触点,这对动断触点称为互锁触点或联锁触点。这样当按下正转启动按钮 SB2 时,正转接触器 KM1 线圈通电,主触点闭合,电动机正转;与此同时,由于 KM1 的动断辅助触点断开而切断了反转接触器 KM2 的线圈电路。因此,即使再按反转启动按钮 SB3,也不会使反转接触器的线圈通电工作。

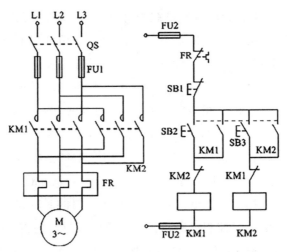

图 2-13 带接触器联锁保护的正、反转控制线路

同理,在反转接触器 KM2 动作后,也保证了正转接触器 KM1 的线圈电路不能再工作。由以上的分析可以得出如下的规律:

(1)当要求甲接触器工作时,乙接触器就不能工作,此时应在乙接触器的线圈电路中串入甲接触器的动断触点;

(2)当要求甲接触器工作时乙接触器不能工作,而乙接触器工作时甲接触器不能工作,此时要在两个接触器线圈电路中互串对方的动断触点。

但是,图 2-13 所示的接触器联锁正反转控制线路也有个缺点,即在正转过程中要求反转时必须先按下停止按钮 SB1,让 KM1 线圈断电,联锁触点 KM1 闭合,这样才能按反转按钮使电动机反转,这给操作带来了不便。为了解决这个问题,在生产上常采用复式按钮和触点联锁的控制线路,如图 2-14 所示。

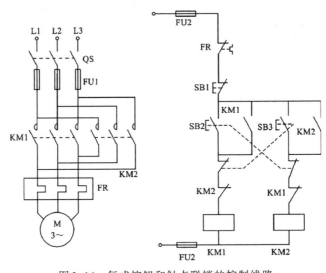

图 2-14 复式按钮和触点联锁的控制线路

图 2-14 中,保留了由接触器动断触点组成的互锁电气联锁,并添加了由按钮 SB2 和 SB3 的动断触点组成的机械联锁。这样,当电动机由正转变为反转时,只需按下反转按钮 SB3,便会通过 SB3 的动断触点断开 KM1 电路,KM1 起互锁作用的触点闭合,接通 KM2 线圈控制电路,实现电动机反转。

这里需注意一点,复式按钮不能代替互锁触点的作用。例如,当主电路中正转接触器 KM1 的触点发生熔焊(即静触点和动触点烧蚀在一起)现象时,由于相同的机械连接,KM1 的动断触点在线圈断电时不复位,KM1 的动断触点处于断开状态,可防止反转接触器 KM2 通电使主触点闭合而造成电源短路故障,这种保护作用仅采用复式按钮是做不到的。

这种线路既能实现电动机直接正反转的要求,又保证了电路可靠工作,常用在电力拖动控制系统中。

任务三　自动往复循环控制线路分析

在生产过程中,一些生产机械运动部件的行程或位置要受到限制,或者需要其运动部件在一定范围内自动往返循环等。如在摇臂钻床、镗床、桥式起重机及各种自动或半自动控制机床设备中就经常遇到这种控制要求。而实现这种控制要求所依靠的主要电器是位置开关。

如果运动部件需要两个方向的往返运动,拖动它的电动机应能正、反转,而自动往返的实现应采用行程开关或接近开关等限位开关作为检测元件以实现控制。

自动往返控制电路如图 2-15 所示,为了使电动机的正反转控制与工作台的左右运动相配合,在控制电路中设置了四个限位开关 SQ1、SQ2、SQ3 和 SQ4,并把它们安装在需要限位的地方。其中 SQ1、SQ2 被用来自动换接电动机正反转控制电路,实现工作台的自动往返控制;SQ3、SQ4 被用来作终端保护,以防止 SQ1、SQ2 失灵,导致工作台越过限定位置而造成事故。限位开关 SQ1 的动断触点串接在正转电路中,限位开关 SQ2 的动断触点串接在反转电路中。当工作台运动到所限位置时,其挡块碰撞限位开关,使其触点动作,自动换接电动机正反转控制电路。控制电路中的 SB1 和 SB2 分别作正转启动按钮和反转启动按钮。

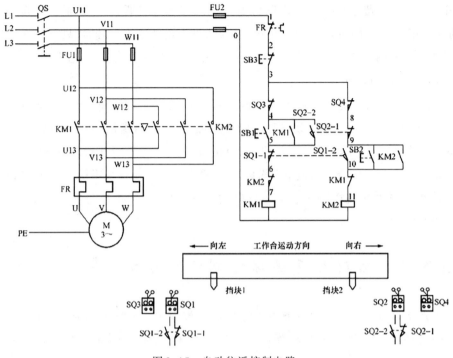

图2-15 自动往返控制电路

匠人锤炼篇

任务四 电气控制线路连接实训

一、实训内容

（1）自动往返控制电路的工作原理分析，填写表2-1。

表2-1 控制步骤

序号	动作	说明	序号	动作	说明
1			10		
2			11		
3			12		
4			13		
5			14		

续表

序号	动作	说明	序号	动作	说明
6			15		
7			16		
8			17		
9			18		

（2）外围元器件的安装。

（3）槽配线（软线）操作。

（4）元器件内部接线操作。

（5）元器件互连接线操作。

（6）通电试车。

二、实训器材、工具

工具、仪表、器材如表2-2、2-3、2-4所示。

表2-2 工具

工具					
测电笔	螺钉旋具	尖嘴钳	斜口钳	剥线钳	电工刀

表2-3 仪表

仪表		
万用表	兆欧表	钳形电流表

表2-4 器材

器材、器件					
交流接触器	按钮	接近开关	熔断器	电动机	UT型接头
管型接头	编码套管	各类规格的电线	网孔板	PVC配线槽	固定螺丝
热继电器					

三、实训步骤及要求

（1）识读参考电路原理图（见图2-16），熟悉线路的工作原理。有的机床设备的工作台需在一定的距离内才能自动往复循环运动。图2-16是机床工作台自动往返循环控制的示意图和电路图，它实质上是用行程开关来自动实现电动机正、反转的。图中SQ1、SQ2、SQ3、SQ4为行程开关，按要求安装在床身两侧适当的位置上，用来限制加工终点与原位的行程。当撞块压下行程开关时，其常开触点闭合、常闭触点打开。这其实是在一定行程的起点和终点用撞块压行程开关，以代替人工操作按钮。

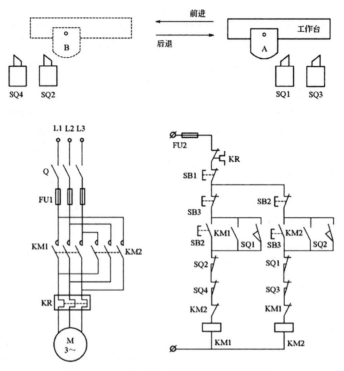

图2-16　工作台自动往返运行控制电路

（2）明确线路所用器件、材料及作用，清点所用器件、材料并进行检验，填写表2-5。

表2-5　检验表

序号	代号	名称	型号	规格	数量	备注
1						
2						
3						
4						
5						
6						
7						
8						
9						

　　（3）在网孔板上按参考元器件布置图试着摆放电气元件（可根据实际情况适当调整布局）。用盒尺量取U形导轨合适的长度，用钢锯截取；用盒尺量取PVC配线槽合适的长度，用配线槽剪刀截取。安装主板U形导轨、配线槽及电气元件，并在主要电气元件上贴上醒目的文字符号。

　　（4）按参考主板内部接线图的走线方法（也可合理改进）进行主板板前线槽布线并在

导线两头套上打好号的线号套管。

（5）接电动机、按钮箱内部接线端子连线。

（6）全部安装完毕后，必须经过感观和仪表认真检查，确认无误后方可通电试车。

（7）实训记录单。每位学生根据自己的实施过程、故障现象及调试方法填写下面的记录单。表2-6的前两列由学生填写，后两列由指导老师检查后填写。

表2-6　记录单

序号	工作内容	用时	得分
1			
2			
3			
4			
5			
6			
7			
8			
9			

项目三　顺序控制

多台3台三相异
步电动机顺序
启动控制电路

项目描述：在装有多台电动机的生产机械上，各电动机所起的作用不同，有时需要按一定的顺序启动、停车才能保证操作过程的合理和工作的安全可靠。例如，在铣床上就要求先启动主轴电动机，然后才能启动进给电动机。又如，带有液压系统的机床，一般都要先启动液压泵电动机，然后才能启动其他电动机。这些顺序关系反映在控制电路上，称为顺序控制。

知识与技能篇

任务一　相关电气元件的认识

继电器

一、继电器的定义

继电器是指根据某种输入信号接通或断开小电流控制电路，实现远距离自动控制和保护的自动控制电器。其输入量可以是电流、电压等电量，也可以是温度、时间、速度、压力等非电量，而输出则是触头的动作或者是电路参数的变化。

继电器实质上是一种传递信号的电器，它根据特定形式的输入信号而动作，从而达到控制目的。它一般不用来直接控制主电路，而是通过接触器或其他电器来对主电路进行控制，因此同接触器相比较，继电器的触头通常接在控制电路中，触头断流容量较小，一般不需要灭弧装置，但对继电器动作的准确性则要求较高。

继电器一般由3个基本部分组成：检测机构、中间机构和执行机构。检测机构的作用是接受外界输入信号并将信号传递给中间机构；中间机构对信号的变化进行判断、物理量转换、放大等；当输入信号变化到一定值时，执行机构（一般是触头）动作，从而使其所控制的电路状态发生变化，接通或断开某部分电路，达到控制或保护的目的。

二、继电器的分类及工作原理

继电器种类繁多，按输入信号的性质可分为中间继电器、时间继电器、压力继电器、速度继电器、电压继电器、电流继电器和温度继电器等;按工作原理可分为电磁式继电器、感应式继电器、电动式继电器、电子式继电器、热继电器等;按用途可分为控制用继电器和保护用继电器等;按输出形式可分为有触头和无触头继电器两类。其中时间继电器具有延时功能,电压继电器有欠压和失压保护,电流继电器和热继电器均有过载保护功能。

电磁式继电器是依据电压、电流等电量,利用电磁原理使衔铁闭合动作,进而带动触头动作,使控制电路接通或断开,实现动作状态的改变。继电器和接触器的结构和工作原理大致相同。主要区别在于:接触器的主触点可用于大电流;而继电器的体积和触点容量小,触点数目多,且只能通过小电流。所以,继电器一般用于控制电路中。

1. 电磁式继电器

电磁式继电器是应用得最早、最多的一种型式。它根据信号变化,接通或断开电路。其结构及工作原理与接触器大体相同,由电磁系统、触点系统和释放弹簧等组成,如图3-1所示。由于继电器用于控制电路,流过触点的电流比较小(一般5A以下),故不需要灭弧装置。

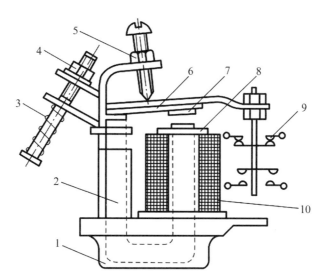

图3-1　电磁式继电器的典型结构

1—底座;2—铁芯;3—释放弹簧;4—调节螺母;5—调节螺母;
6—衔铁;7—非磁性垫片;8—极靴;9—触头系统;10—线圈

(1)电磁式电流继电器

电流继电器用于电力拖动系统的电流保护和控制。这种继电器的线圈串联接入主电路中,其线圈导线粗、匝数少、线圈阻抗小,用来感测主电路的线路电流。触点接于控制电路,根据线圈电流的大小而动作,为执行元件。电流继电器反映的是电流信号,常用的电流继电器有欠电流继电器和过电流继电器两种。

欠电流继电器在电路中起欠电流保护作用,吸引电流为线圈额定电流的30%~65%,

释放电流为额定电流的10%~20%,因此,在电路正常工作时,衔铁是吸合的只有当电流降低到某一整定值时,继电器释放,控制电路失电,从而控制接触器及时分断电路。

过电流继电器在电路正常工作时不动作,整定范围通常为额定电流的1.14倍,当被保护线路的电流高于额定值,达到过电流继电器的整定值时,衔铁吸合,使触点机构动作控制电路失电,从而控制接触器及时分断电路。

(2)电磁式电压继电器

电压继电器用于电力拖动系统的电压保护和控制。电压继电器线圈匝数多、导线细,工作时并联在回路中,用来感测主电路的线路电压,根据线圈两端电压的大小接通或断开电路。其触点接于控制电路,为执行元件。按吸合电压的大小,电压继电器可分为过电压继电器、欠电压继电器及零电压继电器。

过电压继电器用于线路的过电压保护,其吸合整定值为被保护线路额定电压的1.05~1.2倍。当被保护的线路电压正常时,衔铁不动作;当被保护线路的电压高于额定值,达到过电压继电器的整定值时,衔铁吸合,使触点机构动作,控制接触器及时分断被保护电路。

欠电压继电器用于线路的欠电压保护,其释放整定值为线路额定电压的0.1~0.6倍。当被保护线路电压正常时,衔铁可靠吸合;当被保护线路电压降至欠电压继电器的释放整定值时,衔铁释放,触点机构复位,控制接触器及时分断被保护电路。

零电压继电器是当电路电压降低到5%~25%时释放,对电路实现零电压保护,用于线路的失压保护。

电磁式电流及电压继电器符号如图3-2、3-3所示。

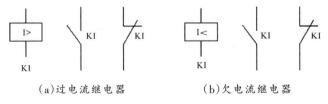

(a)过电流继电器　　　　　　　　(b)欠电流继电器

图3-2　电磁式电流继电器的符号

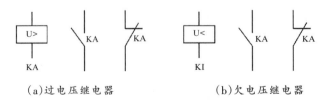

(a)过电压继电器　　　　　　　　(b)欠电压继电器

图3-3　电磁式电压继电器的符号

2. 中间继电器

中间继电器的作用是将一个输入信号变成多个输出信号或将信号放大(即增大触点容量)的继电器。其实质为电压继电器,但它的触点数量较多(可达8对),触点容量较大(5~10A),动作灵敏。

中间继电器按电压可分为两类:一类是用于交直流电路中的JZ系列,另一类是只用于直流操作的各种继电保护电路中的DZ系列。

常用的中间继电器有JZ7系列,以JZ7—62为例,JZ为中间继电器的代号,7为设计序号,6对常开触点,2对常闭触点。表3-1为JZ7系列的主要技术数据,其结构如图3-4所示。

表3-1　JZ7系列的主要技术数据

型号	触点额定电压/V	触点额定电流/V	触点对数		吸引线圈电压/V	额定操作频率/(次/h)
			常开	常闭		
JZ7-44			4	4	交流50Hz时,12、36、127、220、380	
JZ7-62	500	5	6	2		1200
JZ7-80			8	0		

新型中间继电器触点闭合过程中动、静触点间有一段滑擦、滚压过程,可以有效地清除触点表面的各种生成膜及尘埃,减小了接触电阻,提高了接触可靠性,有的还装了防尘罩或采用密封结构,这也是提高可靠性的措施。有些中间继电器安装在插座上,插座有多种形式可供选择,有些中间继电器可直接安装在导轨上,安装和拆卸均很方便。常用的有JZ18、MA、K、HH5、RT11等系列。中间继电器的图形符号和文字符号如图3-5所示。

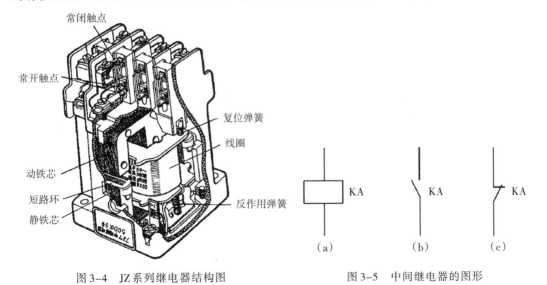

图3-4　JZ系列继电器结构图　　　　图3-5　中间继电器的图形

3. 时间继电器

时间继电器用来按照所需时间间隔,接通或断开被控制的电路,以协调和控制生产机械的各种动作,因此是按整定时间长短进行动作的控制电器。通常用在自动或半自动控制系统中,在预定的时间使被控制元件动作。

时间继电器种类很多,按构成原理有:电磁式、电动式、空气阻尼式、晶体管式和数字式等。按延时方式分为通电延时型、断电延时型。

（1）直流电磁式时间继电器

该类继电器用阻尼的方法来延缓磁通变化的速度,以达到延时的目的。其结构简单,运行可靠,寿命长,允许通电次数多,但仅适用于直流电路,延时时间较短。一般通电延时仅为0.1~0.5s,而断电延时可达0.2~10s。因此,直流电磁式时间继电器主要用于断电延时。

（2）空气阻尼式时间继电器

该类继电器由电磁机构、工作触点及气室三部分组成,它的延时是靠空气的阻尼作用来实现的。图3-6所示为JS7—A系列时间继电器的工作原理图。

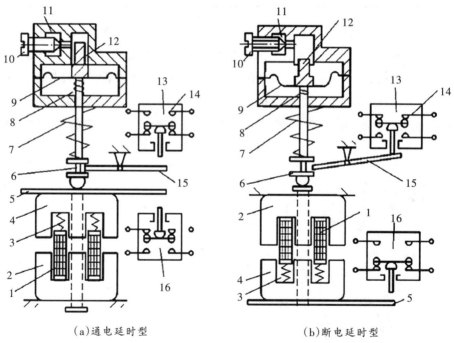

（a）通电延时型   （b）断电延时型

图3-6　JS7—A系列时间继电器工作原理图

1—线圈;2—静铁芯;3,7,8—弹簧;4—衔铁;5—推板;6—顶杆;9—橡皮膜;
10—螺钉;11—进气孔;12—活塞;13,16—微动开关;14—延时触点;15—杠杆

国内生产的新产品JS23系列,可取代JS7—A、JS7—B及JS16等老产品。JS23系列时间继电器的型号含义如图3-7所示。

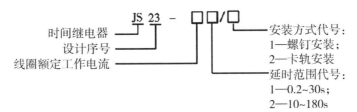

图 3-7　JS23系列时间继电器的型号含义

（3）电子式时间继电器

电子式时间继电器已成为主流产品，它是由晶体管或集成电路等构成，目前已有采用单片机控制的时间继电器。电子式时间继电器具有延时范围广、精度高、体积小、耐冲击和耐振动、调节方便及寿命长等优点，所以发展很快，应用广泛。半导体时间继电器的输出形式有两种：有触点式和无触点式，前者是用晶体管驱动小型磁式继电器，后者是采用晶体管或晶闸管输出。

电子式时间继电器的型号含义如图3-8所示，其图形符号及文字符号如图3-9所示。

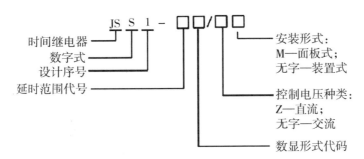

图 3-8　JSS1时间继电器的型号含义

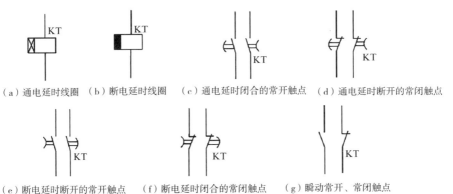

（a）通电延时线圈　（b）断电延时线圈　（c）通电延时闭合的常开触点　（d）通电延时断开的常闭触点

（e）断电延时断开的常开触点　（f）断电延时闭合的常闭触点　（g）瞬动常开、常闭触点

图 3-9　时间继电器的图形符号和文字符号

4. 热继电器

热继电器是电流通过发热元件产生热量，使检测元件受热弯曲而推动机构动作的一

种继电器。由于热继电器中发热元件的发热惯性,在电路中不能做瞬时过载保护和短路保护。它主要用于电动机的过载保护、断相保护和三相电流不平衡运行的保护。

(1)热继电器的结构和工作原理

热继电器的形式有多种,其中以双金属片最多。双金属片式热继电器主要由热元件、双金属片和触头三部分组成,如图3-10所示。双金属片是热继电器的感测元件,由两种膨胀系数不同的金属片碾压而成。当串联在电动机定子绕组中的热元件有电流流过时,热元件产生的热量使双金属片伸长,由于膨胀系数不同,致使双金属片发生弯曲。电动机正常运行时,双金属片的弯曲程度不足以使热继电器动作。当电动机过载时,流过热元件的电流增大,加上时间效应,从而使双金属片的弯曲程度加大,最终使双金属片推动导板使热继电器的触头动作,切断电动机的控制电路。

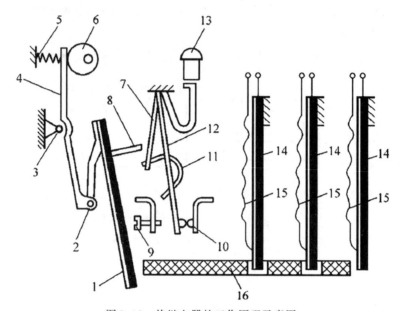

图3-10 热继电器的工作原理示意图

1-金属片;2-销子;3-支撑;4-杠杆;5-弹簧;6-凸轮;7、12-片簧;8-推杆;9-调节螺钉;10-触点;11-弓簧;13-复位按钮;14-主金属片;15-发热元件;16-导板

热继电器由于热惯性,当电路短路时不能立即动作使电路断开,因此不能用作短路保护。同理,在电动机启动或短时过载时,热继电器也不会马上动作,从而避免电动机不必要的停车。

(2)热继电器的分类及常见规格

热继电器按热元件数分为两相和三相结构。三相结构中又分为带断相保护和不带断相保护装置两种。

目前国内生产的热继电器品种很多,常用的有JR20、JRS1、JRS2、JRS5、JR16B和T系列等。其中JRS1为引进法国TE公司的LR1-D系列,JRS2为引进德国西门子公司的3UA

系列,JRS5为引进日本三菱公司的TH-K系列,T系列为引进瑞士ABB公司的产品。JR20系列热继电器采用立体布置式结构,且系列动作机构通用。除具有过载保护、断相保护、温度补偿以及手动和自动复位功能外,还具有动作脱扣灵活、动作脱扣指示以及断开检验等功能。

热继电器的型号含义及电气符号如图3-11所示。

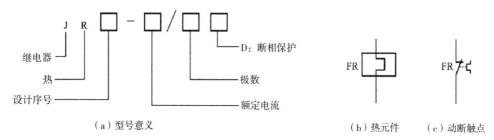

（a）型号意义　　　　　　（b）热元件　（c）动断触点

图3-11　热继电器的型号含义及电气符号

（3）热继电器主要参数及常用型号

热继电器主要参数有:热继电器额定电流、相数,热元件额定电流,整定电流及调节范围等。热继电器的额定电流是指热继电器中可以安装的热元件的最大整定电流值。热元件的额定电流是指热元件的最大整定电流值。热继电器的整定电流是指能够长期通过热元件而不致引起热继电器动作的最大电流值。通常热继电器的整定电流是按电动机的额定电流整定的。对于某一热元件的热继电器,可手动调节整定电流旋钮,通过偏心轮机构,调整双金属片与导板的距离,能在一定范围内调节其电流的整定值,使热继电器更好地保护电动机。

JR16、JR20系列是目前广泛应用的热继电器,其型号含义如图3-12所示。

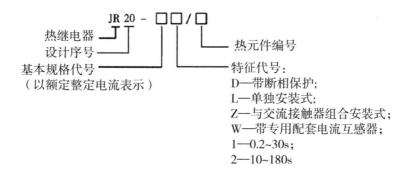

图3-12　热继电器的型号含义

热继电器的图形符号和文字符号如图3-13所示。

（a）热元件　　　　　　（b）常开触点　　　　　　（c）常闭触点

图3-13　热继电器的图形符号和文字符号

5. 速度继电器

速度继电器又称反接制动继电器,主要用于三相笼型异步电动机反接制动的控制电路中。它的主要结构是由转子、定子及触点三部分组成,是靠电磁感应原理实现触点动作的。其外形图、结构原理图分别如图3-14(a)、(b)所示。速度继电器的转子是一个圆柱形永久磁铁,与电动机或机械轴通过联轴器相连,当电动机转动时,速度继电器的转子随之转动。定子与鼠笼转子相似,内有短路条,它也能围绕着转轴转动。当转子随电动机转动时,它的磁场与定子短路条相切割,产生感应电势及感应电流,此电流与转子磁场作用产生转矩,使定子随转子方向开始转动。

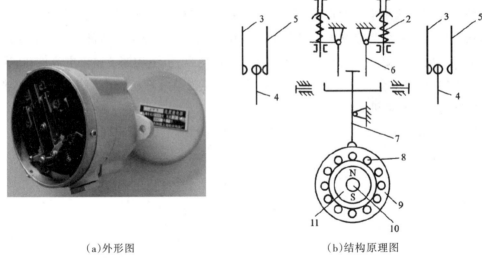

（a)外形图　　　　　　　　　（b)结构原理图

图3-14　JY1速度继电器外形及结构原理图

1—调节螺钉;2—反力弹簧;3—常闭触头;4—动触头;5—常开触头;
6—返回杠杆;7—杠杆;8—定子导条;9—定子;10—转轴;11—转子

速度继电器有两对常开、常闭触点,分别对应于被控电动机的正、反转运行。由于继电器工作时是与电动机同轴的,不论电动机正转或反转,继电器的两个常开触点,就有一个闭合,准备实行电动机的制动。一旦开始制动时,由控制系统的联锁触点和速度继电器的备用的闭合触点,形成一个电动机相序反接电路,使电动机在反接制动下停车。而当电动机的转速接近零时,速度继电器的制动常开触点分断,从而切断电源,使电动机制动状态结束。

速度继电器的图形符号及文字符号如图3-15所示。

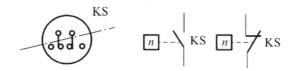

图3-15 速度继电器的图形符号及文字符号

两台三相异步电动机
顺序启动逆序停转控
制电路原理分析操作

任务二 顺序控制电路分析

一、顺序控制电路

在工程实践中,常常有许多控制设备需要多台电动机拖动,有时还需要按一定的顺序控制电动机的启动和停止,例如机床设备中,冷却泵电动机启动后,主轴电动机才能启动,这样可防止金属工件和刀具在高速运转切削运动时,因产生大量的热量而毁坏工件或刀具;铣床的运行要求是主轴旋转后,工作台才可移动;还有传送带的串行运转等。像这种要求一台电动机启动后,另一台电动机才能启动的控制方式,称为电动机的顺序控制。

二、几种典型的顺序控制电路

图3-16是两台电动机顺序启动控制电路图,主轴电动机的启动:先按下启动按钮SB2,KM1自锁辅助点闭合,即M1启动→按下启动按钮SB4→KM2线圈得电→KM2主触点和KM2自锁辅助触点闭合→M2电动机启动并连续运行,即主轴电动机工作。

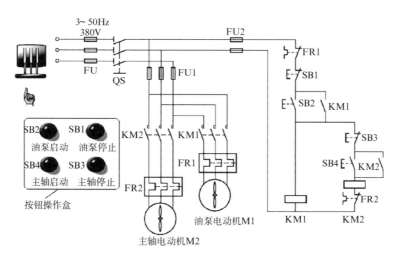

图3-16 两台电动机顺序启动控制电路图(优化)

主轴电动机的停止:按下停止SB3→KM2线圈失电→KM2主触点和KM2自锁辅助触点断开→M2电动机停转,即主轴停止工作。

如果要实现冷却泵停转,则只需按下SB1停止按钮即可。如果要实现整个系统停止,可切断电源,即关闭电源开关QS。

图3-17所示是两台电动机M1和M2的顺序控制线路。该线路的特点是,电动机M2的控制电路是接在接触器KM1的常开辅助触点之后。这就保证了只有当KM1接通,M1启动后,M2才能启动。而且,如果由于某种原因(如过载或失压等)使KM1失电,M1停转,那么M2也立即停止,即M1和M2同时停止。线路的工作原理如下:

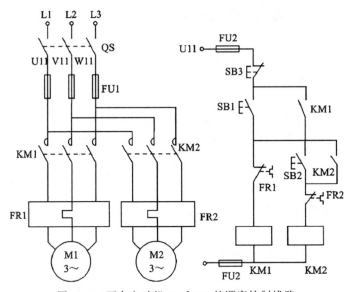

图3-17　两台电动机M1和M2的顺序控制线路

先合上电源开关QS:

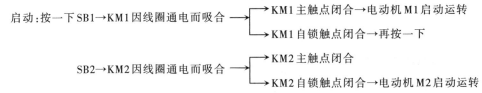

停止:按下SB3→KM1、KM2因线圈断电而释放→KM1、KM2主触点断开→电动机M1、M2同时断电停转。

下面再介绍顺序控制的几个例子:

(1)M1启动后M2才能启动,M1和M2同时停止,图3-18(a)就是具有这种功能的控制电路。它是将接触器KM1的动合辅助触点串入接触器KM2的线圈电路中来实现控制的。分析该电路可知,KM1因线圈通电吸合后(M1启动),KM2线圈电路才有可能被接通(M2才有可能启动);按一下SB1、M1和M2同时断电停转。

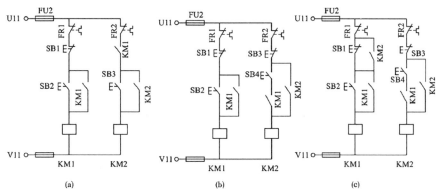

图 3-18　另外三种顺序控制电路

（2）M1 启动后 M2 才能启动，M1 和 M2 可以单独停止，这种控制电路如图 3-18（b）所示。与图 3-18（a）相比，主要区别在于 KM2 的自锁触点包括 KM1 联锁触点，当 KM2 因线圈通电吸合，自锁触点闭合自锁后，KM1 对 KM2 失去了作用，SB1 和 SB3 可以单独使 KM1 或 KM2 线圈断电。

（3）M1 启动后 M2 才能启动，M2 停止后 M1 才能停止。这种控制电路如图 3-18（c）所示。与图 3-18（b）相比，主要区别是在 SB1 两端并联了 KM2 的动合辅助触点，所以只有先使接触器 KM2 线圈断电，即电动机 M2 停止，然后才能按动 SB1，断开接触器 KM1 线圈电路，使电动机 M1 停止。

匠人锤炼篇

任务三　顺序控制线路连接调试实训

一、实训内容

（1）主板及外围元器件的安装。

（2）主板线槽配线（软线）操作。

（3）元器件内部接线操作。

（4）通电试车。

二、参考电路图

（1）电气原理图如图 3-19 所示。

（2）主板内部接线图如图3-20所示。

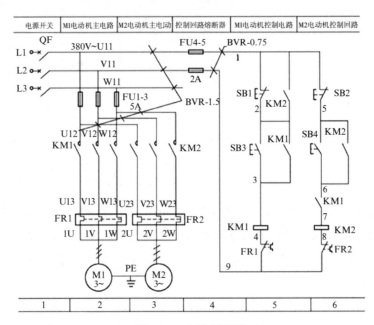

图3-19　电路原理图

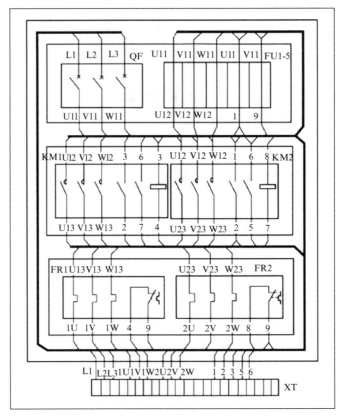

图3-20　主板内部接线图

三、实训器材、工具

器材、工具见表3-3、3-4、3-5所示。

表3-3 工具表

工具					
测电笔	螺钉旋具	尖嘴钳	斜口钳	剥线钳	电工刀

表3-4 仪表

仪表		
万用表	兆欧表	钳形电流表

表3-5 实训器材表

器材、器件					
交流接触器	按钮	接近开关	熔断器	电动机	UT型接头
管型接头	编码套管	各类规格的电线	网孔板	PVC配线槽	固定螺丝
热继电器					

四、实训步骤及要求

(1)识读参考电路原理图(见图3-19),熟悉线路的工作原理。

(2)明确线路所用器件、材料及作用,清点所用器件、材料并进行检验,填入表3-4中。

表3-4 检验表

序号	代号	名称	型号	规格	数量	备注
1						
2						
3						
4						
5						
6						
7						
8						
9						

(3)在网孔板上按参考元器件布置图试着摆放电气元件(可根据实际情况适当调整布局)。用盒尺量取U形导轨合适的长度,用钢锯截取;用盒尺量取PVC配线槽合适的长度,用配线槽剪刀截取。安装主板U形导轨、配线槽及电气元件,并在主要电气元件上贴上醒目的文字符号。

（4）按参考主板内部接线图的走线方法（也可合理改进）进行主板板前线槽布线并在导线两头套上打好号的线号套管。

（5）接电动机、按钮箱内部接线端子连线。

（6）全部安装完毕后，必须经过感观和仪表认真检查，确认无误后方可通电试车。

（7）实训记录单。每位学生根据自己的实施过程、故障现象及调试方法填写下面的调试记录单（表3-5）。该表的前两列由学生填写，后一列由指导老师检查后填写。

表3-5　调试记录表

序号	工作内容	用时	得分
1			
2			
3			
4			
5			
6			
7			
8			
9			

项目四 异步电动机降压启动控制

异步电动机降
压启动控制

项目描述：由于三相异步电动机全压启动时会产生大于额定电流数倍的启动电流，会增加线路损耗影响相邻设备的正常运行。一般情况下，10kW以下容量的三相异步电动机，通常采用全压启动，而10kW及以上容量的三相异步电动机，通常采用降压启动的方法。

知识与技能篇

任务一 常见降压启动控制线路分析

鼠笼式异步电动机直接启动控制电路，简单、经济、操作方便。但对于容量大的电动机来说，由于启动电流大，电网电压波动大，必须采用降压启动的方法，限制启动电流。降压启动是指启动时降低加在电动机定子绕组上的电压，待电动机转速接近额定转速后再将电压恢复到额定电压下运行。由于定子绕组电流与定子绕组电压成正比，因此降压启动可以减小启动电流，从而减小电路电压降，也就减小了对电网的影响。但由于电动机的电磁转矩与电动机定子电压的平方成正比，将使电动机的启动转矩相应减小，因此降压启动仅适用于空载或轻载下启动。常用的降压启动方法有定子电路串电阻（或电抗）降压启动、星-三角（Y-Δ）降压启动、自耦变压器降压启动等。对降压启动控制的要求：不能长时间降压运行，不能出现全压启动，在正常运行时应尽量减少工作电器的数量。

一、定子绕组串接电阻降压启动控制

定子绕组串接电阻降压启动是指在电动机启动时，把电阻串接在电动机定子绕组与电源之间，通过电阻的分压作用，来降低定子绕组上的启动电压；待启动后，再将电阻短接，使电动机在额定电压下正常运行。由于电阻上有热能损耗，如用电抗器但体积、成本又较大，因此该方法很少用。这种降压启动控制电路有手动控制、接触器控制和时间继电器控制等方式。定子绕组串接电阻降压启动控制电路，如图4-1所示，电动机启动电阻的短接时间由时间继电器自动控制。

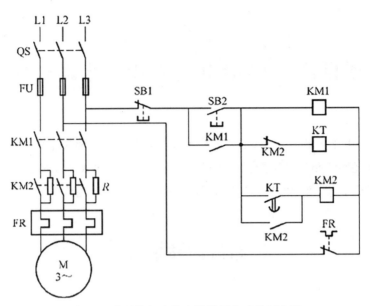

图 4-1　定子绕组串接电阻降压启动控制电路

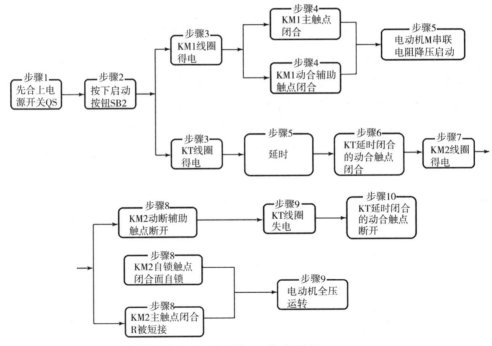

停止时,按下SB1,控制电路失电,电动机 M 失电停转。

二、自耦变压器(补偿器)降压启动控制线路

自耦变压器降压启动是指电动机启动时利用自耦变压器来降低加在电动机定子绕组上的启动电压。待电动机启动后,再使电动机与自耦变压器脱离,从而在全压下正常

运行。这种降压启动原理如图 4-2 所示。启动时,先合上电源开关 QS1,再将开关 QS2 扳向"启动"位置,此时电动机的定子绕组与变压器的二次侧相接,电动机进行降压启动。待电动机转速上升到一定位置时,迅速将开关 QS2 从"启动"位置扳到"运行"位置,这时,电动机与自耦变压器脱离而直接与电源相接,在额定电压下正常运行。

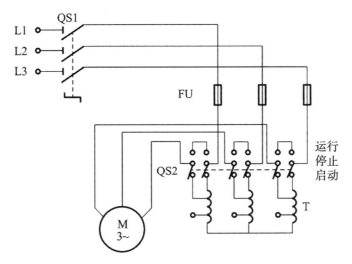

图 4-2 自耦变压器降压启动原理图

以按钮、接触器、中间继电器控制补偿器降压启动控制电路为例,按钮、接触器、中间继电器控制补偿器降压启动电路如图 4-3 所示。

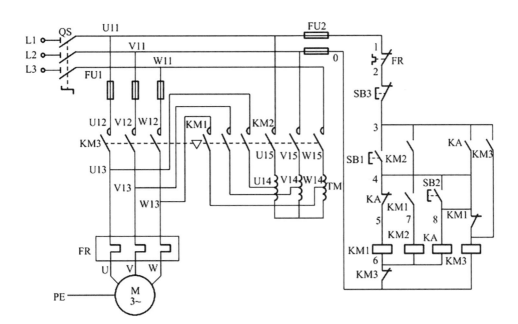

图 4-3 控制补偿器降压启动电路

电路的工作原理如下：合上电源开关QS。

（1）降压启动

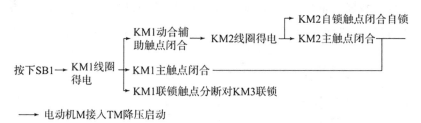

（2）全压运转

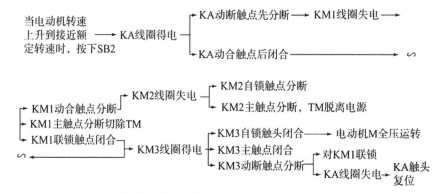

（3）停止时，按下SB3即可

该控制电路有如下优点：启动时若操作者直接误按SB2，接触器KM3线圈也不会得电，避免电动机全压启动；由于接触器KM1的动合触头与KM2线圈串联，所以当降压启动完毕后，接触器KM1、KM2均失电，即使接触器KM3出现故障使触点无法闭合时，也不会使电动机在低压下运行。该电路的缺点是从降压启动到全压运转，需两次按动按钮，操作不便，且间隔时间也不能准确掌握。

三、星—三角（Y—△）降压启动

三相鼠笼式异步电动机额定电压通常为380/660V，相应的绕组接法为三角形/星形，这种电动机每相绕组额定电压为380V。我国采用的电网供电电压为380V。所以，当电动机启动时，将定子绕组接成星形，加在每相定子绕组上的启动电压只有三角形接法的$1/\sqrt{3}$，启动电流为三角形接法的$1/\sqrt{3}$，启动力矩也只有三角形接法的$1/\sqrt{3}$。启动完毕后，再将定子绕组换接成三角形。星—三角（Y—△）降压启动控制电路如图4-4所示。星—三角（Y—△）降压启动方式，设备简单经济，启动过程中没有电能损耗，启动转矩较小，只能空载或轻载启动，只适用于正常运动时为三角形连接的电动机。我国设计的Y系列电动机，4kW以上的电动机的额定电压都用三角形接380V，就是为了使用星—三角（Y—△）降压启动而设计的。

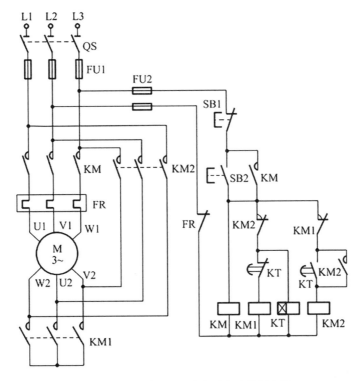

图 4-4　星—三角(Y—Δ)降压启动控制电路

电路的工作过程如下：

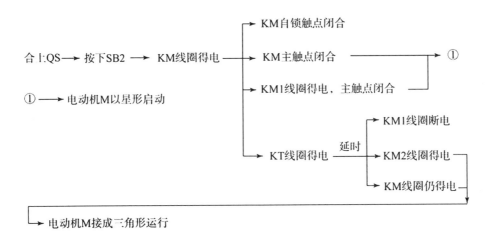

四、延边三角形降压启动控制电路

延边三角形降压启动是一种既不用增加启动设备,又能得到较高启动转矩的启动方法,它适用于定子绕组特别设计的异步电动机,这种电动机共有 9 个出线端,图 4-5 为延边三角形电动机定子绕组抽头连接方式。图 4-6 为延边三角形降压启动控制电路。改变延边三角形连接时定子绕组的抽头比,就能够改变相电压的大小,从而改变启动转矩的大小。但一般来说,电动机的抽头比已经固定,所以仅在这些抽头比的范围内做有限的变动。

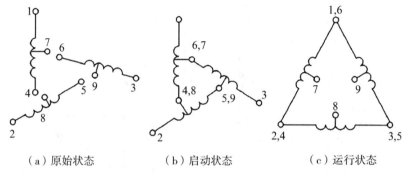

　(a)原始状态　　　　　（b）启动状态　　　　　（c）运行状态

图4-5　延边三角形启动电动机定子绕组抽头连接方式

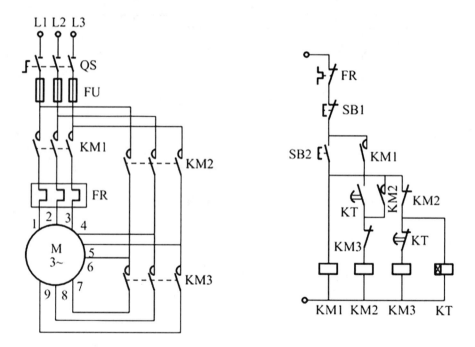

图4-6　延边三角形降压启动控制

由图4-6可知,接触器KM1、KM3通电时,电动机接成延边三角形,待启动电流到达一定的数值时,KM3释放,KM2通电,电动机接成三角形正常运转。接触器的换接是由时间继电器KT来自动控制的。

由以上分析可知,笼型电动机采用延边三角形降压启动时,其启动转矩比Y-△降压启动时大,并且可以在一定范围内进行选择。但是它的启动装置与电动机之间有9条连接导线,所以在生产现场为了节省导线,往往将其启动装置和电动机安装在同一工作室内,这在一定程度上限制了启动装置的使用范围。另外,延边三角形降压启动转矩比 Y-△ 降压启动的启动转矩大,但与自耦变压器启动的最高转矩相比仍有一定差距,而且延边三角形接线的电动机的制造工艺复杂,故这种启动方法目前尚未得到广泛的应用。

匠人锤炼篇

任务二　电动机降压启动线路连接调试实训

一、实训内容

(1)连接并调试电路,使其工作过程正常,安全可靠。
(2)主板及外围元器件的安装。
(3)元器件内部接线操作。
(4)通电试车。

二、参考电路图

(1)电气原理图见图4-7。
(2)主板元器件布置图见图4-8。
(3)主板内部接线图见图4-9。
(4)主板与外部设备互连接线图见图4-10。

三、实训器材、工具

器材、工具见表4-1。

表4-1　器材、工具表

序号	名称	型号与规格
1	带单、三相交流电源工位	自定
2	网孔板	600mm×500mm
3	U形导轨	标准导轨
4	带帽自攻螺丝	M3×8
5	PVC配线槽	25×25
6	软铜导线	BRV-1.5 BRV-0.75
7	卷式结束带	
8	OM线号管	

续表

序号	名称	型号与规格
9	三相异步电动机	YS-5034 60W 380V
10	断路器	DZ47-63 三极
11	熔断器	RT18-32 5A 2A
12	交流接触器	LC1 D0910 F4 10A
13	热继电器	JR16
14	按钮	LA42
15	端子排	E-UK-5N(600V,40A)
16	变压器	KB-100 380/6.3V
17	时间继电器	DH48S-S
18	信号灯	AD17
19	电工通用工具	验电笔、螺丝刀、电工刀、尖嘴钳、斜尖嘴钳、剥线钳、压线钳等
20	万用表	自定
21	线号打印机	

四、实训步骤及要求

（1）识读参考电路原理图（见图4-7），熟悉线路的工作原理。

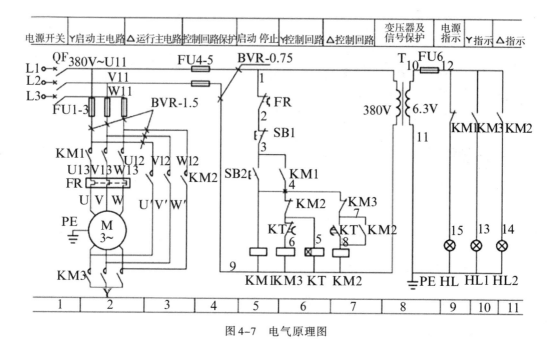

图4-7 电气原理图

（2）明确线路所用器件、材料及作用，清点所用器件、材料并进行检验，填写表4-2。

表4-2　检验表

序号	代号	名称	型号	规格	数量	备注
1						
2						
3						
4						
5						
6						
7						
8						
9						

（3）在网孔板上按参考元器件布置图（见图4-8）试着摆放电气元件（可根据实际情况适当调整布局）。用盒尺量取U形导轨合适的长度，用钢锯截取；用盒尺量取PVC配线槽合适的长度，用配线槽剪刀截取。安装主板U形导轨、配线槽及电气元件，并在主要电气元件上贴上醒目的文字符号。

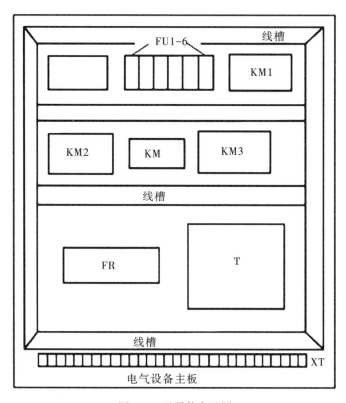

图4-8　元器件布置图

（4）按参考主板内部接线图（见图4-9）的走线方法（也可合理改进）进行主板板前线

槽布线并在导线两头套上打好号的线号套管。

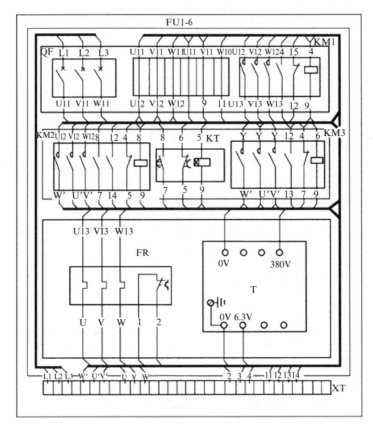

图4-9　主板内部接线图

（5）接电动机、按钮箱内部接线端子连线（见图4-10）。

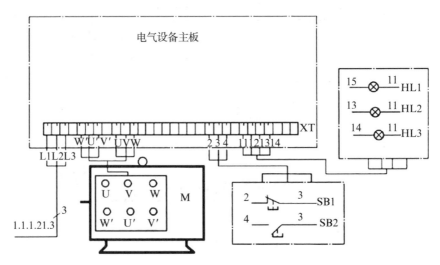

图4-10　主板与外部设备互连接线图

（6）全部安装完毕后，必须经过感观和仪表认真检查，确认无误后方可通电试车。

（7）实训记录单。每位学生根据自己的实施过程、故障现象及调试方法填写表4-3。该表的前两列由学生填写，后一列由指导老师检查后填写。

表4-3　记录表

序号	工作内容	用时	得分
1			
2			
3			
4			
5			
6			
7			
8			
9			

项目五　异步电动机制动控制

异步电动机
制动控制

项目描述:许多机床,如万能铣床、卧式镗床、组合机床等,都要求能迅速停车和准确定位。三相异步电动机从切断电源到安全停止旋转,由于惯性的关系总要经过一段时间,这样就使非生产时间拖长,影响了劳动生产率,不能适应某些生产机械的工艺要求。在实际生产中,为了保证工作设备的可靠性和人身安全,为了实现快速、准确停车,缩短辅助时间,提高生产机械效率,对要求停转的电动机采取措施,强迫其迅速停车,这就叫"制动"。

制动停车的方法一般分为机械制动和电气制动。利用机械装置使电动机断开电源后迅速停转的方法称为机械制动,机械制动常用的方法有电磁抱闸制动、电磁离合器制动等;电气制动是电动机产生一个和转子转速方向相反的电磁转矩,使电动机的转速迅速下降,电气制动常用的方法有反接制动、能耗制动、回馈制动等,其中反接制动和能耗制动是机床中常用的电气制动方法。

知识与技能篇

任务一　相关元器件的认识

电磁抱闸制动也叫电磁断电制动器,机械制动采用电磁抱闸、电磁离合器制动,两者都是利用电磁线圈通电后产生磁场,使静铁芯产生足够大的吸力吸合衔铁或动铁芯(电磁离合器的动铁芯被吸合,动、静摩擦片分开),克服弹簧的拉力而满足工作现场的要求。电磁抱闸是靠闸瓦的摩擦片制动闸轮,电磁离合器是利用动、静摩擦片之间足够大的摩擦力使电动机断电后立即制动。

一、电磁制动抱闸器的结构

电磁制动器抱闸器主要由两部分组成:一是制动电磁铁,二是闸瓦制动器。制动电磁铁由铁心、衔铁、线圈三部分组成。闸瓦制动器是由闸轮、闸瓦和弹簧等部分组成。闸轮与电动机装在同一根转轴上,如图5-1所示。

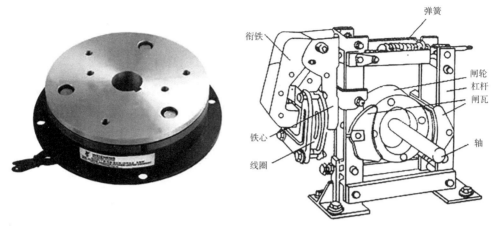

图 5-1　电磁抱闸制动器实物及外形结构图

二、电磁制动抱闸器的工作原理

电动机接通电源,同时电磁抱闸线圈也得通电,衔铁吸合,克服弹簧的拉力使制动器的闸瓦与闸轮分开,电动机正常运转。断开开关与接触器,电动机失电,与此同时,电磁抱闸线圈失电,衔铁在弹簧拉力作用下与铁芯分开,并使制动器的闸瓦紧紧抱住闸轮,电动机被制动而停转。

三、电磁抱闸制动的特点

机械制动主要采用电磁抱闸、电磁离合器制动,而两者都是利用电磁线圈通电后产生磁场,使得静铁芯产生足够大的吸力吸合衔铁或动铁芯,克服弹簧的拉力而满足工作现场的要求。电磁抱闸是靠闸瓦的摩擦片制动闸轮,电磁离合器是利用动、静摩擦片中间足够的摩擦力使电动机断电后立即制动。

优点:电磁抱闸器,制动力强,广泛应用在起重设备上。它安全可靠,不会因突然断电而发生事故。

缺点:电磁抱闸器体积较大,制动磨损严重,快速制动时会产生振动。

任务二　常见制动控制线路分析

一、电磁抱闸制动控制线路

图 5-2 所示为具有断相保护功能的电磁抱闸制动控制线路,常用于起重机械上。控制线路中,断路器 QF 做主电路的短路和过载保护,熔断器 FU1 与 FU2 分别做控制电路和电磁抱闸线圈的短路保护,热继电器 FR 为电动机的过载保护。

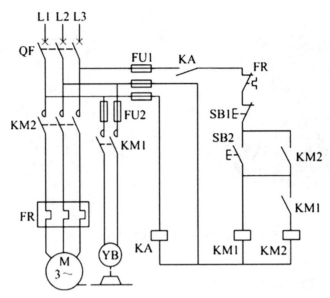

图5-2 具有断相保护功能的电磁抱闸制动控制线路

主电路由断路器QF、接触器KM2主触点、热继电器FR及电动机M组成。控制电路由熔断器FU1、启动按钮SB2、停止按钮SB1、接触器KM1及KM2、中间继电器KA和热继电器FR常闭触点组成。制动电路由熔断器FU2、接触器KM1主触点、电磁抱闸制动线圈YB组成。

启动时,合上低压断路器QF,按下启动按钮SB2,接触器KM1得电吸合,其主触点闭合,电磁抱闸制动线圈YB得电,衔铁被吸引到铁芯上,通过制动杠杆使闸瓦与闸轮分开,KM1的常开辅助触点闭合,接触器KM2得电吸合并自锁,其主触点闭合,电动机M启动运转。

停机时,按下停止按钮SB1,接触器KM1、KM2同时断电释放,电动机和电磁抱闸制动线圈同时断电,在弹簧的作用下,闸瓦紧紧抱住闸轮,电动机被迅速制动。

当出现断相故障时,如果L1相无电,则中间继电器KA将因失压而释放,接触器KM1、KM2的控制回路被切断;如果L2或L3相断线,则接触器KM1、KM2的线圈将因失压而直接释放,电动机和电磁把抱闸制动线圈断电,电动机被迅速停机,实现断相保护。

二、反接制动

依靠改变电动机定子绕组的电源相序来产生制动力矩,迫使电动机迅速停转的方法叫反接制动。这里介绍单向启动反接制动控制线路。

单向启动反接制动控制线路如图5-3所示。该线路的主电路和正反转控制线路的主电路相同,只是在反接制动时增加了三个限流电阻R。线路中KM1为正转运行接触器,KM2为反接制动接触器,KS为速度继电器,其轴与电动机轴相连(图中用点划线表示)。电路的工作原理如下:

先合上电源开关 QF：

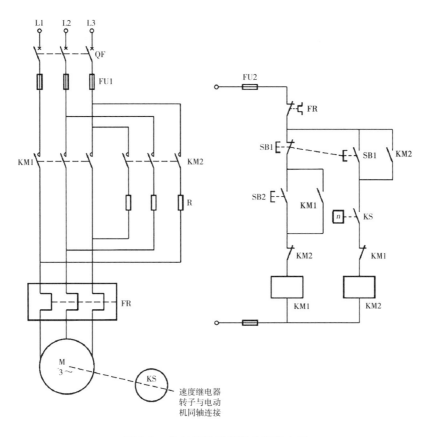

图 5-3 单向启动反接制动控制电路

单向启动：按下 SB2→接触器 KM1 线圈通电→KM1 互锁触头分断对 KM2 互锁、KM1 自锁触头闭合自锁、KM1 主触头闭合→电动机 M 启动运转→至电动机转速上升到一定值（100 转/分钟左右）时→KS 动合触头闭合为制动作准备。

反接制动：按下复合按钮 SB1→SB1 动断触头先分断：KM1 线圈断电、SB1 动合触头后闭合→KM1 自锁触头分断、KM1 主触头分断，M 暂时断电、KM1 互锁触头闭合→KM2 线圈通电→KM2 互锁触头分断、KM2 自锁触头闭合、KM2 主触头闭合→电动机 M 串接 R 反接制动→至电动机转速下降到一定值（100 转/分钟左右）时→KS 常开触头分断→KM2 线圈断电→KM2 互锁触头闭合解除互锁、KM2 自锁触头分断、KM2 主触头分断→电动机 M 脱离电源停止转动，制动结束。

反接制动时，由于旋转磁场与转子的相对转速很高，故转子绕组中感生电流很大，致使定子绕组中的电流也很大，一般约为电动机额定电流的 10 倍。因此反接制动适用于 10kW 以下小容量电动机的制动，并且对 4.5kW 以上的电动机进行反接制动时，需在定子回路中串入限流电阻 R，以限制反接制动电流。

三、能耗制动

能耗制动是当电动机切断交流电源后,立即在定子绕组的任意两相中通入直流电,迫使电动机迅速停转。

(一)能耗制动方法

先断开电源开关,切断电动机的交流电源,这时转子仍沿原方向惯性运转;随后向电动机两相定子绕组通入直流电,使定子中产生一个恒定的静止磁场,这样做惯性运转的转子因切割磁力线而在转子绕组中产生感应电流,又因受到静止磁场的作用,产生电磁转矩,正好与电动机的转向相反,使电动机受制动迅速停转。由于这种制动方法是在定子绕组中通入直流电以消耗转子惯性运转的动能来进行制动的,所以称为能耗制动。

能耗制动的优点制动准确、平稳,且能量消耗较小。缺点是需附加直流电源装置,设备费用较高,制动力较弱,在低速时制动力矩小。所以,能耗制动一般用于要求制动准确、平稳的场合。

(二)能耗控制电路

1. 无变压器半波整流能耗制动

无变压器半波整流单向启动能耗制动自动控制电路图如图5-4所示。该线路采用单只晶体管半波整流器作为直流电源,所用附加设备较少,线路简单,成本低,常用于10kw以下小容量电动机,且对制动要求不高的场合。其线路工作原理如下:

先合上电源开关QS:

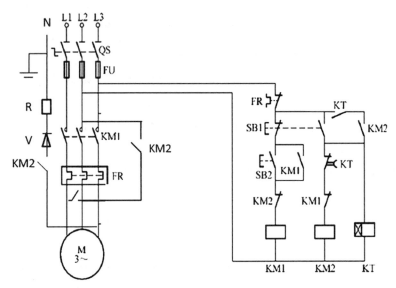

图5-4 无变压器半波整流单向启动能耗制动自动控制电路图

单向启动运转:按下SB2→接触器KM1线圈通电→KM1互锁触头分断对KM2互锁、KM1自锁触头闭合自锁、KM1主触头闭合→电动机M启动运转。

能耗制动停转：按下 SB1→SB1 动合触头后闭合、SB1 动断触头先分断→接触器 KM1 线圈断电→KM1 自锁触头分断接触自锁、KM1 主触头分断：电动机 M 暂断电、KM1 互锁触头闭合→KM2 线圈通电→KM2 自锁触头闭合自锁、KM2 互锁触头分断对 KM1 互锁、KM2 主触头闭合→电动机 M 接入直流电能耗制动→时间继电器 KT 线圈通电→KT 动合触头瞬时闭合自锁、KT 动断触头延时后分断→KM2 线圈断电→KM2 互锁触头恢复闭合、KM2 主触头分断：电动机 M 切断直流电源停转，能耗制动结束、KM2 自锁触头分断→KT 线圈断电→KT 触头瞬时复位。

图中时间继电器 KT 瞬时闭合，动合触头的作用是当 KT 出现线圈断线或机械卡住等故障时，按下 SB1 后能使电动机制动后脱离直流电源。

2. 有变压器全波整流能耗制动

对于 10kw 以上容量较大的电动机，多采用有变压器全波整流能耗制动自动控制线路。如图 5-5 所示为有变压器全波整流单向驱动能耗制动自动控制线路图，其中直流电源由单相桥式整流器 VC 供给，TC 是整流变压器，电阻 R 是用来调节直流电流的，从而调节制动强度，整流变压器原边与整流器的直流侧同时进行切换，有利于提高触头的使用寿命。

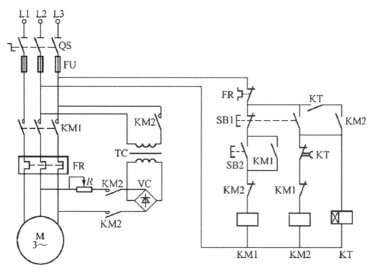

图 5-5　有变压器全波整流单向驱动能耗制动自动控制线路图

单向启动运转：按下 SB2→接触器 KM1 线圈通电→KM1 自锁触头闭合自锁、KM1 主触头闭合、KM1 互锁触头分断对 KM2 互锁→电动机 M 启动运转。

能耗制动停转：按下 SB1→SB1 动合触头后闭合、SB1 动断触头先分断→接触器 KM1 线圈断电→KM1 自锁触头分断接触自锁、KM1 主触头分断：电动机 M 暂断电、KM1 互锁触头闭合→KM2 线圈通电→KM2 自锁触头闭合自锁、KM2 互锁触头分断对 KM1 互锁、KM2 主触头闭合→电动机 M 接入直流电能耗制动→时间继电器 KT 线圈通电→KT 动合触头瞬时闭合自锁、KT 动断触头延时后分断→KM2 线圈断电→KM2 互锁触头恢复闭合、KM2

主触头分断：电动机 M 切断直流电源停转，能耗制动结束、KM2 自锁触头分断→KT 线圈断电→KT 触头瞬时复位。

匠人锤炼篇

任务三　电动机可逆运行能耗制动控制线路的安装与调试实训

一、实训内容

（1）主板及外围元器件的安装。

（2）主板线槽配线（软线）操作。

（3）外围设备及元器件内部接线操作。

（4）主板与外围设备及元器件互连接线操作。

（5）通电试车。

（6）制动时间调试。

二、参考电路图

（1）电气原理图见图 5-6 所示。

（2）主板元器件布置图见图 5-7 所示。

（3）主板内部接线图见图 5-8 所示。

（4）主板与外部设备互连接线图见图 5-9 所示。

三、实训器材、工具

器材、工具见表 5-1。

表 5-1　器材、工具表

序号	名称	型号与规格
1	带单、三相交流电源工位	自定
2	网孔板	600mm×500mm
3	U 形导轨	标准导轨
4	带帽自攻螺丝	M3×8
5	PVC 配线槽	25×25
6	软铜导线	BRV-1.5　BRV-0.75

续表

序号	名称	型号与规格
7	卷式结束带	
8	OM 线号管	
9	三相异步电动机	YS-5034 60W 380V
10	断路器	DZ47-63 三极
11	熔断器	RT18-32 5A 2A
12	交流接触器	LC1 D0910 F4 10A
13	热继电器	JR16
14	按钮	LA42
15	端子排	E-UK-5N(600V,40A)
16	变压器	KB-100 380/6.3V
17	时间继电器	DH48S-S
18	信号灯	AD17
19	电工通用工具	验电笔、螺丝刀、电工刀、尖嘴钳、斜尖嘴钳、剥线钳、压线钳等
20	万用表	自定
21	线号打印机	

四、实训步骤

(1)识读参考电路原理图(见图5-6),熟悉线路的工作原理。

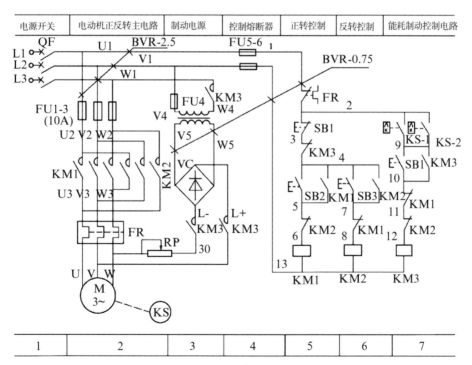

图 5-6 电气原理图

(2)明确线路所用器件、材料及作用,清点所用器件、材料并进行检验(填写表5-2)。

表5-2 检验表

序号	代号	名称	型号	规格	数量	备注
1						
2						
3						
4						
5						
6						
7						
8						
9						

(3)在网孔板上按参考元器件布置图(见图5-7)试着摆放电气元件(可根据实际情况适当调整布局)。用盒尺量取U形导轨合适的长度,用钢锯截取;用盒尺量取PVC配线槽合适的长度,用配线槽剪刀截取。安装主板U形导轨、配线槽及电气元件,并在主要电气元件上贴上醒目的文字符号。

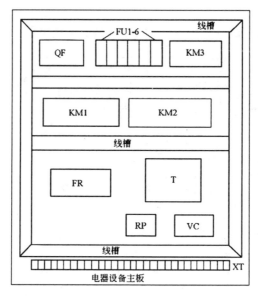

图5-7 元器件布置图

(4)按参考主板内部接线图(见图5-8)的走线方法(也可合理改进)进行主板板前线槽布线并在导线两头套上打好号的线号套管。

(5)接电动机、按钮箱内部接线端子连线。

(6)按外部互连接线图(见图5-9)连接主板与电源、电动机、按钮箱等外部设备的导线(导线用卷式结束带卷束)。

（7）调整电动机制动结束时间至合适值。

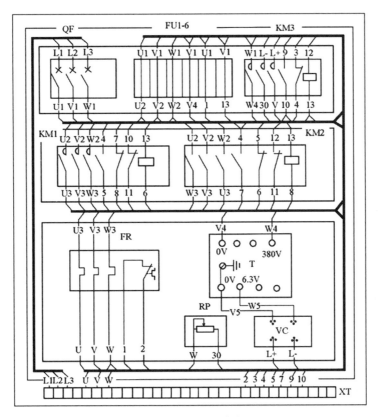

图5-8　主板内部接线图

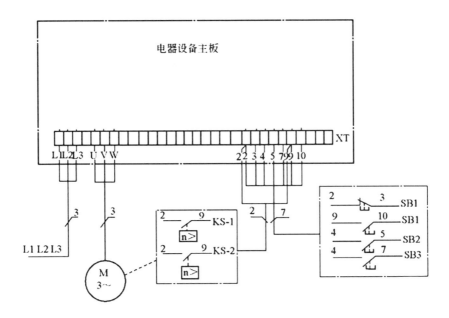

图5-9　外部互连接线图

（8）实训记录单。每位学生根据自己的实施过程、故障现象及调试方法填写（表5-3）。该表的前两列由学生填写，后一列由指导老师检查后填写。

表5-3 记录单

序号	工作内容	用时	得分
1			
2			
3			
4			
5			
6			
7			
8			
9			

模块二 数控机床控制系统

本模块主要内容

了解数控机床驱动系统的整体结构;熟悉常用伺服驱动、进给驱动、主轴驱动的原理,同时了解硬件连接接口。

学习目标

(1)掌握伺服驱动系统、进给驱动系统、主轴驱动系统、刀库等辅助功能系统的工作原理。

(2)掌握驱动系统的接线技能,掌握数控机床基本电气连接及调试,掌握上电前的检测流程。

(3)能规范书写记录表及调试表。

(4)能按照现场管理要求(整理、整顿、清扫、清洁、素养、安全)安全文明生产。

国之重器,数控人传承的工匠精神

一、9个月,9个人,第一台数控机床,第一代数控人,开辟道路

这台完成了刻字的设备就是我国第一台数控机床:X53K1。由清华大学和北京第一机床厂联合研制。它是北京第一机床厂与清华大学合作的结晶,在中国数控机床领域的空白纸页上,开始写下:第一台。当时,在世界上只有少数几个工业发达的国家试制成功数控机床。试制这样一台机床,美国用了4年时间,英国用了两年半,日本正在大踏步前进。当时"数控"这种尖端技术对中国是绝对封锁的。这种机床的数控系统,当时在中国是第一次研制,没有可供参考的样机和较完整的技术资料。

参加研制的全体工作人员,包括教授、工程技术人员、工人、学生等,平均年龄只有24岁。他们只凭着一页"仅供参考"的资料卡和一张示意图,攻下一道又一道难关,用了9个月的时间终于研制成功数控系统,由它来控制机床的工作台和横向滑鞍以及立铣头进给

运动,实现了三个坐标联动。这台数控机床的研制成功,为中国机械工业高度自动化奠定了基础。在近半年时间内,师生九人完成了逻辑设计、单元线路设计、电源设计、生产图设计等生产前的全部工作(生产工作由系车间承接)。

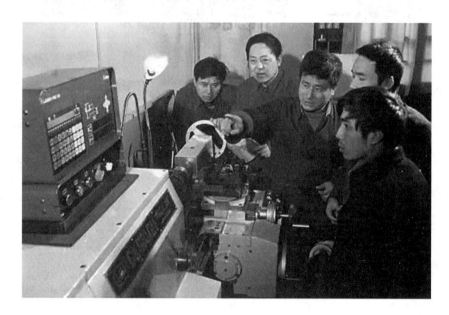

二、企业迎难而上,破局开路

由通用技术集团机床研究院标准研究中心牵头研制的ISO 23218-1《工业自动化系统与集成 机床数控系统 第1部分:通用技术要求》国际标准经国际标准化组织(ISO)批准正式发布,该标准是首项由中国主导的机床数控系统领域国际标准。该标准的发布标志着我国在机床数控系统国际标准领域实现了"从0到1"的突破,数控机床"大脑"国际标准将采用中国智慧和中国方案,表明我国自主研发的"高档数控系统关键技术标准体系"得到了国际认可,提升了我国在数控系统国际标准方面的话语权,增强了国际影响力。

未来,机床研究院标准研究中心团队将继续推进国际标准的制定,围绕高端数控系统的技术创新和成果转化,融合国内有生力量,携手推进国产数控系统与国际并跑,再到领跑。

三、华中数控全球首款"芯片大脑"数控系统"换道超车"

国产高端数控系统企业华中数控上榜"2021智能制造50强",企业自主研发的世界上首台具备自主学习、自主优化能力的数控系统,取得新的进展。

打开华中数控9型这个智能云平台,远在千里之外的宝鸡机床厂,此刻所有机床运行数据一目了然。宝鸡机床厂的工人们可以实时通过手机上的"宝机云"App,及时处理故障。"芯片大脑"还可以像飞机黑匣子一样,记录机床故障发生前10秒的数据,对于二级以上的故障,技术专家就可以在武汉远程服务。

四、蒲鹰——数控之鹰,数控人的工匠精神

在生产一线锤炼工匠技艺,福达集团桂林曲轴有限公司曲轴生产车间,一台台大型数控设备正平稳有序运行。作为公司数控调试室主任,蒲鹰总是忙碌的,制定技改方案,解决疑难故障,指导协调设备调试、维护,传授设备操作技巧。

在钻研中碰撞出创新火花,多年来,蒲鹰先后攻克了多项设备技术难题,为企业创造了可观的经济效益,推动数控调试工作全面进步。他大胆采用U钻代替合金钻头加工1530曲轴螺纹孔,加工效率由此提高2倍,刀具成本降低约30%;他在数控两端孔加工设备编制新的测量程序,使测量精度更加精确,大大减少废品损失;他主持、参与完成了20多项企业创新项目,其中有1项获得实用新型专利。

在"传帮带"中诠释工匠精神,经历过人才紧缺的岁月,蒲鹰深知人才对企业发展的重要性。"企业的创新发展需要团队的配合,需要集体的力量。"近几年,蒲鹰已经为公司培养了10多名调试人员,基本满足企业生产调试需求。在"传帮带"过程中,每当徒弟碰到难题,蒲鹰并不直接告诉徒弟解决方法,而是先让徒弟自己尝试解决,解决不了再找师傅。他认为,培养徒弟学会动手、思考、创新的能力更重要,"在企业中营造努力学习、刻苦钻研的氛围,才能为企业发展注入不竭动力。"

无论是国家的发展、行业的进步,还是数控人的奋斗,都在谱写数控机床的发展史,而未来,需要更多的数控人为之奋斗,谱写华丽的篇章。

项目六 数控机床主运动控制系统

数控机床主
运动控制系
统简介

项目描述:数控机床经过几十年的不断完善和发展,现在其基本控制结构已经趋于标准化和开放化,这一方面使得数控机床电气控制系统结构更简明、可靠,另一方面也使得数控机床性价比更高。从传动角度看,数控机床最明显的特征就是用电气驱动替代了普通机床的机械传动,其主运动、进给运动分别由主轴电动机和进给伺服电动机独立拖动实现。从功能结构看,数控机床控制系统主要包括主轴功能控制系统、进给伺服控制系统和辅助功能控制系统。那么,数控系统是怎样实现这些功能的控制的?数控机床控制系统又是怎么连接的?通过本项目中各工作任务的学习和训练,学生将认识数控机床电气控制系统结构、典型模拟主轴控制系统连接、串行数字主轴连接等知识,并掌握数控机床主轴控制系统的常见故障诊断与调试方法。

知识与技能篇

任务一 数控机床电气控制系统结构认识

一、数控机床电气控制系统的结构

数控机床一般由输入/输出设备、数控装置、主轴和进给伺服系统、PLC及其接口电路、位置检测装置和机床本体等几部分组成。

数控机床控制系统结构组成如图6-1所示。

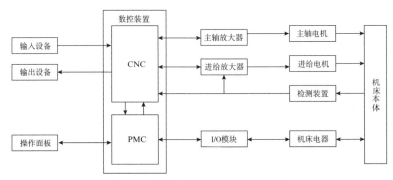

图6-1 数控机床控制系统结构图

数控机床的电气部分占有很大的比重,涉及机床电气、自动控制、电力电子、计算机、网络通信、精密检测等多学科知识。机床本体部分涉及滚珠丝杠、导轨机构、齿轮、机械传动、液压、气动等多方面的机械基础知识。

二、数控机床控制元件简介

(一)输入/输出设备

输入/输出设备主要实现程序编制、程序和数据的输入以及显示、存储和打印。这一部分的硬件配置视需要而定,功能简单的机床可能只配有键盘和发光二极管(LED)显示器;功能普通的机床则可能加上磁盘驱动器、人机对话编程操作键盘和视频信号显示器(CRT/LCD);功能较高的可能还包含有自动编程机或计算机辅助设计／计算机辅助制造(CAD／CAM)系统。

(二)操作面板

数控机床操作面板是数控机床的重要组成部件,是操作人员与数控机床(系统)进行交互的工具,主要由显示装置、NC键盘、MCP、状态灯、手持单元等部分组成。数控车床的类型和数控系统的种类很多,各生产厂家设计的操作面板也不尽相同,但操作面板中各种旋钮、按钮和键盘的基本功能与使用方法基本相同。

(三)数控装置

数控装置是数控机床的核心。它接收来自输入设备的零件加工程序和数据,并按输入信息的要求完成数值计算、逻辑判断和输入输出控制等工作任务。数控装置通常是指一台专用计算机或通用计算机与输入输出接口板以及机床控制器(可编程控制器)等所组成的控制装置。机床控制器的主要作用是实现对机床辅助功能M、主轴转速功能S和换刀功能T的控制。

(四)可编程控制器

可编程控制器即PLC,数控系统内置PLC又称为可编程机床控制器,FANUC数控系统内置的可编程控制器又称为PMC,也就是可编程机床控制器。它主要用于机床的顺序控制。数控机床完成顺序控制的程序被称为顺序程序,通常该顺序程序使用梯形图编程。

顺序程序按照预定的顺序读入输入信号,执行一系列操作,然后输出结果。PMC的输入信号包括来自CNC的输入信号(如M功能、T功能信号)和来自机床侧的输入信号(如循环启动按钮、进给暂停命令等)。PMC的输出信号包括输出到CNC的信号(如循环启动命令、进给暂停命令等)和输出到机床侧的信号(如主轴启动、冷却启动等)。

(五)主轴放大器—主轴电动机

FANUC主轴放大器的功能:放大主轴驱动信号,驱动主轴伺服电机,实现主轴速度控制(转速控制)和位置控制(主轴定向、主轴定位、CS轴等)。

(六)进给放大器—进给电动机

进给运动是机床最重要的一种运动,其位移和速度精度对零件加工精度影响非常大。数控机床的进给伺服放大器接收来自数控系统的进给位移和速度信号,对其进行放大,实现对进给电动机动作的可靠控制。

(七)I/O模块

I/O模块在数控机床中主要起到信号转换和传递的作用,数控系统内置PMC可以对梯形图程序进行运算,但运算结果必须通过I/O模块输出到外部机床电气部分,同时机床电气的传感器信号、按钮信号等也必须通过I/O模块输入PMC,也就是说I/O模块本身不进行PMC梯形图的运算处理,但它是内置PMC实现对机床控制的重要接口模块。

三、FANUC数控系统综合连接

日本发那科(FANUC)公司的数控系统具有高质量、高性能、全功能,适用于各种机床和生产机械的特点,在市场的占有率远远超过其他的数控系统,下面以 FANUC 0i Mate MD/TD 为例,其数控系统的综合接线图如图6-2所示。

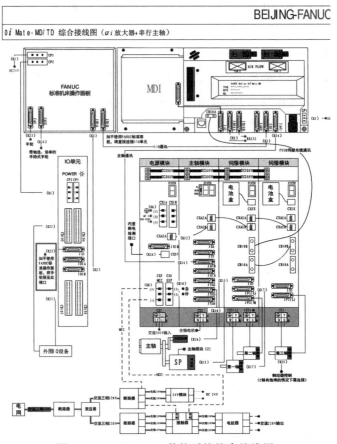

图6-2　FANUC 0i D数控系统综合接线图

任务二　数控机床主运动控制系统的连接

一、主传动控制系统特点及类型

(一)数控机床主传动系统特点

数控机床的主传动系统包括主轴电动机、传动系统、主轴组件、检测装置,与普通机床传动系统相比,其结构比较简单,这是因为变速功能全部或大部分由主轴电动机的无级变速承担,省去了繁杂的齿轮变速结构,有些只有简单的二级或三级齿轮变速系统,用以扩大电动机调速的范围。

机床主轴驱动与进给驱动有很大的差别。机床主传动主要是旋转运动,无需丝杠或其他运动装置。主运动系统中,要求电动机能提供大的转矩(低速段)和足够的功率(高速段),所以主电动机调速要保证恒功率负载,而且在低速段具有恒转矩特性。就电气控制而言,机床主轴的控制系统主要为速度控制系统,而机床进给伺服轴的控制系统主要为位置控制系统。换句话说,主轴电机编码器一般情况下不是用于位置反馈的,而仅作为速度测量元件使用。从主轴编码器所获取的数据,一般有两个用途,其一是用于主轴转速显示;其二是用于主轴与伺服进给轴配合运行的场合(如螺纹切削加工、恒线速加工、G95转进给等)。

理解一台数控机床主传动控制系统一般要熟悉的相关知识或查阅的相关资料包括:①数控系统连接说明书;②变频器使用说明书;③主轴伺服驱动器连接说明;④数控机床电气原理图;⑤熟悉数控机床关于主轴控制的PLC编程方法。

(二)数控机床主传动系统类型

现代全功能数控机床的主传动系统一般采用交流无刷电动机的无级变速或分段无级变速拖动。目前,数控机床主轴控制系统主要有采用异步电动机的变频调速主轴系统(又称模拟主轴)、交流伺服主轴系统(又称串行数字主轴)和电主轴等类型。

1. 模拟量控制的主轴

模拟量控制的主轴驱动装置采用变频器实现主轴电动机控制,有通用变频器控制通用电机和专用变频器控制专用电机两种形式。

目前一些高端的变频器性能比较优良,除了具有V/f(电压频率比)曲线调节外,有的甚至采用有反馈矢量控制,低速甚至零速时都可以有较大的力矩输出,有些还具有定向甚至分度进给的功能,是非常有竞争力的产品。例如,森力马YPNC系列变频电动机,电压有三相200V、220V、380V、400V可选;输出功率15~185kW;变频范围达2~200Hz;30min150%过载能力;支持V/f控制、V/f+PG(编码器)控制、无PG矢量控制、有PG矢量控制。

目前许多经济型机床或中挡数控机床的主轴控制系统多采用数控系统模拟量输出+变频器+交流异步电机的形式,性价比很高。

图6-3为交流异步电动机配变频器实现数控机床主轴传动示意(FANUC0iC系统),主轴传动采用2~4挡分段无级变速可实现较好的车削重力切削。若应用在加工中心上,还不是很理想,必须采用其他辅助机构完成定向换刀的功能,而且也不能达到刚性攻丝的要求。

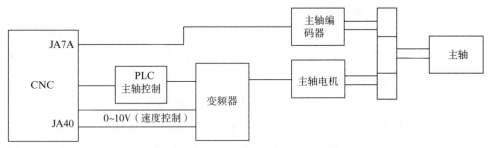

图6-3　交流异步电动机配变频器实现主轴传动示意

2. 串行数字主轴

串行数字主轴动态性能优秀,刚性好,可实现速度与位置控制,能达到加工中心刚性攻丝的要求,高档数控机床一般采用这种主轴控制方式。

串行数字主轴驱动装置一般由各数控公司自行研制、生产,并且一般与其数控系统配套,如西门子公司的611系列、日本FANUC公司的α系列等。一般串行数字主轴控制系统示意如图6-4所示。

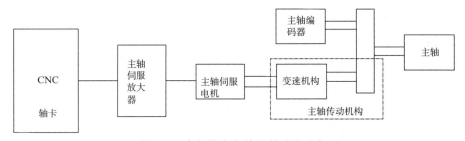

图6-4　串行数字主轴控制系统示意

3. 电主轴

为了满足现代数控机床高速、高效、高精度加工的需要,电主轴单元把电机和高精度主轴直接结合在一起。减少机械传动机构,提高传动效率,同时消除由机械传动产生的振动噪声,电主轴的结构十分紧凑、简洁,由于一般使用的电主轴速度都比较高,高速旋转容易产生热量,因此,电主轴主要问题在于解决高速加工时产生的热量。一般电主轴的轴承采用陶瓷轴承,在电机铁芯中增加油冷却通道,通过外部的冷却装置把电机本身产生的热量带走。若电主轴安装传感器,还能实现速度和位置的控制等各种功能。电主轴在高速精密加工中心、高速雕刻机、有色金属及非金属材料加工机床上应用较多。

电主轴驱动系统可以选用中高频变频器或主轴伺服放大器,满足数控机床高速、高精加需要。

二、模拟量控制主轴

随着数字控制的SPWM变频调速系统的发展,特别是在通用经济型数控车床中,主轴驱动采用第三方变频器的比较多。目前,主轴驱动装置比较著名的变频器生产厂家以国外公司为主,如西门子、安川、富士、三菱、日立等。

模拟量控制主轴多采用笼型异步电动机,这种电动机具有结构简单、价格便宜、运行可靠、维护方便等优点。

(一)交流异步电动机变频调速

异步电动机的转子转速为

$$n = \frac{60f_1}{p}(1-s) = n_0(1-s) \qquad 式(6-1)$$

式中,f_1—定子供电频率,Hz;

p—电动机定子绕组极对数;

s—转差率。

由上式可见,改变电动机转速的方法有:①改变磁极对数p,则电动机的转速可作有级变速,称为变极调速电动机,它不能实现平滑的无级调速;②改变转差率s;③改变频率f_1。在数控机床中,交流电动机的调速通常采用变频调速的方式实现。

单从上式看,可以通过调节三相交流电动机的输入频率就可以达到无级调速的目的,但事实上如果定子电压恒定,频率减小时,将导致铁芯磁通饱和,铁芯过热。所以,交流电动机变频调速实际上是在低频段采用电压和频率成比例的调节,称为恒转矩调速;在高频段保持电压不变只调节频率的方式调速,称为恒功率调速。

(二)模拟量控制主轴的应用

下面以CK6132数控车床(FANUCO数控系统)为例,具体说明CNC系统与变频器信号流程及其功能。

1. 主轴变频器连接

三菱FR-E540变频器为高性能的通用变频器,可用于数控车床模拟主轴控制。主轴电动机变频器接线方框图,如图6-5所示,电源接线如图6-6所示,控制信号接线如图6-7所示。DIN1、DIN2和DIN3分别是电动机的启动、正反转和确认控制端,通过常开触点与+24V端连接,这些常开触点的闭合动作由CNC控制。CNC输出0~+10V的模拟信号接到变频器的模拟量输入AIN+和AIN−端,CNC输出的模拟信号的大小决定了主轴电动机的转速。变频器与数控装置连接的主要信号如图6-8所示。

(1)STF、STR分别为数控装置输出到变频器控制主轴电动机的正反转信号;

（2）SVC与0V为数控装置输出给变频器的速度或频率信号；

（3）FLT为变频器输出给数控装置的故障状态信号，不同类型变频器，有相应的I/O信号。

2. 变频主轴连接的注意事项

（1）接地。确保传动柜中的所有设备接地良好，使用短和粗的接地线连接到公共接地点或接地母排上。特别重要的是，连接到变频器的任何控制设备（比如一台PLC）要与其共地，同样也要使用短和粗的导线接地。最好采用扁平导体（例如金属网），因其在高频时阻抗较低。

（2）散热。安装变频器时，安装板使用无漆镀锌钢板，以确保变频器的散热器和安装板之间有良好的电气连接。

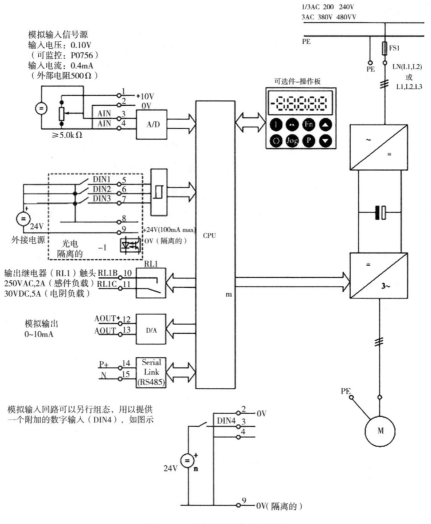

图6-5　变频器接线方框图

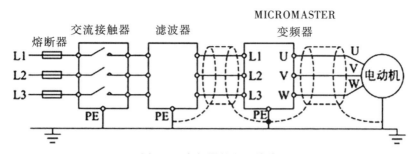

图 6-6 变频器的电源接线

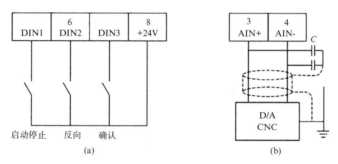

图 6-7 变频器的控制信号接线

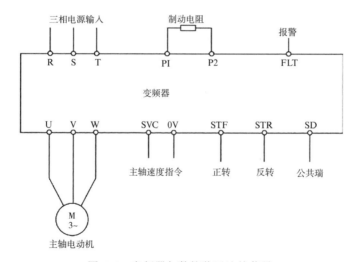

图 6-8 变频器与数控装置连接信号

3. 数控系统连接模拟主轴的有关参数设置

以 FANUC 0I MateC 数控系统为例,采用模拟主轴时需要设置的参数一般有:

(1)3701#1:设为"1"不使用第一串行主轴(使用模拟主轴)。

(2)3701#1,#0:主轴与位置编码器的齿轮比。

(3)3730:主轴速度模拟输出的增益调整,根据实际测试设定。标准值为1000。

（4）3731：主轴速度模拟输出偏置电压补偿，根据实际测试设定。标准值为0。

（5）3735：主轴电机最低钳制速度，设定值为：4095×（主轴电机最低钳制转速/主轴电机最高转速）。

（6）3736：主轴电机最高钳制速度，设定值为：4095×（主轴电机最高钳制转速/主轴电机最高转速）。

（7）3741，3742，3743：模拟电压为10V时主轴各挡位转速。

三、串行数字控制主轴

不同的数控系统的串行数字控制的主轴驱动单元是不同的，下面以FANUC产品系统为例来说明主轴驱动单元的组成、连接、功能调整等。

（一）组成

α系列伺服由电源模块（PSM：Power Supply Module）、主轴放大器模块（SPM：Spindle amplifier Module）和伺服放大器模块（SVM：Servo amplifier Module）三部分组成。如图6-9所示，FANUC α系列交流伺服电机出现以后，主轴和进给伺服系统的结构发生了很大的变化，其主要特点如下：

（1）主轴伺服单元和进给伺服单元由一个电源模块统一供电。由二相电源变压器副边输出的线电压为200V的电源（R、S、T）经总电源断路器BK1、主接触器MCC和扼流圈L加到电源模块上，电源模块的输出端（P、N）为主轴伺服放大器模块和进给伺服放大器模块提供直流200V电源。

（2）紧急停机控制开关接到电源模块的+24V和ESP端子后，再由其相应的输出端接到主轴和进给伺服放大器模块，同时控制紧急停机状态。

（3）从NC发出的主轴控制信号和返回信号经光缆传送到主轴伺服放大器模块。

（4）控制电源模块的输入电源的主接触器MCC安装在模块外部。

（二）模块介绍

（1）PSM（电源模块）是为主轴和伺服提供逆变直流电源的模块，三相200V输入经PSM处理后，向直流母排输送DC300电压供主轴和伺服放大器用。另外，PSM模块中有输入保护电路，通过外部急停信号或内部继电器控制MCC主接触器，起到输入保护作用。图6-10所示为FANUC放大器连接图，图6-11所示是PSM实装图。PSM与SVM、SPM的连接如图6-12、图6-13所示。

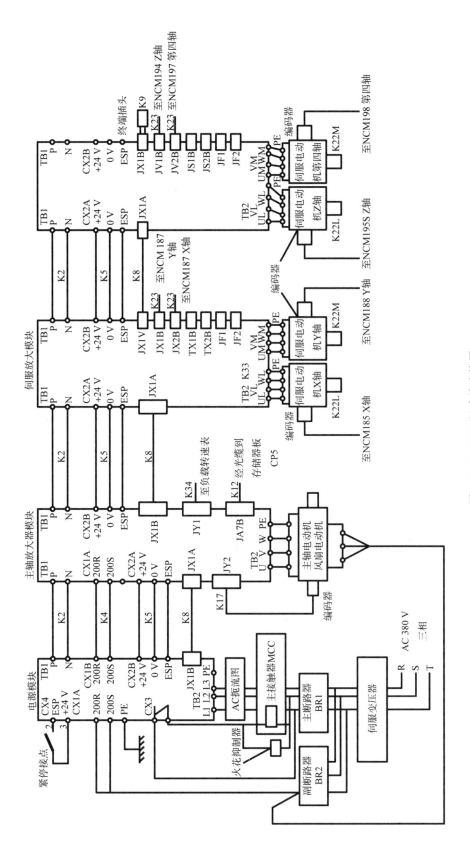

图6-9　FANUC驱动总连接图

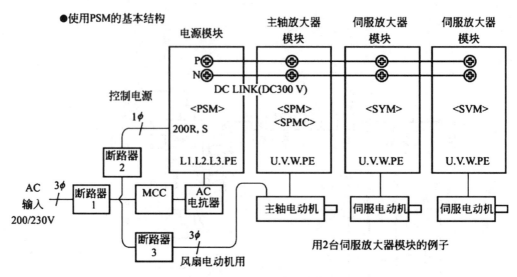

图6-10　FANUC放大器连接图

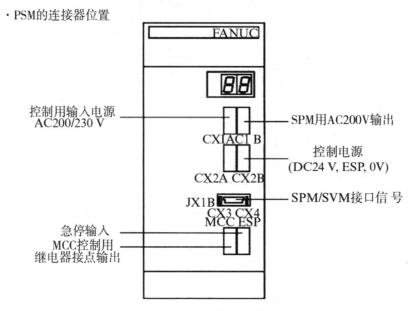

图6-11　PSM(电源模块)实装图

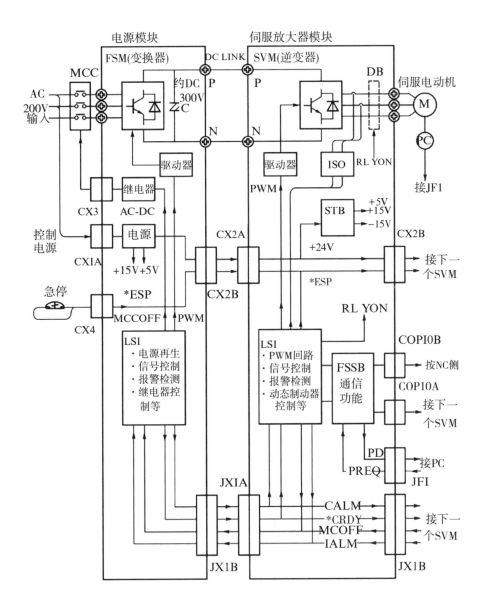

信号说明:

1. MCCOFF:MCC断开　2. MCOFF:MCC断开　3. PWM:脉宽调制信号　4. IALM:逆变器报警

5. DB:动态制动器回路　6. PD:位置数据信号　7. ISO:绝缘放大器回路　8. PREQ:数据请求信号

9. STB:稳压电源回路　10. FSSB:Fanuc Serial Servo　11. CALM:变换器报警

12. Bus——FANUC伺服串行伺服总线　13. *CRDY:变频器准备就绪

图6-12　PSM与SVM的连接

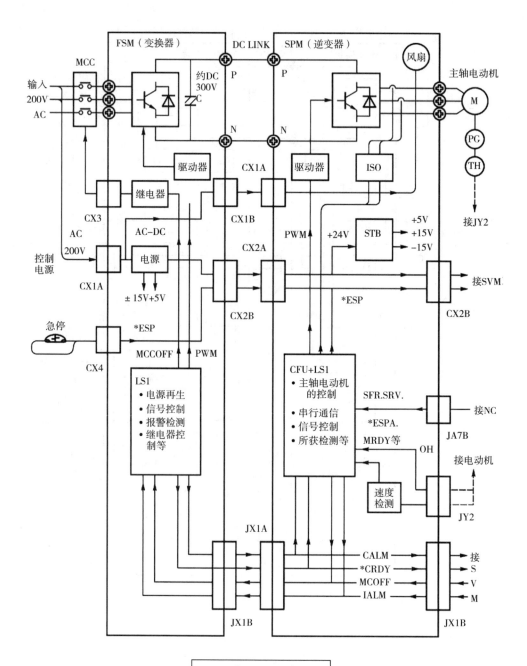

图6-13 PSM与SPM的连接

（2）SPM（主轴放大器模块）接收CNC数控系统发出的串行主轴指令,该指令格式是FANUC公司主轴产品通信协议,所以又被称为FANUC数字主轴,与其他公司产品没有兼容性。该主轴放大器经过变频调速控制会向FANUC主轴电机输出动力电。该放大器JY2和JY4接口分别接收主轴速度反馈信号和主轴位置编码器信号,其实装图如图6-14所示。

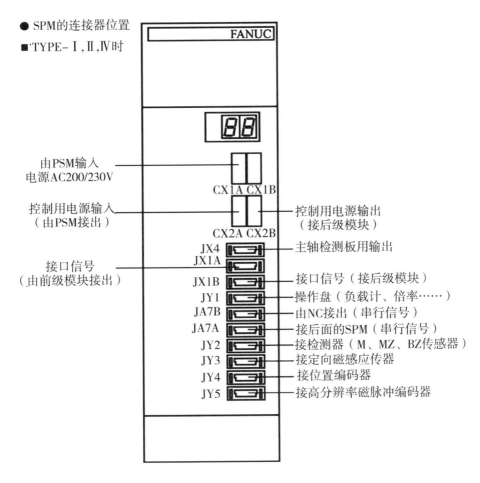

图6-14　SPM（主轴放大器）实装图

（3）SVM（伺服放大器模块）接收通过FSSB输入的CNC轴控制指令,驱动伺服电机按照指令运转,同时JFn接口接收伺服电机编码器反馈信号,并将位置信息通过FSSB光缆再传输到CNC中,FANUC SVM模块最多可以驱动三个伺服电机,其实装图如图6-15所示。

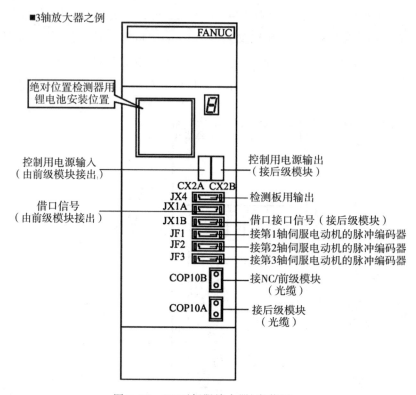

图6-15　SVM(伺服放大器)实装图

(三)PSM-SPM-SVM间的主要信号说明

(1)逆变器报警信号(IALM),这是把SVM(伺服放大器模块)或SPM(主轴放大器模块)中检测到的报警信号通知给PSM(电源模块)的信号。逆变器的作用是DC-AC变换。

(2)MCC断开信号(MCCOFF),从NC侧到SVM,根据*MCON信号和送到SPM的急停信号(*ESPA至连接器"CX2A")的条件来实施控制,当SPM或SVM停止时,由本信号通知PSM。PSM接到本信号后,即接通内部的MCCOFF信号,断开输入端的MCC(电磁开关)。MCC利用本信号接通或断开PSM输入的三相电源。

(3)变换器(电源模块)准备就绪信号(*CRDY),PSM的输入接上三相200V动力电源,经过一定时间后,内部主电源(DC LINK直流环——约300V)启动,PSM通过本信号,将其准备就绪通知SPM(主轴模块)和SVM(伺服放大器模块)。但是,当PSM内检测到报警,或从SPM和SVM接收到"IALM""MCCOFF"信号时,将立即切断本信号。变换器即电源模块作用就是将AC200V变换为DC300V。

(4)变换器报警信号(CALM),其作用是:当PSM(电源模块)检测到报警信号后,就会通知SPM(主轴模块)和SVM(伺服放大器模块),使电动机停止转动。

四、驱动上电顺序

系统利用PSM-SPM-SVM间的部分信号进行保护上电和断电,如图6-16所示其上电过程为:

(1)当控制电源两相200V接入。

(2)急停信号释放。

(3)如果没有MCC断开,信号MCCOFF变为"0"。

(4)外部MCC接触器吸合。

(5)三相200V动力电源接入。

(6)变换器就绪,信号*CRDY发出(*表示"非"信号,所以*CRDY=0)。

(7)如果伺服放大器准备就绪,发出*DRDY信号(DRDY:Digital Servo Ready,*表示"非"信号,所以*DRDY=0)。

(8)SA(ServoAlready——伺服准备好)信号发出,完成一个上电周期。

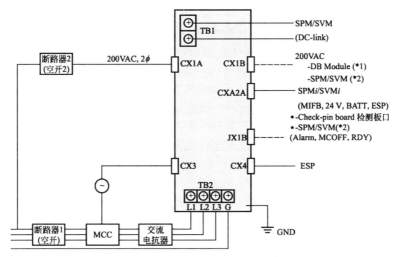

图6-16　PSM外围保护上电顺序

五、主轴初始化及参数设定

(一)主轴标准参数的初始化

为了实现驱动装置与电动机之间的匹配和系统的优化控制,需要结合主轴电动机的特性设定相关控制与调节参数(如电压、电流、转速、PWM载频等)。FANUC主轴参数初始化就是从主轴模块中按指定的电动机代码进行标准参数自动设定。主轴模块标准参数的初始化步骤如下。

（1）在急停状态，打开电源。

（2）设定主轴电动机型号，即在参数4133中写入主轴电动机型号代码（部分型号电动机代码见表6-1）。

表6-1　串行主轴电动机型号代码

代码	αi系列电动机型号	代码	αi系列电动机型号
308	α3/10000i	403	α12/10000i
310	α6/10000i	242	αC3/6000i
312	α8/8000i	243	αC6/6000i
314	α12/7000i	244	αC8/6000i
316	α15/7000i	245	αC12/6000i
309	α3/12000i	409	αP18/6000i
401	α6/12000i	410	αP22/6000i
402	α8/10000i	411	αP30/6000i

（3）将自动设定主轴模块标准值的参数4019#7置为"1"。

（4）将电源关断，再打开，主轴标准参数设置完毕。

（二）其他参数的设置

（1）显示参数的设定：

	#7	#6	#5	#4	#3	#2	#1	#0
311							sps	

输入类型：设定输入；

数据类型：位路径型；

#1SPS：是否显示主轴调整画面；

0：不予显示；1：予以显示；

确认参数的设定，3111#1设为1。

（2）标准参数的设定。在FANUC 0i数控系统中，其主轴放大器的FALASH ROM存储器中装有各种电机的标准参数，串行主轴放大器适合多种主轴电机，串行主轴放大器与CNC连接第一次运转时，必须把具体使用的主轴电机的标准参数从串行放大器传送到数控系统的SRAM存储器中，这就是串行主轴参数的初始化。

操作方法：可以自动设定有关电动机的（每一种型号）标准参数。参数结构如下图所示。①在紧急停止状态下将电源置于ON。②将参数LDSP（No.4019#7）设定为"1"，设定方式如下。

4019	#7	#6	#5	#4	#3	#2	#1	#0
	LDSP							

输入类型:参数输入;

数据类型:位主轴型;

#7LDSP:是否进行串行接口主轴的参数自动设定。0:不进行自动设定;1:进行自动设定。

(3)其他手动设置的参数。采用串行数字主轴的机床在主轴初始化后,还需手动设置的参数一般有:

①3701#1:设定为"0",第一串行主轴有效;(FANUC 0iC 系统)

②3716#0(A/S):设为"1";(FANUC 0iD 系统)

③3717#0:主轴序号设为"1";(FANUC 0iD 系统)

④3732:主轴定向速度;

⑤4133:主轴电动机代码,根据电机上的标签型号和伺服放大器标签,查找相对应的电动机代码,常用电机代码如表6-1所示;

⑥主轴上限转速;

⑦主轴编码器种类;

⑧电机编码器种类;

⑨电机旋转方向;

⑩3735:主轴电机最低钳制速度,设定值为:4095×(主轴电机最低钳制转速/主轴电机最高转速);

⑪3736:主轴电机最高钳制速度,设定值为:4095×(主轴电机最高钳制转速/主轴电机最高转速)。

匠人锤炼篇

任务三　主轴控制线路调试实训

主轴初始化
操作简介

一、整机设备电气原理图的识读

(一)电气原理图的识读

1. 相关知识

电气原理图又称电路图,是根据生产机械运动形式对电气控制系统的要求,采用国家统一规定的电气图形符号和文字符号,按照电气设备和电器的工作顺序排列,详细表示控制装置的全部基本组成和连接关系的一种简图。它不涉及电气元件的结构尺寸、材料选用、安装位置和实际配线方法,电路图能充分表达电气设备和电器的用途、作用及线路的工作原理,是电气线路安装、调试和维修的理论依据,如图6-17所示。

电气原理图的识读

识图,是从事数控装调维修工的一项基本功,通过识图可以尽快地熟悉设备的构造、工作原理,了解各种元器件、仪表的连接和安装;识图也是进行电子制作或维修的前提;识图也有助于我们快速了解各种新型的电子仪器及设备。

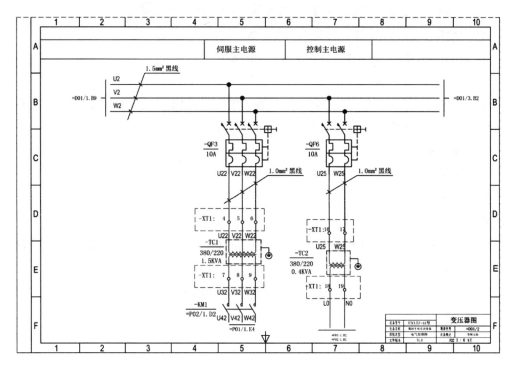

图6-17　电气原理图

2. 图纸说明

图纸规范要素主要由边框、明细表组成,如图6-18所示。

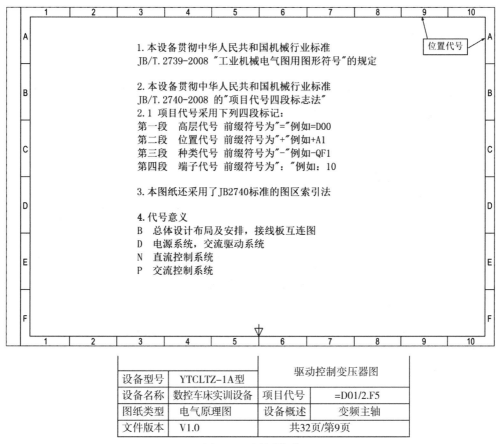

设备型号	YTCLTZ-1A型	驱动控制变压器图	
设备名称	数控车床实训设备	项目代号	=D01/2.F5
图纸类型	电气原理图	设备概述	变频主轴
文件版本	V1.0	共32页/第9页	

图6-18　图纸说明

(二)符号介绍

1. 例如:=D01/2.F5

说明:D01/2是项目代号,在图纸的右下角位置;F5是图纸中的具体位置。

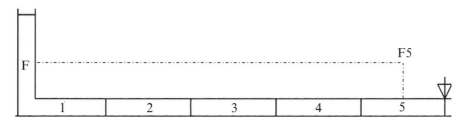

2. 例如XT1:15

说明:XT1是端子排,15是端子排上的位置号码。

3. 例如: $\dfrac{QF1}{40A}$

说明:QF1是漏电保护,40A是空气开关的额定电流为40A。

4. 例如：KA2

说明： KA2是2号继电器。

5. 例如：$\dfrac{KM3}{P02/2.D7}$

说明： KM3是3号交流接触器，P02/2.D7是在项目代号为P02/2图纸上的D7位置。

6. 例如：L11、L12、L13、U21、V21、W21

说明： 斜体加下划线为线号。

二、机床上电前的准备

机床上电前的准备工作重点来了，数控机床在第一次通电之前，要进行通电前检查。检查的内容有：

（1）检查DC24V与DC0V是否短路，也就是需要测量稳压电源的DC24V与DC0V输出点之间的电阻，如果电阻为零，则有短路行为，需要查找短路的原因，如果有十几欧姆的电阻值，说明线路正常。

（2）检查两个稳压电源的DC0V是否连通，需要使用万用表的蜂鸣器功能，如果两个DC0V是连通的，那么蜂鸣器会发声提示。

（3）检查放大器的进线是否可靠连接，放大器与电动机动力线是否可靠连接，光栅尺、编码器接口是否可靠连接。判断可靠连接的方法很简单，只要用手稍微用力拉每一根线，如果没有被拉下来，即认为是可靠连接的。

三、实训步骤及要求

根据实验台电气柜布置，结合设备随机资料，记录主轴控制系统的连接方法。

（1）绘制主轴控制系统的接线图，并说明各接口含义。

（2）根据实验台实际情况，填写表6-2。

表6-2 设备配置情况表

序号	调查项目	内容
1	设备型号	
2	系统型号	
3	主轴放大器型号	
4	主轴电机型号	
5	变频器上数码指示	
6	主轴工作情况	

（3）数控机床串行主轴控制连接与调试。查阅SPM的使用说明书,在数控维修实验台上,正确连接主轴驱动控制线路,并对故障进行诊断。

SPM的主要接口说明:

①TB1:直流母线;

②STATUS:七段LED数码管状态显示;

③CXA2B:直流24V电源输入接口;

④CXA2A:直流24V电源输入接口;

⑤JX4:主轴检测板输出接口;

⑥JY1:负载表和速度仪输出接口;

⑦JA7B:串行主轴总线输入接口,连接系统JA7A口;

⑧JA7A:串行主轴总线输出接口;

⑨JYA2:主轴电机内置传感器反馈接口;

⑩JYA3:外置主轴位置—转信号或主轴独立编码器连接器接口;

⑪JYA4:外置主轴位置信号接口(仅适用于B型);

⑫TB2:电机动力连接线。

（4）工作过程记录单。将连接步骤、故障处理方法填写在下面的记录表中。每组完成之后进行相互考核评分,并将分数记录在表6-3中。

表6-3　记录表

序号	工作内容	用时	互评得分	等级
1				
2				
3				
4				
5				
6				
7				
8				
9				

（5）功能验证。实验设备连接完成之后，需要进行功能验证，并完成表6-4。

表6-4　功能验证表

序号	验证内容	完成情况（记录现象）	互评得分	等级
1	打开电源，检查指示灯是否正常			
2	在MDI方式下，输入M03S500；并执行			
3	在MDI方式下，输入M04S500；并执行			
4	在JOG方式下，分别按主轴正转、停止、反转			
5	查看各种操作时，CRT上的主轴转速值			

项目七 数控机床进给控制系统

进给控制系统的简介

项目描述:数控机床进给运动系统,尤其是轮廓控制的进给运动系统,必须对进给运动的位置和运动的速度两个方面同时实现自动控制,与普通机床相比,要求其进给系统有较高的定位精度和良好的动态响应特性。一个典型数控机床闭环控制的进给系统,通常由位置比较放大单元、驱动单元、机械传动装置及检测反馈元件等几部分组成。这里所说的机械传动装置是指将驱动源的旋转运动变为工作台直线运动的整个机械传动链,包括减速装置、转动变移动的丝杠螺母副及导向元件等。为确保数控机床进给系统的传动精度、灵敏度和工作的稳定性,对机械部分设计总的要求是消除间隙,减少摩擦,减少运动惯量,提高传动精度和刚度。另外,进给系统的负载变化较大,响应特性要求很高,故对刚度、惯量匹配都有很高的要求。

本项目拟通过训练、分析讨论、实践等方式使学生熟悉并掌握数控机床进给控制系统的控制原理、连接方法、调试步骤等知识。

加工精度的演变——约翰·帕森斯:从学徒到数控之父,精益求精的力量

一、从±0.178mm到±0.038mm

在数控机床出现之前,如果要做一个小小的下料模,只有在坯料中间打个孔,用划线器画出目标形状,然后在目标形状内再画一条线,作为钻头中心定位,接下来钻出一个一个紧挨着的孔,这样就可以敲出中间的坯料,但是加工精度非常低,难以控制。

约翰·帕森斯15岁开始在工厂当学徒,一直专注于加工制造,在28岁时创办了自己的工厂,当时接到了制造直升机空气螺旋桨叶片的订单,传统的方法是在每一块叶片模板上、下表面上的圆弧之间各确定17个坐标点,坐标点的标准允差是±0.178mm,与非常精密的螺旋桨叶片要求相差甚远。约翰·帕森斯就思考能否将17个点外推至200个点,这样点与点之间的距离就只有0.038mm,精度可以大大提高,因此他邀请了当时在IBM工作的工程师,计算出了200个坐标点的数据,机械师实践过后,大获成功。1985年,帕森

斯因这项发明被授予"美国国家技术奖",以表彰他勇于探索的精神。

从17个点到200个点,虽然不是很大的发明,但是要打破固有的思维及传统的加工方式。这样有突破的创新、首创精神,就是我们需要的专业精神,假如约翰·帕森斯还是以传统的思维和要求,那么就不会有插补思想的诞生和发展,也不会有日后数控机床的研发和发展。

二、创新的力量

今天的数控机床已经从数字控制发展到了计算机控制,完全改变了制造业的面貌。我国制造业的飞速发展离不开数控机床的发展,在数控机床运动控制上,伺服控制、电机技术、PMC技术的不断突破为中国自主研发高端数控机床作出了巨大的贡献。随着5G技术、人工智能技术的发展,我国的机床行业迎来了新一波的发展,新技术带来的是新的变革,数控机床作为智能制造装备中的典型设备,更需要迫切地突破技术壁垒,更好地服务我国的制造业。

回顾历史,我们发现竟然是一个工人发明了数控系统,约翰·帕森斯没有大学文凭,从小什么活都干过,锉、钻、车、铣、磨,样样精通,日复一日,小小的(尖角)就触发了他的灵感。这是偶然吗? 我认为正是他内心对工作极度的热爱和精益求精的态度使其拥有了创新的动力。

人有聪明的脑袋,但真正推动技术进步的是人的精神。正是约翰·帕森斯专注的工匠精神,造就了数控技术的诞生,改变了一个时代。他虽然没有亲手制造出第一台数控机床,可他被公认为数控之父。而他的兄弟斯迪伦是工程师,利用大学教育使思想变为现实,他同样具有工匠精神。中国当前缺的不就是千千万万的约翰·帕森斯和斯迪伦吗?

下面我们就来学习目前数控机床的精度控制——伺服控制理论及实践。

知识与技能篇

任务一　数控机床进给伺服驱动系统概述

一、伺服系统的概况

在自动控制系统中,将输出量以一定准确度随输入量的变化而变化的系统称为随动系统,亦称伺服系统。数控机床伺服系统是指以机床移动部件的位置和速度作为控制量的自动控制系统。

数控机床伺服驱动系统是CNC装置和机床的联系环节,其作用在于接收来自数控装置的指令信号,驱动机床移动部件跟随指令信号运动,并保证动作的快速性和准确性。CNC装置发出的控制信息,通过伺服驱动系统转换成坐标轴的运动,完成程序所规定的操作。伺服驱动系统是数控机床的重要组成部分。伺服驱动系统的作用归纳如下:

(1)伺服驱动系统能放大控制信号,具有输出功率的能力。

(2)伺服驱动系统根据CNC装置发出的控制信息对机床移动部件的位置和速度实施控制。

(3)数控机床运动中,主轴运动和进给运动是机床的基本成形运动。主轴驱动控制一般只要满足主轴调速及正、反转即可,但当要求机床有螺纹加工、准停和恒线速加工等功能时,就对主轴提出了相应的位置控制要求。此时,主轴驱动控制系统可成为主轴伺服系统,只不过控制较为简单。本章主要讨论进给伺服系统。

二、伺服驱动系统的组成

开环控制不需要位置检测及反馈,闭环控制需要位置检测及反馈。位置控制的职能是精确地控制机床运动部件的坐标位置,快速而准确地跟踪指令运动。一般闭环驱动系统主要由以下几个部分组成。

(一)驱动装置

驱动电路接收CNC发出的指令,并将输入信号转换成电压信号,经过功率放大后,驱动电动机旋转。转速的大小由指令控制。若要实现恒速控制功能,驱动电路应能接收速度反馈信号,将反馈信号与微机的输入信号进行比较,将差值信号作为控制信号,使电动机保持恒速转动。

(二)执行元件

执行元件可以是步进电动机、直流电动机,也可以是交流电动机。采用步进电动机通常是开环控制。

(三)传动机构

传动机构包括减速装置和滚珠丝杠等。若采用直线电动机作为执行元件,则传动机构与执行元件为一体。

(四)检测元件及反馈电路

反馈电路包括速度反馈和位置反馈,检测元件有旋转变压器、光电编码器、光栅等。用于速度反馈的检测元件一般安装在电动机上,位置反馈的检测元件则根据闭环的方式不同安装在电动机或机床上;在半闭环控制时速度反馈和位置反馈的检测元件一般共用电动机上的光电编码器,对于全闭环控制则分别采用各自独立的检测元件。如图7-1所示。

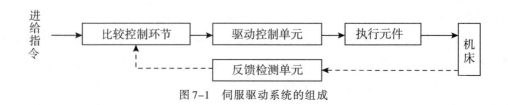

图 7-1　伺服驱动系统的组成

三、伺服系统的分类

数控进给伺服系统有多种分类方法。按驱动方式可分为液压伺服系统、气压伺服系统和电气伺服系统；按执行元件的类别，可分为直流电机伺服系统、交流电机伺服驱动系统和步进电机伺服系统；按有无检测元件和反馈环节，可分为开环伺服系统、闭环伺服系统和半闭环伺服系统；按输出被控制量的性质，可分为位置伺服系统、速度伺服系统。下面介绍开环伺服系统、闭环伺服系统和半闭环伺服系统的概念。

（一）开环伺服系统

开环伺服系统是最简单的进给伺服系统，是无位置反馈的系统。如图 7-2 所示，这种系统的伺服驱动装置主要采用的是步进电机、功率步进电机、电液脉冲电机等。由数控系统送出的指令脉冲，经驱动控制电路和功率放大后，使步进电机转动，通过齿轮副与滚珠丝杠螺母副驱动执行部件。由于步进电机的角位移量、角速度分别与指令脉冲的数量、频率成正比，而且旋转方向取决于脉冲电流的通电顺序，因此，只要控制指令脉冲数量、频率以及通电顺序，便可控制执行部件运动的位移量、速度和运动方向。系统的位移精度主要取决于步进电机的角位移精度、齿轮丝杠等传动元件的节距精度以及系统的摩擦阻尼特性。

开环伺服系统的结构简单，调试、维修方便，成本低廉，但精度差，一般用于经济型数控机床。

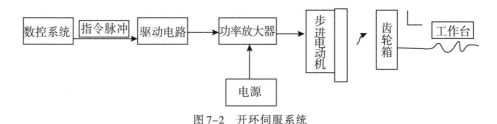

图 7-2　开环伺服系统

（二）闭环伺服系统

该系统与开环系统的区别是：由光栅、感应同步器等位置检测装置测出机床实际工作台的实际位移，并转换成电信号，与数控装置发出的指令位移信号进行比较，当两者不等时会存在差值，伺服放大器将其放大后，用来控制伺服电机带动机床工作台运动，直到差值为零时停止运动。闭环进给系统在结构上比开环伺服系统复杂，成本也高，且调试维修较难,但可以获得比开环系统更高的精度、更快的速度、驱动功率更大的特性指标,如图7-3所示。

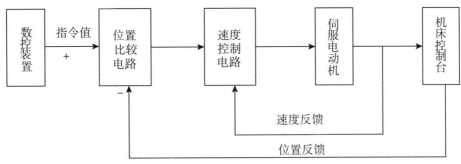

图7-3　闭环伺服系统

(三)半闭环伺服系统

采用旋转型角度测量元件(脉冲编码器、旋转变压器、圆感应同步器等)和伺服电动机按照反馈控制原理构成的位置伺服系统,称作半闭环控制系统。半闭环控制系统的检测装置有两种安装方式:一种是把角位移检测装置安装在丝杠末端,另一种是安装在电动机轴端。

半闭环控制系统的精度比闭环要差一些,但驱动功率大,快速响应好,因此适用于各种数控机床。对半闭环控制系统的机械误差,可以在数控装置中通过间隙补偿和螺距误差补偿来减小系统误差。

工作原理如图7-4所示。

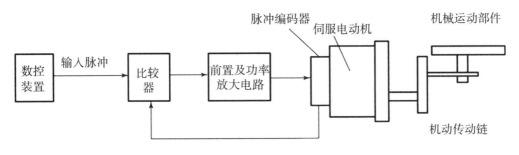

图7-4　半闭环伺服系统

四、数控机床进给系统机械传动部件

为了确保数控机床进给系统的传动精度、灵敏度和工作的稳定性,对机械部分设计总的要求是消除间隙,减少摩擦,减少运动惯量,提高传动精度和刚度。数控机床一般采用低摩擦的传动副,如减摩滑动导轨、滚动导轨及静压导轨、滚珠丝杠等;保证传动元件的加工精度,采用合理的预紧、合理的支承形式以提高传动系统的刚度;选用最佳降速比,以提高机床的分辨率,并使系统折算到驱动轴上的惯量减少;尽量消除传动间隙,减少反向死区误差,提高位移精度等。

(一)电机与丝杠之间的连接

数控机床进给驱动对位置精度、快速响应特性、调速范围等有较高的要求。实现进给驱动的电机主要有三种:步进电机、直流伺服电机和交流伺服电机。目前,步进电机只适用于经济型数控机床,直流伺服电机在我国正广泛使用,交流伺服电机作为比较理想的驱动元件是未来的发展趋势。数控机床的进给系统当采用不同的驱动元件时,其进给机构可能会有所不同。电机与丝杠间的连接主要有三种形式,如图7-5所示。

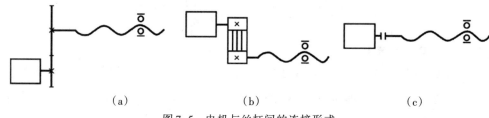

图7-5 电机与丝杠间的连接形式

(二)带有齿轮传动的进给运动

数控机床在机械进给装置中一般采用齿轮传动副来达到一定的降速比要求,如图7-5(a)所示。由于齿轮在制造中不可能达到理想齿面要求,总存在着一定的齿侧间隙才能正常工作,但齿侧间隙会造成进给系统的反向失动量,对闭环系统来说,齿侧间隙会影响系统的稳定性。因此,齿轮传动副常采用消除措施来尽量减小齿轮侧隙。但这种连接形式的机械结构比较复杂。

(三)经同步带轮传动的进给运动

如图7-5(b)所示,这种连接形式的机械结构比较简单。同步带轮传动综合了带传动和链传动的优点,可以避免齿轮传动时引起的振动和噪声,但只能适用于低扭矩特性要求的场所。安装时中心距要求严格,且同步带与带轮的制造工艺复杂。

(四)电机通过联轴器直接与丝杠连接

如图7-5(c)所示,此结构通常是电机轴与丝杠之间采用锥环无键连接或高精度十字联轴器连接,从而使进给传动系统具有较高的传动精度和传动刚度,并大大简化了机械结构。在加工中心和精度较高的数控机床的进给运动中,普遍采用这种连接形式。

(五)滚珠丝杠螺母副

滚珠丝杠螺母副是回转运动与直线运动相互转换的一种新型传动装置,在数控机床上得到了广泛的应用。它的结构特点是在具有螺旋槽的丝杠螺母间装有滚珠作为中间传动元件,以减少摩擦。

(1)滚珠丝杠螺母副的工作原理。滚珠丝杠螺母副的工作原理如图7-6所示,图中丝杠和螺母上都加工有圆弧形的螺旋槽,它们对合起来就形成了螺旋滚道,在滚道内装有滚珠,当丝杠与螺母相对运动时,滚珠沿螺旋槽向前滚动,在丝杠上滚过数圈以后通过回程引导装置,又逐个地滚回到丝杠与螺母之间,构成一个闭合的回路。

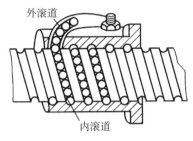

图7-6　滚珠丝杠螺母副工作原理

（2）滚珠丝杠螺母副结构。滚珠丝杠的螺纹滚道法向截面有单圆弧和双圆弧两种不同的形状,如图7-7所示。其中单圆弧工艺简单,双圆弧性能较好。

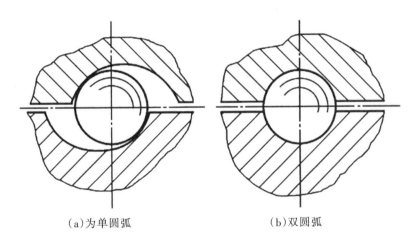

（a）为单圆弧　　　　　　　　　　（b）双圆弧

图7-7　螺纹滚道法向截面

任务二　进给伺服系统识别

在数控机床伺服进给系统中,伺服驱动装置是关键部件。它接收数控系统发出的进给指令信号,并将其转变为角位移,从而驱动执行部件实现所要求的运动。伺服系统不同的结构形式,主要体现在检测信号的反馈形式上,有的转速反馈信号与位置反馈信号处理分离;有的反馈信号既作为转速检测,又作为位置检测;有的采用数字式伺服系统,独立完成位置控制。进给伺服驱动系统种类型号很多,常见的有FANUC各型进给伺服驱动系统、SIEMENS各型进给伺服驱动系统等。

一、FANUC进给伺服驱动系统

目前广泛使用的FANUC α系列交流伺服系统主要由交流数字伺服驱动单元和α系列交流伺服电机组成,控制结构已实现软件化。α系列交流伺服电机是永磁式三相电动机,采用了强磁材料。为了保证定子和转子之间处于一定的同步状态,避免电动机启动时的失步,电动机使用了确定转子位置的4位格林码绝对位置串行脉冲编码器。α系列交流伺服电机有标准系列、小惯量系列、中惯量系列、经济型AC系列和高压(380V)HV系列等。FANUC的α系列伺服模块主要分为SVM、SVM-HV两种,其中SVM型的一个单独模块最多可带三个伺服轴,而SVM-HV型的一个单独模块最多可带两个伺服轴。而且根据不同的NC系统使用不同的接口类型,接口类型有A型(TYPE A)、B型(TYPE B)和FSSB三种。FANUC 0i-MA数控系统属于B型接口类型。

FANUC 0i 伺服模块的型号含义

SVM□—□ / □ / □ □
　　① 　② 　　③ 　④ 　⑤

①伺服模块;

②轴数,1=1轴伺服模块,2=2轴伺服模块,3=3轴伺服模块;

③第一轴最大电流;

④第二轴最大电流;

⑤第三轴最大电流。

二、SIEMENS进给伺服驱动系统

1983年推出交流驱动系统,由6SC610系列进给驱动装置和6SC611A(SIMODRIVE 611A)系列进给驱动模块、1FT5和1FT6系列永磁式交流同步电动机组成。驱动采用晶体管PWM控制技术。另外,SIEMENS公司还有用于数字伺服系统的SIMODRIVE 611D、SIMODRIVE 611U系列进给驱动模块。

SIEMENS交流伺服驱动又分为交流变频驱动和交流伺服驱动,二者的区别在于前者可以驱动一般的三相异步电动机,应用的调速范围较广,用于定位没有较高要求的场合,而交流伺服驱动需配备专用的伺服电动机,而且必须具备必要的反馈。该电动机转子是由高导磁材料的永久磁铁制成,在它的转子轴上装有测速发电机和转子位置检测器,将两种信号反馈给驱动器,及时实现电子换向并使系统具有较硬的力学特性。如果再加装脉冲编码器或光栅等组成的位置检测环,可以实现高精度的定位。

任务三 FANUC 进给伺服单元连接

进给伺服单元连接

目前 FANUC 数控系统常用的伺服放大器有 α/αi 系列伺服单元、β/βi 系列伺服单元等,以 α 系列伺服单元为例,由电源模块、主轴单元模块、伺服放大器模块等组成。

一、αi 系列伺服单元连接

(1) αi 伺服单元由电源模块、主轴单元模块、伺服放大器模块等组成,系列伺服单元端子功能如图 7-8 所示。

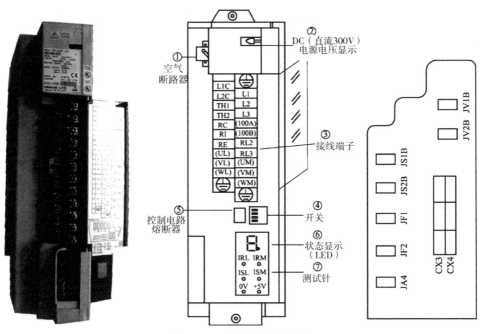

图 7-8 α 系列伺服驱动器

单元接口功能如表 7-1 所示。

表 7-1 单元接口功能表

序号	端口名称	功能
1	L1、L2、L3	三相输入动力电源端子,交流 200V
2	L1C、L2C	单相输入控制电路电源端子,交流 200V(出厂时与 L1、L2 短接)
3	TH1、TH2	为过热报警输入端子(出厂时,TH1-TH2 已短接),可用于伺服变压器及制动电阻的过热信号的输入

续表

序号	端口名称	功能
4	RC、RI、RE	外接还是内装制动电阻选择端子
5	RL2、RL3	MCC动作确认输出端子(MCC的常闭点)
6	100A、100B	C型放大器内部交流继电器的线圈外部输入电源(α型放大器的电源已为内部直流24V电源)
7	UL、VL、WL	第一轴伺服电动机动力线
8	UM、VM、WM	第二轴伺服电动机动力线

（2）α系列伺服单元电路连接（图7-9）。

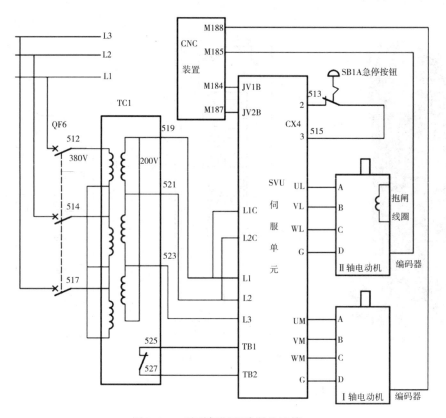

图7-9　α系列伺服驱动器的连接

（3）α系列伺服模块端子功能（图7-10）。

 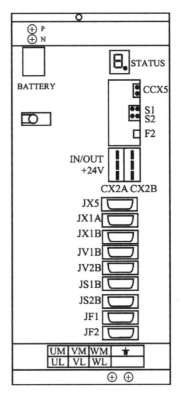

图7-10　α系列伺服模块

端口说明如表7-2所示。

表7-2　α系列伺服模块端子功能端口说明表

序号	端口名称	功能
1	P、N	DCLink端子盒
2	BATTERY	绝对脉冲编码器电池
3	STATUS	状态指示
4	CCX5	绝对编码器电池电源连接线
5	S1、S2	接口型设定开关
6	F2	24V电源保险F2
7	CX2A/CX2B	24V电源I/O连接器
8	JX5	信号检测板连接器
9	JX1A	模块之间接口输入连接器
10	JX1B	模块之间接口输出连接器
11	JV1B/JV2B	A型接口伺服信号连接器

续表

序号	端口名称	功能
12	JS1B/JS2B	B型接口伺服信号连接器
13	JF1/JF2	B型接口伺服电动机编码器连接器

（4）αi系列伺服模块的连接（见图7-11）。

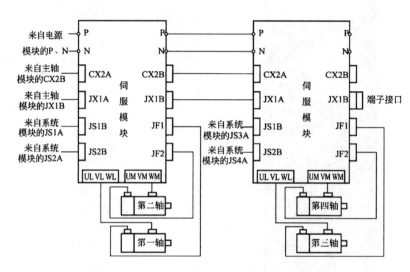

图7-11　α系列伺服模块的连接

要掌握数控系统进给伺服连接图的原理，还需要结合前一项目中介绍的数控系统综合连接图进行分析。

二、βi系列伺服单元连接

βi伺服放大器在结构上有两种常见形式，一种是单轴模块βi SV，常用于模拟主轴的数控机床；另一种是多轴+主轴一体型模块βi SVSP，常用于串行主轴的数控机床。βi系列伺服单元没有像αi伺服单元那样的单独的电源模块，它的电源模块和功率放大器做成一体了。

（1）βi系列伺服模块端子功能（见图7-12），其功能说明如表7-3所示。

表7-3　βi系列伺服模块端子功能说明表

序号	名称	功能
1	BATTERY	为伺服电动机绝对编码器的电池盒（DC6V）
2	STATUS	为伺服模块状态指示窗口
3	CX5X	为绝对编码器电池的接口
4	CX2A	为DC24V电源、*ESP急停信号、XMIF报警信息输入接口，与前一个模块的CX2B相连
5	CX2B	为DC24V电源、*ESP急停信号、XMIF报警信息输出接口，与后一个模块的CX2A相连
6	COP10A	伺服高速串行总线（HSSB）输出接口，与下一个伺服单元的COP10B连接（光缆）

序号	名称	功能
7	COP10B	伺服高速串行总线(HSSB)输入接口,与CNC系统的COP10A连接(为伺服电动机动力线连接插口,光缆)
8	JF1、JF2	为伺服电动机编码器信号接口
9	CZ2L、CZ2M	

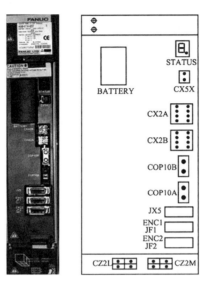

图7-12　β系列伺服模块

(2)βi系列伺服模块连接(见图7-13)。

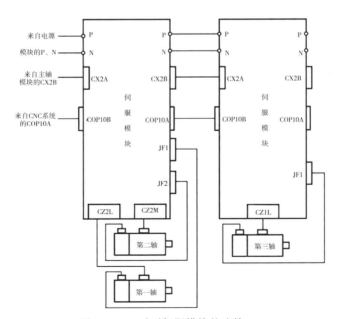

图7-13　β系列伺服模块的连接

三、数字伺服参数的初始化及其他参数的设定

(一)数字伺服参数的初始化

FANUC所有型号规格的电动机伺服数据均装载在了FROM中,但是具体到某一台机床的某一个轴时,它需要的伺服数据是唯一的,即仅符合这台电动机规格的伺服参数。例如某机床X轴电动机为αi12/3000,Y轴和Z轴电动机为αi22/3000,X轴通道与Y轴、Z轴通道所需的伺服数据是不同的,因此在第一次调试时,需要确定各伺服通道的电动机规格,并将相应的伺服数据写入SRAM中,这个过程称之为"伺服参数初始化"。

伺服参数初始化的具体方法如下。

1. 调出方法

(1)在紧急停止状态下将电源置于ON。

(2)设定用于显示伺服设定画面、伺服调整画面的参数3111。输入类型为设定输入;数据类型为位路径型,其中#0位SVS表示是否显示伺服设定画面、伺服调整画面,0表示不予显示,1表示予以显示。

3111								SVS

(3)暂时将电源置于OFF,然后将其置于ON。

(4)按下功能键system、功能菜单键扩展+、软键[SV设定],显示如图7-14所示的伺服参数的设定画面。

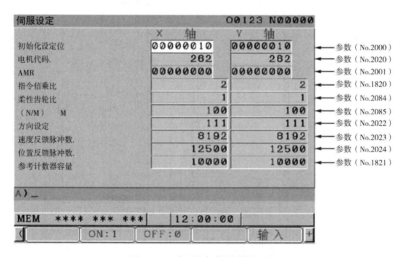

图7-14 伺服参数的设定画面

(5)利用光标翻页键,输入初始设定所需的数据。

(6)设定完毕后将电源置于OFF,然后将其置于ON。

2. 设定方法

（1）初始化设定。初始化设定如下。

2000								DGPR	PLC0

初始化设定内容如表7-4所示。

表7-4 初始化设定内容

参数	位数	内容	设定	说明
2000	0	PLC0	0	原样使用参数（No.2023、No.2024）的值
			1	参数（No.2023、No.2024）的值再增大10倍
	1	DGPR	0	进行数字伺服参数的初始化设定
			1	不进行数字伺服参数的初始化设定

（2）电机代码。根据电动机型号、图号（A06B-××××-B×××的中间4位数字）的不同，输入不同的伺服电动机代码，设定各轴所用的电动机的ID号。电动机ID号对应表见表7-5。对于本书中没有叙述到的电动机型号，请参照αi系列伺服电动机参数说明书。

表7-5 αi/βi系列电动机

ID代码	电动机型号	ID代码	电动机型号
152	α1/5000i	171	αC4/3000i
155	α2/5000i	176	αC8/2000i
173	α4/3000i	191	αC12/2000i
177	α8/3000i	196	αC22/2000i
193	α12/3000i	156	β4/4000is
197	α22/3000i	158	β8/3000is
203	α30/3000i	172	β12/3000is
207	α40/3000i	174	β22/3000is

（3）任意AMR功能。设定"00000000"，设定方法如下。

2001	AMR7	AMR6	AMR5	AMR4	AMR3	AMR2	AMR1	AMR0

（4）指令倍乘比，指定方式如下。

1820	每个轴的指令倍乘比（CMR）

①CMR由1/2变为1/27时：设定值=1/CMR+100。

②CMR由1变为48时：设定值=2×CMR。

（5）暂时将电源置于OFF，然后将其置于ON。

（6）进给齿轮（F·FG）n/m的设定。设定方法如下：αi脉冲编码器和半闭环的设定。

$$n \text{、} m \leqslant 32767, \frac{n}{m} = \frac{\text{电动机每转一周所需的位置反馈脉冲数}}{1000000} \qquad \text{式(7-1)}$$

2084	柔性进给齿轮的 n

2085	柔性进给齿轮的 m

说明：

①F·FG的分子、分母$(n \text{、} m)$，其最大设定值(约分后)均为32767。

②αi脉冲编码器与分辨率无关，在设定F·FG时，电动机每转动一圈作为100万脉冲处理。

③齿轮齿条等电动机每转动一圈所需的脉冲数中含有圆周率π时，假定π=355/113。

(7)方向设定。111：正向(从脉冲编码器一侧看沿顺时针方向旋转)。–111：反向(从脉冲编码器一侧看沿逆时针方向旋转)。

2022	电机旋转方向

(8)速度反馈脉冲数、位置反馈脉冲数。一般设定指令单位：1/0.1μm。初始化设定为：bit0=0。速度反馈脉冲数：8192。位置反馈脉冲数的设定如下：

①半闭环的情形设定为12500。

②全闭环的情形。在位置反馈脉冲数中设定电动机转动一圈时从外置检测器反馈的脉冲数(位置反馈脉冲数的计算，与柔性进给齿轮无关)。

③位置反馈脉冲数的设定大于32767时。FS0i-C中，需要根据指令单位改变初始化设定位的bit0(高分辨率位)，而FS0i-D中指令单位与初始设定位的#0之间不存在相互依存关系。即使如FS0i-C一样改变初始化设定位的bit0也没有问题，也可以使用位置反馈脉冲变换系数。

位置反馈脉冲变换系数将会使设定更加简单。使用位置反馈脉冲变换系数，以两个参数的乘积设定位置反馈脉冲数。设定方式如下：

2024	位置反馈脉冲数

2185	位置反馈脉冲数变换系数

电动机的检测器为αi脉冲编码器的情形(速度反馈脉冲数=8192)，尽可能为变换系数选择2的乘方值(2,4,8,…)。软件内部中所使用的位置增益值将更加准确。

(9)参考计数器的设定

1821	每个轴的参考计数器容量(0~99999999)

①半闭环的情形。参考计数器=电动机每转动一圈所需的位置反馈脉冲数或其整数分之一。旋转轴上电动机和工作台的旋转比不是整数时,需要设定参考计数器的容量,以使参考计数器=0的点(栅格零点)相对于工作台总是出现在相同位置。

以分数设定参考计数器容量的方法。电动机每转动一圈所需的位置反馈脉冲数=20000/17;设定分子=20000,分母=17。设定方法如下:分母的参数在伺服设定画面上不予显示,需要从参数画面进行设定。

| 1821 | 每个轴的参考计数器容量(分子)(0~99999999) |

| 2179 | 每个轴的参考计数器容量(分母)(0~32767) |

改变检测单位的方法。电动机每转动一圈所需的位置反馈脉冲数=20000/17,使表7-6的参数都增大17倍,将检测单位改变为1/17μm。

表7-6　参数表

参数	变更方法
FFG	可在伺服设定画面上变更
指令倍乘比	可在伺服设定画面上变更
参考计数器	可在伺服设定画面上变更
到位宽度	No.1826,No.1827
移动时位置偏差量限界值	No.1828
停止时位置偏差量限界值	No.1829
反间隙量	No.1851,No.1852

因为检测单位由1μm改变为了1/17μm,故需要将用检测单位设定的参数全都增大17倍。

②全闭环的情形。参考计数器=Z相(参考点)的间隔/检测单位或者其整数分之一。

(二)伺服FSSB设定

FSSB是FANUC Serial Servo Bus(发那科系列伺服总线)的缩写,它能够将1台主控器(CNC装置)和多台从属装置用光缆连接起来,在CNC与伺服放大器间用高速串行总线(串行数据)进行通信。主控器则是CNC本体,从属装置则是伺服放大器(主轴放大器除外)及分离型位置检测器用的接口装置。两轴放大器包含两个从属装置,三轴放大器包含三个从属装置。从属装置按安装顺序编号,如1、2、3等,离CNC最近的编号为1。图7-15为某加工中心FSSB的连接示意图。

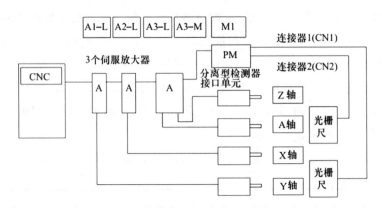

图7-15 某加工中心(4轴)FSSB连接示意图

由于FSSB串行结构的特点,数控轴与伺服轴的对应关系可以灵活定义,不像以前的FANUC-OC/D那样数控轴排序和伺服轴排序必须一一对应。数控轴与伺服轴的对应关系是通过FSSB设定建立的。使用FSSB的系统,必须设定下列伺服参数。

(1)参数1023:各轴的伺服轴号(伺服通道排序)。

(2)参数1905:定义接口类型和分离型位置检测器用接口装置(光栅适配器)的接口使用(详见本节参数说明)。

(3)参数1910~1919:从属装置转换地址号(详见本节参数说明)。

(4)参数1936和1937:光栅适配器连接器号(详见本节参数说明)。设定这些参数时,通常可采用自动设定和手动设定两种方法。

1. FSSB自动设定

通过系统参数1010(CNC控制轴数)、8130(CNC控制轴数,包含PMC轴)设定CNC系统的控制轴数。如系统轴数为4,则将参数1010、8130设为4。

设定伺服轴名和伺服轴属性。伺服轴名设定参数为1020,根据实际情况设定(轴名的代码参见表7-7),伺服轴属性参数为1022,具体设定见表7-8所示。

表7-7 进给伺服轴名设定

轴名	设定值	轴名	设定值	轴名	设定值	轴名	设定值
X	88	U	85	A	65	E	69
Y	89	V	86	B	66		
Z	90	W	87	C	67		

表7-8 进给伺服轴属性的设定

设定值	意义	设定值	意义
0	既不是基本轴也不是平行轴	5	平行轴U轴
1	基本轴中的X轴	6	平行轴V轴
2	基本轴中的Y轴	7	平行轴W轴
3	基本轴中的Z轴		

将参数 1902#0 设为"0",可在 FSSB 的设定画面进行自动设定。

(1)进入 FSSB 设定画面。按系统功能键"SYSTEM"→按系统扩展操作软键(多次)→按系统操作软键[FSSB]→按系统操作软键[AMP],出现图 7-16 所示的伺服放大器 FSSB设定画面。

```
(Amplifier setting)
NO.    AMP     SERIES  UNIT   CUR.    [AXIS]   NAME
1      A1-L    a       SVM    40A     [ 2 ]    X
2      A2-L    a       SVM    40A     [ 2 ]    Y
3      A3-L    a       SVM    40A     [ 3 ]    Z
4      A4-L    a       SVM    80A     [ 4 ]    A
NO.    EXTRA TYPE      PCB    ID
5      M1      A       0008   DETECTOR (4AXES)


>
MDI **** *** ***                      13:11 :56
[AMP][AXIS][MAINT][    ][ (OPRT) ]
```

图 7-16　FSSB　AMP(放大器)设定画面

(2)放大器信息画面参数调整。在放大器设定画面,给连接到各个放大器的轴设定一个控制轴号。设定轴号时,要考虑实际的 FSSB 连接情况。如根据图 7-15 所示连接,设定轴号如图 7-17 所示。

```
(Amplifier setting)
NO.    AMP     SERIES UNIT   CUR.    [AXIS]   NAME
1      A1-L    a      SVM    40A     [ 2 ]    X
2      A2-L    a      SVM    40A     [ 1 ]    Y
3      A3-L    a      SVM    40A     [ 4 ]    Z
4      A4-L    a      SVM    80A     [ 3 ]    A
NO.    EXTRA TYPE     PCB    ID
5      M1      A      0008   DETECTOR (4AXES)




>
MDI **** *** ***                      13:11 :56
[AMP][AXIS][MAINT][    ][ (OPRT)]
```

图 7-17　放大器信息画面参数调整

在放大器设定画面给连接到各个放大器的轴设定轴号后,按[SETTING]软键(当输入一个值后此软键才显示)。

(3)轴设定画面参数调整。在 FSSB 设定画面,按[AXIS]软键,进入轴设定画面,如图

7-18所示。在该画面中设定关于轴的信息,如分离型检测器接口(光栅尺适配器)单元上的连接器号等。

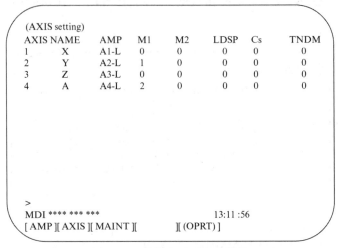

图7-18 轴设定画面参数调整

2. FSSB的手动设定

将参数1902#0设为"1",指定FSSB的手动设定,即除了设定参数1010、8130、1020、1022外,还需要人为修改1023、1905、1910~1919、1936和1937等FSSB相关参数。

(1)参数1023:该参数数据类型为字节轴型,用来设定各轴的伺服轴号。如在前面图7-15中,根据连接情况,设定X的伺服轴号为"2",Y的伺服轴号为"1",Z的伺服轴号为"4",A的伺服轴号为"3"。

(2)参数1905:该参数数据类型为位轴型,1905#0(FSL)指定伺服放大器和伺服软件之间使用的是快速接口还是慢速接口。1905#0(FSL)为"0"时,接口为快速;为"1"时接口为慢速。对于单轴放大器,快速接口和慢速接口都可用;对于双轴放大器,两个轴不能同时使用快速接口,但两轴可同时使用慢速接口;对于三轴放大器,第1和第2轴的使用规则与两轴相同,第3轴的使用规则与单轴相同。对于参数1023设为奇数的轴,除了高速电流轴和高速接口轴外,快速接口和慢速接口都可用;对于参数1023设为偶数的轴,只能使用慢速接口。

1905#6(PM1)、1905#7(PM2)分别指定是否使用第1和第2分离型检测器单元,为"0"时不用,为"1"时使用。图7-15中,Y、A轴均连接在M1(第1分离型检测器单元)光栅适配器上,未使用第2分离型检测器单元,则参数1905#6(PM1)设定为:Y轴设"1",A轴设"1";1905#7(PM2)中各轴均设为"0"。

(3)参数1910~1919:该数据为字节型,指定1~10从属装置的转换地址号。从属装置是指与CNC相连的任何伺服放大器或分离型检测器接口单元。按照连接顺序,每一个从属装置都被指定一个序号(1~10),离CNC最近的编号为1。2轴放大器被视为2个从属装置,3轴放大器被视为2个从属装置。从属装置为放大器与从属装置为分离型检测器接口单元时设定方法不同:当从属装置为放大器时,设定值为参数1023中的值减去1;当从属装置为分离型检测器接口单元时,第1个接口单元(离CNC最近)设为16,第2个设为48。如FSSB连接,参数1910设为"0",1911为"1",1912为"2",1913为"3",1914为"16"。

(4)参数1936、1937:数据为字节型,分别指定第1个和第2个分离型检测器接口单元上的连接器号。当使用分离型检测器接口单元时,这些参数的值由各轴所连接的分离型检测器接口单元的插座号减1得到。图7-15中,M1光栅适配器连接两个分离型检测器,则参数1936设定为:Y轴设"0"(1-1),A轴设"1"(2-1)。

(三)其他常用伺服参数设定和调整

1. 基本轴参数设定

(1)各轴G00速度、G01上限速度参数1420设定各轴快速移动速度,一般在5000~10000mm/min左右。参数1422设定各轴进给的上限速度。

(2)各轴位置增益参数1825设定各轴的位置增益。一般设为3000~5000,数据单位为$0.01s^{-1}$。进行直线与圆弧等插补时,通常要将所有插补轴设定相同的值,否则走斜线或圆弧时,由于插补跟随精度不同,导致直线斜率和圆弧失真。轴移动中的位置偏差量与位置增益、进给速度的关系为位置偏差量=进给速度/(位置增益×60),这里位置偏差量单位为mm,进给速度单位为mm/mm,位置增益单位为s^{-1}。位置增益设置值越大,伺服响应越快,跟随精度越好,但过大时会导致不稳定。

(3)各轴到位宽度参数1826设定各轴的到位宽度。当机床实际位置与指令位置的差比到位宽度小时,机床即认为到位了。

(4)各轴移动中允许的最大位置偏差量参数1828设定各轴移动时位置偏差量,即跟随误差的临界值。机床在移动中,如果位置偏差量超出该设定值就发出411号(运动误差过大)报警。用检测单位求出快速进给时的位置偏差量,为了使在一定的超出范围内系统不报警,应留有约20%的余量。

$$设定值 = \frac{快速移动速度}{60} \times \frac{1}{位置增益} \times \frac{1}{检测单位} \times 1.2$$

(5)各轴停止时允许的最大位置偏差参数1829设定各轴停止时允许的最大位置偏差。在没有给出移动指令的情况下,位置偏差值超出该设定值时即发出410号(停止误差过大)报警。

2. 其他常用伺服参数设定

其他常用伺服参数设定见表7-9所示,参数具体含义参见系统参数手册或本书后面相关内容介绍。

表7-9　常用伺服参数设定表

参数意义	参数	备注(一般设定值)
最小指令移动单位	1004#1	0
未回零执行自动运行	1005#0	调试时为1
半径编程/直径编程	1006#3	车床的X轴设为1
参考点返回方向	1006#5	0:+;1:-
存储行程限位正极限	1320	调试为99999999
存储行程限位负极限	1321	调度为-99999999
未回零执行手动快速	1401#0	调试为1
空运行速度	1410	1000左右
各轴快移速度	1420	8000左右
最大切削进给速度	1422	8000左右
各轴手动速度	1423	4000左右
各轴手动快移速度	1424	可为0,同1420
各轴返回参考点FL速度	1425	300~400
快移时间常数	1620	50~200
切削时间常数	1622	50~200
JOG时间常数	1624	50~200
分离型位置检测器	1815#1	全闭环1
电动机绝对编码器	1815·5	绝对编码器为1
各轴位置环增益	1825	3000
各轴到位宽度	1826	20~100
各轴移动位置偏差限极	1828	调试为10000
各轴停止位置偏差限极	1829	200
负载惯量比	2021	200左右
互锁信号无效	3003#0	调试为1
各轴互锁信号无效	3003#2	调试为1
各轴方向互锁信号无效	3003#3	调试为1
超程信号无效	3004#5	出现506、507超程报警设为1
手轮是否有效	8131#0	设为1时手轮有效

匠人锤炼篇

任务四　进给伺服控制系统调试实训

一、实训目的

(1)了解典型数控机床进给控制结构。

(2)学会收集、查阅、整理FANUC系统的相关资料。

(3)读懂数控机床整机电气控制原理图。

(4)掌握典型半闭环控制系统连接方法。

(5)掌握FANUC进给伺服模块的接口定义和电气连接方法。

二、工作步骤和要求

(1)完成伺服系统的连接。

参照实训平台电气原理或连接图完成伺服系统的连接。

进给伺服控制系统连线中涉及的控制总线有:

FSSB:CNC与伺服放大器之间的控制总线;

CZ2*:伺服放大器与伺服电机之间的动力电缆;

JF*:编码器与伺服放大器之间的连接;

CX*:伺服放大器与主电源的连接;

CXA2*:伺服放大器与工作电源的连接;

其他安全保护功能的连接。按照表7-10进行项目检查及评估。

表7-10　项目检查及评估表

序号	检查项目	要求	评分标准	配分	扣分	得分
1	进给轴控制线路的连接	1. 能够正确进行进给轴控制系统的连接,理解各接口的功能 2. 接线端子连接可靠	1. 连接错误每处扣10分 2. 接线端子存在不可靠或松脱,每处扣5分	20		
2	数控系统进给轴FSSB设定	能够根据具体连接情况进行FSSB设定	进给轴FSSB设定未进行或方法不当,扣该部分全部配分	20		

续表

序号	检查项目	要求	评分标准	配分	扣分	得分
3	伺服参数初始化	1. 能根据进给电动机型号查找电动机的ID号 2. 能根据机床具体情况正确设置柔性进给齿轮比、参考计数器容量等参数	1. 未进行伺服参数初始化操作,扣该部分全部配分 2. 伺服设定画面中参数设置每错1处扣10分,直至扣完该部分配分	30		
4	伺服参数调整	能通过检查伺服波形对位置增益、速度增益等参数进行调整,确保低速无爬行,高速无振动,运动平稳	1. 低速出现爬行扣10分 2. 高速出现振动扣10分			
5	其他	1. 操作要规范 2. 在规定时间完成(40分钟) 3. 工具整理和现场清理	1. 操作不规范每处扣5分,直至扣完该部分配分 2. 超过规定时间扣5分,最长工时不得超过50分钟 3. 未进行工具整理和现场清理者,扣10分	10		
备注			合计	100		

（2）根据实际连接完成FSSB设定和伺服参数初始化

①CNC系统的控制轴数设定。系统轴数为3,则将参数1010、8130设为3。

②设定伺服轴名和伺服轴属性。伺服轴名设定参数为1020,伺服轴属性参数为1022。根据表7-3完成X、Y、Z伺服轴名和伺服轴属性设定。

③根据实际连接,在参数1023中设定X、Y、Z的伺服轴号。

④伺服参数初始化。按照实际情况完成伺服参数初始化设定操作。这里柔性进给齿轮比（N/M）：X、Y轴设为1/400,Z轴设为1/200。参考计数器容量：X、Y轴设为2500,Z轴设为5000。

⑤参照表7-9完成其他常用伺服参数设定。

（3）工作过程记录单

根据连接步骤、故障处理方法填写表7-11。每组完成之后进行相互考核评分,并将分数记录在表格中。

表7-11 记录表

序号	工作内容	用时	互评得分	等级
1				
2				
3				
4				
5				
6				
7				
8				
9				

（4）功能验证

实验设备连接完成之后，需要进行功能验证，并完成表7-12的内容。

表7-12　验证表

序号	验证内容	完成情况（记录现象）	互评得分	等级
1	打开电源,检查伺服放大器上指示灯是否正常			
2	查看CRT上有无与伺服有关的报警			
3	用手转动电机,检查各轴伺服使能情况			
4	按下急停,手动转动电机查看动作情况			
5	手动方式下,进给倍率100%,按 X+、X-、Y+、Y-、Z+、Z-键,查看各轴的工作情况			

项目八　数控机床辅助功能控制系统

项目描述：数控机床辅助动作控制系统是由各种低压电气控制元件（继电器、接触器等）组成的逻辑控制电路，以继电器、接触器控制系统为基础，可编程控制器（PLC）负责对机床外部逻辑控制信号进行运算、处理，并通过I/O模块与机床外部继电器、电磁铁、传感器、制动器、按钮、开关等电气元件连接，实现刀库、冷却、润滑、排屑、互锁等辅助控制。

机床辅助功能控制系统简介

知识与技能篇

任务一　数控系统I/O模块的认识及连接

一、FANUC PMC 的构成

FANUC PMC由内装PMC软件、接口电路、外围设备（接近开关、电磁阀、压力开关等）构成。连接系统与从属I/O接口设备的电缆为高速串行电缆，称为I/O Link i（I/O Link），它是FANUC专用I/O总线，I/O Link i连接图如图8-1所示。

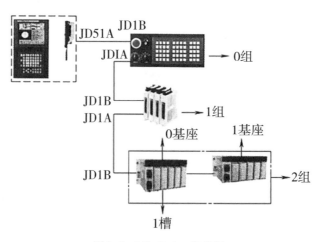

图8-1　I/O Link i连接图

　　另外,通过 I/O Link i 可以连接 βi s 系列伺服放大器和伺服电机,并将其作为 I/O Link 轴使用。通过 RS-232C 或以太网,FANUC 系统可以连接计算机,对 PMC 接口状态进行在线诊断、编辑、修改梯形图。

二、常用的 I/O 单元模块

　　在 FANUC 系统中 I/O 单元模块的种类很多,常用的 I/O 单元模块见表 8-1。

表 8-1　常用的 I/O 单元模块

装置名	说明	手摇式脉冲发生器	连接信号点数输入/输出
0i F 系列 I/O 单元模块	最常用的 I/O 单元模块	有	96/64
机床操作面板单元模块	机床操作面板上带有矩形开关和 LED	有	96/64
操作盘 I/O 单元模块	带有机床操作盘接口的装置,0iF 系统上常见	有	48/32
分线盘 I/O 单元模块	一种分散型的 I/O 单元模块,能适应机床强电电路输入/输出信号任意组合的要求,由基本单元和最多三块扩展单元组成	有	96/64
I/O Link 轴单元模块	使用 βi 系列伺服放大器(带 I/O Link),可以通过 PMC 外部信号来控制伺服电动机进行定位	无	128/128

三、I/O单元模块输入输出的连接

FANUC各种类型I/O单元模块的输入/输出信号连接方式基本相同,下面分输入与输出两部分进行介绍。为了帮助理解,以最常用的I/O单元模块为例。输入(局部)/输出信号的连接方式有两种,按电流的流动方向可分为源型输入(局部)/输出和漏型输入(局部)/输出,而使用哪种连接方式则由输入/输出的公共端DICOM/DOCOM来决定。常用I/O单元模块输入/输出信号连接方式见表8-2。

表8-2　常用I/O单元模块输入/输出信号连接方式

I/O单元模块输入信号类型

【漏型输入接口】
作为漏型输入接口使用时,把DICOM 端子与0V端子相连接

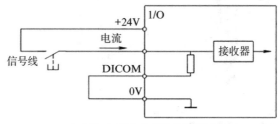

(+24V也可由外部电源供给)

【源型输入接口】
作为源型输入接口使用时,把DICOM 端子与+24V端子相连接

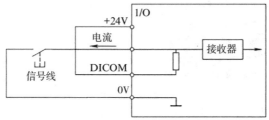

I/O单元模块输出信号类型

【源型输出接口】
把驱动负载的电源接在印制电路板DOCOM 上(因为电流是从印制电路板上流出的,所以称为源型)

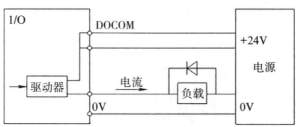

I/O单元模块输出信号类型

【漏型输出接口】

PMC接通输出信号(Y)时,印制电路板内的驱动器动作,输出端子变为0V(因为电流是流入印制电路板的,所以称为漏型)

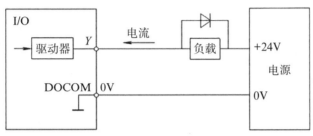

分线盘等I/O单元模块可选择一组8位信号连接成漏型或源型。原则上建议采用漏型输入,即+24V开关量输入(高电平有效),避免信号端接地的误动作。分线盘等I/O单元模块输出方式可全部采用源型或漏型输出,为安全起见,推荐使用源型输出,即+24V输出,同时在连接时注意续流二极管的极性,以免造成输出短路。

四、0i-F系列I/O单元模块连接

0i-F系列I/O单元模块是FANUC系统的数控机床使用最为广泛的I/O单元模块,采用4个50芯插座连接的方式,4个50芯插座分别为CB104、CB105、CB106、CB107。输入点有96点,每个50芯插座中包含24点的输入点,这些输入点被分为3字节;输出点数为64,每个50芯插座中包含16点的输出点,这些输出点被分为2字节。0i-F系列I/O单元模块示意图和4个50芯插座规格参数见表8-3。

表8-3 0i-F系列I/O单元模块示意图和4个50芯插座规格参数

0i-F系列I/O单元模块示意图

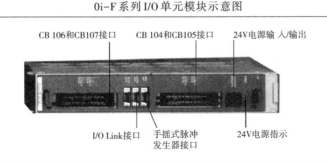

续表

<table>
<thead>
<tr><th colspan="12" align="center">4个50芯插座规格参数</th></tr>
<tr><th colspan="3" align="center">CB104
HIROSE 50PIN</th><th colspan="3" align="center">CB105
HIROSE 50PIN</th><th colspan="3" align="center">CB106
HIROSE 50PIN</th><th colspan="3" align="center">CB107
HIROSE 50PIN</th></tr>
<tr><th></th><th>A</th><th>B</th><th></th><th>A</th><th>B</th><th></th><th>A</th><th>B</th><th></th><th>A</th><th>B</th></tr>
</thead>
<tbody>
<tr><td>01</td><td>0V</td><td>+24V</td><td>01</td><td>0V</td><td>+24V</td><td>01</td><td>0V</td><td>+24V</td><td>01</td><td>0V</td><td>+24V</td></tr>
<tr><td>02</td><td>$X_m+0.0$</td><td>$X_m+0.1$</td><td>02</td><td>$X_m+3.0$</td><td>$X_m+3.1$</td><td>02</td><td>$X_m+4.0$</td><td>$X_m+4.1$</td><td>02</td><td>$X_m+7.0$</td><td>$X_m+7.1$</td></tr>
<tr><td>03</td><td>$X_m+0.2$</td><td>$X_m+0.3$</td><td>03</td><td>$X_m+3.2$</td><td>$X_m+3.3$</td><td>03</td><td>$X_m+4.2$</td><td>$X_m+4.3$</td><td>03</td><td>$X_m+7.2$</td><td>$X_m+7.3$</td></tr>
<tr><td>04</td><td>$X_m+0.4$</td><td>$X_m+0.5$</td><td>04</td><td>$X_m+3.4$</td><td>$X_m+3.5$</td><td>04</td><td>$X_m+4.4$</td><td>$X_m+4.5$</td><td>04</td><td>$X_m+7.4$</td><td>$X_m+7.5$</td></tr>
<tr><td>05</td><td>$X_m+0.6$</td><td>$X_m+0.7$</td><td>05</td><td>$X_m+3.6$</td><td>$X_m+3.7$</td><td>05</td><td>$X_m+4.6$</td><td>$X_m+4.7$</td><td>05</td><td>$X_m+7.6$</td><td>$X_m+7.7$</td></tr>
<tr><td>06</td><td>$X_m+1.0$</td><td>$X_m+1.1$</td><td>06</td><td>$X_m+8.0$</td><td>$X_m+8.1$</td><td>06</td><td>$X_m+5.0$</td><td>$X_m+5.1$</td><td>06</td><td>$X_m+10.0$</td><td>$X_m+10.1$</td></tr>
<tr><td>07</td><td>$X_m+1.2$</td><td>$X_m+1.3$</td><td>07</td><td>$X_m+8.2$</td><td>$X_m+8.3$</td><td>07</td><td>$X_m+5.2$</td><td>$X_m+5.3$</td><td>07</td><td>$X_m+10.2$</td><td>$X_m+10.3$</td></tr>
<tr><td>08</td><td>$X_m+1.4$</td><td>$X_m+1.5$</td><td>08</td><td>$X_m+8.4$</td><td>$X_m+8.5$</td><td>08</td><td>$X_m+5.4$</td><td>$X_m+5.5$</td><td>08</td><td>$X_m+10.4$</td><td>$X_m+10.5$</td></tr>
<tr><td>09</td><td>$X_m+1.6$</td><td>$X_m+1.7$</td><td>09</td><td>$X_m+8.6$</td><td>$X_m+8.7$</td><td>09</td><td>$X_m+5.6$</td><td>$X_m+5.7$</td><td>09</td><td>$X_m+10.6$</td><td>$X_m+10.7$</td></tr>
<tr><td>10</td><td>$X_m+2.0$</td><td>$X_m+2.1$</td><td>10</td><td>$X_m+9.0$</td><td>$X_m+9.1$</td><td>10</td><td>$X_m+6.0$</td><td>$X_m+6.1$</td><td>10</td><td>$X_m+11.0$</td><td>$X_m+11.1$</td></tr>
<tr><td>11</td><td>$X_m+2.2$</td><td>$X_m+2.3$</td><td>11</td><td>$X_m+9.2$</td><td>$X_m+9.3$</td><td>11</td><td>$X_m+6.2$</td><td>$X_m+6.3$</td><td>11</td><td>$X_m+11.2$</td><td>$X_m+11.3$</td></tr>
<tr><td>12</td><td>$X_m+2.4$</td><td>$X_m+2.5$</td><td>12</td><td>$X_m+9.4$</td><td>$X_m+9.5$</td><td>12</td><td>$X_m+6.4$</td><td>$X_m+6.5$</td><td>12</td><td>$X_m+11.4$</td><td>$X_m+11.5$</td></tr>
<tr><td>13</td><td>$X_m+2.6$</td><td>$X_m+2.7$</td><td>13</td><td>$X_m+9.6$</td><td>$X_m+9.7$</td><td>13</td><td>$X_m+6.6$</td><td>$X_m+6.7$</td><td>13</td><td>$X_m+11.6$</td><td>$X_m+11.7$</td></tr>
<tr><td>14</td><td></td><td></td><td>14</td><td></td><td></td><td>14</td><td>COM4</td><td></td><td>14</td><td></td><td></td></tr>
<tr><td>15</td><td></td><td></td><td>15</td><td></td><td></td><td>15</td><td></td><td></td><td>15</td><td></td><td></td></tr>
<tr><td>16</td><td>$Y_n+0.0$</td><td>$Y_n+0.1$</td><td>16</td><td>$Y_n+2.0$</td><td>$Y_n+2.1$</td><td>16</td><td>$Y_n+4.0$</td><td>$Y_n+4.1$</td><td>16</td><td>$Y_n+6.0$</td><td>$Y_n+6.1$</td></tr>
<tr><td>17</td><td>$Y_n+0.2$</td><td>$Y_n+0.3$</td><td>17</td><td>$Y_n+2.2$</td><td>$Y_n+2.3$</td><td>17</td><td>$Y_n+4.2$</td><td>$Y_n+4.3$</td><td>17</td><td>$Y_n+6.2$</td><td>$Y_n+6.3$</td></tr>
<tr><td>18</td><td>$Y_n+0.4$</td><td>$Y_n+0.5$</td><td>18</td><td>$Y_n+2.4$</td><td>$Y_n+2.5$</td><td>18</td><td>$Y_n+4.4$</td><td>$Y_n+4.5$</td><td>18</td><td>$Y_n+6.4$</td><td>$Y_n+6.5$</td></tr>
<tr><td>19</td><td>$Y_n+0.6$</td><td>$Y_n+0.7$</td><td>19</td><td>$Y_n+2.6$</td><td>$Y_n+2.7$</td><td>19</td><td>$Y_n+4.6$</td><td>$Y_n+4.7$</td><td>19</td><td>$Y_n+6.6$</td><td>$Y_n+6.7$</td></tr>
<tr><td>20</td><td>$Y_n+1.0$</td><td>$Y_n+1.1$</td><td>20</td><td>$Y_n+3.0$</td><td>$Y_n+3.1$</td><td>20</td><td>$Y_n+5.0$</td><td>$Y_n+5.1$</td><td>20</td><td>$Y_n+7.0$</td><td>$Y_n+7.1$</td></tr>
<tr><td>21</td><td>$Y_n+1.2$</td><td>$Y_n+1.3$</td><td>21</td><td>$Y_n+3.2$</td><td>$Y_n+3.3$</td><td>21</td><td>$Y_n+5.2$</td><td>$Y_n+5.3$</td><td>21</td><td>$Y_n+7.2$</td><td>$Y_n+7.3$</td></tr>
<tr><td>22</td><td>$Y_n+1.4$</td><td>$Y_n+1.5$</td><td>22</td><td>$Y_n+3.4$</td><td>$Y_n+3.5$</td><td>22</td><td>$Y_n+5.4$</td><td>$Y_n+5.5$</td><td>22</td><td>$Y_n+7.4$</td><td>$Y_n+7.5$</td></tr>
<tr><td>23</td><td>$Y_n+1.6$</td><td>$Y_n+1.7$</td><td>23</td><td>$Y_n+3.6$</td><td>$Y_n+3.7$</td><td>23</td><td>$Y_n+5.6$</td><td>$Y_n+5.7$</td><td>23</td><td>$Y_n+7.6$</td><td>$Y_n+7.7$</td></tr>
<tr><td>24</td><td>DOCOM</td><td>DOCOM</td><td>24</td><td>DOCOM</td><td>DOCOM</td><td>24</td><td>DOCOM</td><td>DOCOM</td><td>24</td><td>DOCOM</td><td>DOCOM</td></tr>
<tr><td>25</td><td>DOCOM</td><td>DOCOM</td><td>25</td><td>DOCOM</td><td>DOCOM</td><td>25</td><td>DOCOM</td><td>DOCOM</td><td>25</td><td>DOCOM</td><td>DOCOM</td></tr>
</tbody>
</table>

以下事项需要特别说明：

（1）50芯插座（CB104、CB105、CB106、CB107）的引脚B01（+24V）用于输入点输入信号，它输出直流24V，不要将外部24V电源连接到这些引脚。

（2）每一个DOCOM都连在印制电路板上，如果使用50芯插座的输出点输出信号（Y），请确定输入直流24V到每个50芯插座的DOCOM。通过表8-3可以发现，CB106的A14脚有定义，其他的A14脚没有定义，因为CB106可以选择漏型与源型输入。0i-F系列I/O单元模块接线方式见表8-4。

表8–4　0i–F系列I/O单元模块接线方式

CB106输入单元的连接图	
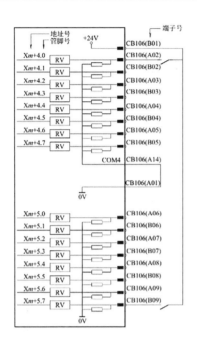	对于地址$Xm+4.0$，既可以选源型，也可以选漏型，通过连接24V或0V来选择。COM4必须被连接到24V或0V，而不能悬空。从安全标准来看，推荐使用漏型信号，左图为使用漏型信号的范例

CB104输入和输出单元的连接图	
CB104输入单元的连接图	CB104输出单元的连接图
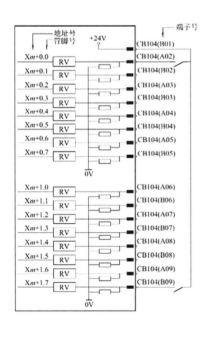	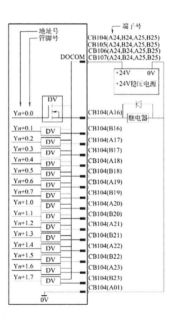

五、案例

本案例以典型的 AVL650e 加工中心为例,重点介绍 I/O 单元模块选型与配置方法。本案例中,对应的机床为 AVL650e 加工中心,其主要规格参数及规格参数分析见表 8-5。

表 8-5 机床主要规格参数及规格参数分析

AVL650e 加工中心主要规格参数		规格参数分析
X 轴最大行程	620mm	(1)刀库是通过 PMC 控制的,其输入点有刀库原点、刀库计数、刀套上位、刀套下位、主轴紧刀、主轴松刀、刀臂原点、刀臂刹车、刀臂抓刀点 9 点,输出点有刀套伸出、刀套缩回、刀库正转、刀库反转、刀具卡紧、刀具放松、刀臂旋转 7 点 (2)根据机床的操作面板配置,需要占用 48 点的输入、32 点的输出 (3)综上所述,选择 96/64 的 I/O 单元比较合适
Y 轴最大行程	520mm	
Z 轴最大行程	520mm	
主轴最前端面到工作面台(最小)	120mm	
主轴最前端面到工作面台(最大)	640mm	
主轴中心线到立柱前面距离	540mm	
T 形槽(槽数×槽宽×槽距)	3mm×18mm×130mm	
工作台最大载重	500kg	
工作台尺寸	800mm×500mm	
主轴		
主轴电机功率	7.5kW	
锥口类型	BT40	
主驱动系统		
各坐标轴电动机	主电动机经皮带轮传动	
$X/Y/Z$ 轴额定功率	1.8/1.8/3.0kW	
$X/Y/Z$ 轴额定扭矩	11/11/20N·M	
$X/Y/Z$ 轴的最大进给率	48/48/48m/min	
X/Y 轴丝杠直径	Φ32mm×16mm	
Z 轴丝杠直径	Φ32mm×16mm	

AVL650e加工中心主要规格参数		规格参数分析
X/Y/Z轴工作进给率	1~20000mm/min	
刀库		
刀库形式	圆盘式刀库	
刀库容量	24把	
最大刀具长度	250mm	
换刀时间	2.5s	
精度(单轴)		
定位精度(国标)	0.01mm	
重复定位精度(国标)	0.008mm	
气压	0.6MPa	
电源功率	25kV·A	
机床重量	4200kg	
外形尺寸	2320mm×2321mm×2700mm	

六、I/O模块识别训练项目

(一)训练目的

(1)了解现有设备的I/O单元模块配置。

(2)能对I/O单元模块配置的性能进行阐述。

(3)熟悉I/O单元模块的连接。

(二)训练项目

(1)通过查看实训设备的配置填写表8-6。

表8-6 实训设备配置表

序号	名称	规格	作用

（2）对现有实训设备进行观察，找出有哪几类I/O单元模块，并对各I/O单元模块的输入/输出点数进行说明，填写表8-7。

表8-7　实训设备I/O单元表

所连接实训台规格	
系统型号	
I/O单元模块规格	
I/O单元模块名称	
输入/输出点数	

任务二　数控机床外围电气控制电路设计与实例分析

一、数控机床电柜设计规范

在设计数控机床电柜时，必须充分考虑电柜运输和使用的环境条件。另外，还要考虑减少对CRT屏幕的电磁干扰，防噪声和方便维修。

数控机床电柜柜体要求达到IP54的防护等级。IP防护等级使用2个标记数字，例如，IP54中的IP是标记字母，5是第1个标记数字，4是第2个标记数字。IP54的防护等级见表8-8。

表8-8　IP54的防护等级

接触保护和外部保护等级第1个标记数字			防水保护等级第2个标记数字		
第1个标记数字	防护范围	说明	第2个标记数字	防护范围	说明
5	防护灰尘	不可能完全阻止灰尘进入，但是灰尘的进入量不应对装置或者安全造成危害	4	防护喷水	从每个方向对准箱体喷水都不应该引起损害

在设计电柜时，电柜所有开孔均需考虑密封情况，常用的密封元件如图8-2所示。

（a）空气过滤器及护罩　　　　　　　　（b）电缆锁紧装置及孔堵

图 8-2　常用的密封元件

（1）设计电柜时,需保证电柜内的温度上升时柜内和柜外的温度差不超过 10℃。

（2）封闭的电柜必须安装风扇（或空调等换气冷却装置）以保证内部空气循环,正确的空气循环方式如图 8-3（a）所示。

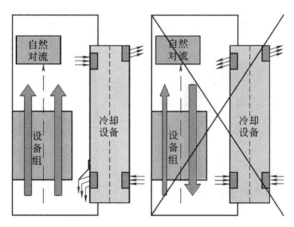

（a）正确的空气循环　　　（b）错误的空气循环

图 8-3　空气循环方式

（3）带有散热片的模块式放大器尽量将散热片隔离安装。散热片安装方式及防护如图 8-4 所示。

图 8-4　散热片安装方式及防护

设计电柜时必须考虑尽量降低噪声,并且防止噪声向CNC单元传送。设计柜体时需考虑元件的布局情况,尽量减少元件之间的相互干扰。

①元件在电柜内部的安装和排列必须考虑检查和维修的方便,元件分交、直流布置,走线尽量做到交、直流分离,因此要在设计柜体时充分考虑各元件的安装情况。

②如果有电磁辐射的元件(如变压器、风扇电动机、电磁接触器、线圈和继电器)安装在显示器附近,它们经常会干扰显示器的显示。当电磁元件固定位置和显示器之间的距离小于300mm时,可以通过调整电磁元件的方向来降低对显示屏的影响。

③柜体设计时充分考虑柜体接地,预先设计好接地点。电柜制作要求首先能够为柜内电气设备提供一个可靠的保护箱体,同时必须拥有良好的接地。电柜制作时一般采用铜质螺柱,电柜的柜门全部焊有接地桩,取代过去的接地螺栓,以解决以前"准绝缘"螺栓的问题。接地实例如图8-5所示。

图8-5　接地实例

二、数控机床外围控制线路的设计与连接

下面以YTCLTZ-1A型数控车床实训设备的几个典型线路为例,来说明数控机床外围电气控制线路的连接。

FANUC伺服系统所需动力电源为三相AC200V,而数控系统、I/O单元等控制单元则需要DC24V的电源。

(一)伺服系统的动力电源

如图8-6所示,三相AC380V电源经空气开关QF3到伺服变压器TC1降压为三相AC220V(7、8、9),为伺服驱动器提供动力电源,两相AC380V电源经空气开关QF6到TC2变压为单相AC220V(16、17),为控制回路提供控制电源。

当伺服系统的MCC信号准备好后,为伺服驱动器提供电源的接触器的线圈通电吸合,其常开触点控制伺服驱动器通电启动,并为伺服电动机提供动力电源,如图8-7所示。

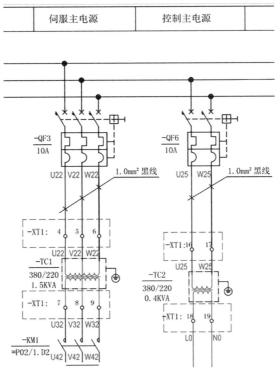

图8-6　伺服系统电源和AC220V控制电源

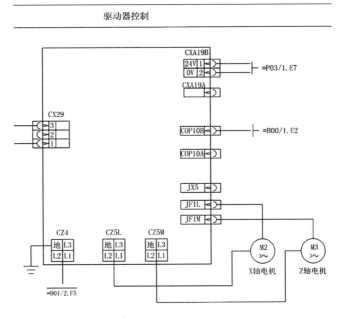

图8-7　伺服驱动器电气连接图

(二)变频器的动力电源

如图8-8所示,AC 380V经空气开关由接触器的主触点(常开)实现逻辑控制给变频器供电,经过变频器处理后输出三相强电控制主轴电动机的运行。其中主轴运行速度指令由数控系统的JA40(模拟主轴)接口提供0~10V的转速模拟指令电压来控制;主轴的正反转则由PMC控制继电器KA2、KA3的线圈通电,将变频器的SD信号分别接入STF(正转)和STR(反转)指令端子来控制。

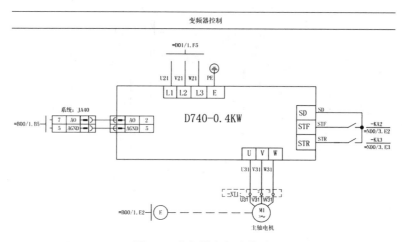

图8-8 变频器电气连接图

(三)数控系统电源及PMC的I/O信号电路电源

如图8-9所示,AC220V的控制电源经空气开关,给开关电源供电,开关电源输出DC24V的电源。当KA0辅助触点闭合后,为数控系统、伺服系统、PMC输入/输出信号提供电源,详见实训平台电气原理图。

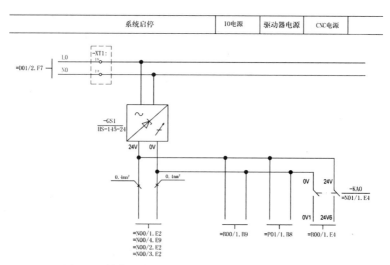

图8-9 数控系统电源及PMC的I/O信号电路电源图

三、各元器件之间的连接及控制原理

(一)数控系统的启动与停止(NC ON/OFF)

如图8-10所示,按下系统的启动按钮SB2(常开),继电器线圈KA0通电,控制KA0的触点动作(常开吸合、常闭断开),并由电路实现自锁功能,同时使图中的KA0常开触点通电吸合,数控系统通电。

按关机按钮SB1(常闭),继电器KA0线圈断电,其触点恢复常态(常开的断开、常闭的恢复闭合),控制驱动器电源接通,数控系统通电的KA0常开触点断开,数控系统和驱动器断电停止。

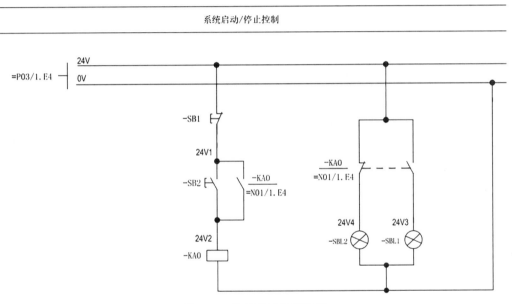

图8-10　数控系统启停控制

(二)主轴的正反转控制回路

当按机床控制面板上主轴正转按钮或执行M03指令时,I/O端Y8.0输出DC24V,继电器线圈KA2通电吸合,从而接通变频器正转信号,实现主轴的正转。当按机床控制面板上主轴反转按钮或执行M04指令时,I/O端Y8.1输出DC24V,继电器线圈KA3通电吸合,从而接通变频器反转信号,实现主轴的反转,如图8-11所示。

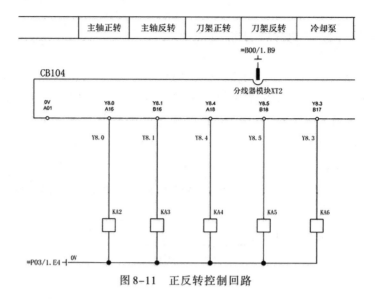

图8-11 正反转控制回路

(三)刀架换位和锁紧回路

刀架换位时,I/O端Y1.2输出DC24V,使控制刀架正转的继电器线圈KA2通电吸合,接触器线圈KM4通电,KM4常开触点吸合,刀架电动机正转,刀架换位。由于KM4常闭触点断开,此时反转不可能接通。当系统检测到目标刀位后,I/O端Y1.2停止输出,线圈KM4断电,则刀架停止正转,而I/O端Y1.3输出DC24V,使控制刀架反转的继电器线圈KA3通电吸合,接触器线圈KM5通电,其常开触点吸合,通过调整电动机的相序实现反转使刀架锁紧。KM5常闭触点断开,此时反转不可能接通,换位和锁紧形成互锁。刀架换位和锁紧主回路、控制回路分别如图8-12、图8-13所示。

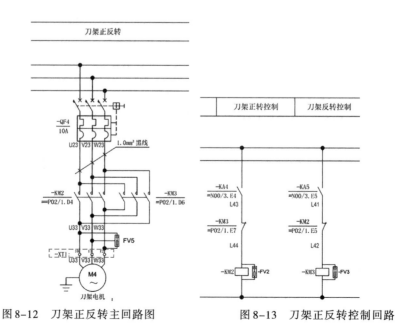

图8-12 刀架正反转主回路图　　　　图8-13 刀架正反转控制回路

任务三　刀库控制电路连接调试实训

一、斗笠式刀库的结构

图8-14为斗笠式刀库的结构示意图,各零部件的名称和作用见表8-9。

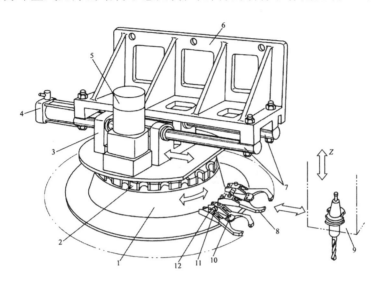

图8-14　斗笠式刀库的结构示意图

1—刀盘;2—分度轮;3—导轨滑座(和刀盘固定);4—气缸(缸体固定在机架上,活塞与导轨滑座连接);
5—刀盘电动机;6—机架(固定在机床立柱上);7—圆柱滚动导轨;8—刀夹;9—主轴箱;10—定向键;
11—弹簧;12—销轴

表8-9　各零部件的名称和作用表

名称	图示	作用
刀库防护罩		防护罩起保护转塔和转塔内刀具的作用,防止加工时铁屑直接从侧面飞进刀库,影响转塔转动
刀库转塔电动机		主要用于转动刀库转塔

续表

名称	图示	作用
刀库导轨		由两圆管组成,用于刀库转塔的支承和移动
气缸	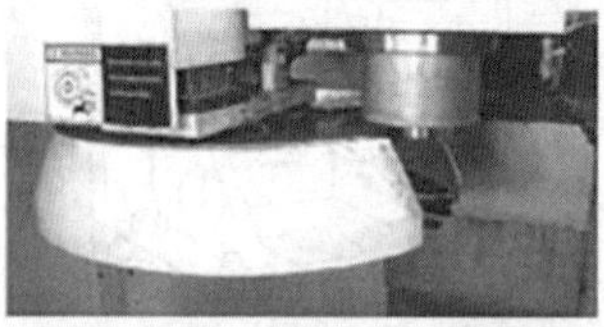	用于推动和拉动刀库,执行换刀
刀库转塔		用于装夹备用刀具

二、斗笠式刀库的电气控制

(一)控制电路说明

机床从外部动力线获得三相交流电源 380V 后,在电控柜中进行再分配,经变压器 TC1 获得三相 AC200~230V 主轴及进给伺服驱动装置电源;经变压器 TC2 获得单相 AC110V 数控系统电源、单相 AC110V 交流接触器线圈电源;经开关电源 VC1 和 VC2 获得 DC+24V 稳压电源,作为 I/O 电源和中间继电器线圈电源;同时进行电源保护,如熔断器、断路器等。图 8-15 为该机床电源配置。系统电气原理如图 8-16~图 8-19 所示。图 8-16 和图 8-17 为换刀控制电路和主电路。表 8-10 为输入信号所用检测开关的作用说明,检测开关位置如图 8-18 所示。图 8-18 和图 8-19 为换刀控制的 PLC 输入/输出信号分布。

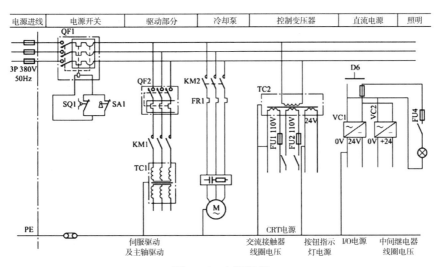

图 8-15　电源配置

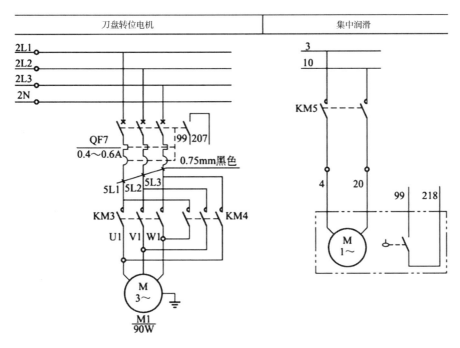

图 8-16　刀库转盘电机强电电路

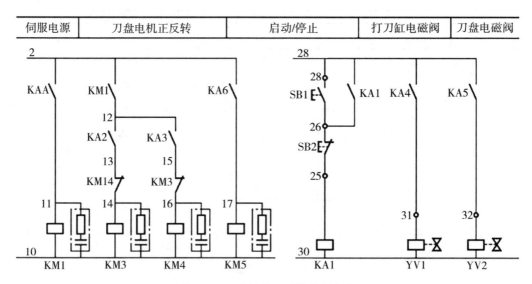

图 8-17　刀库转盘正反转控制电路

表 8-10　输入信号使用到的检测元件

元件代号	元件名称	作用
SQ5	行程开关	刀库圆盘旋转时,每转到一个刀位凸轮会压下该开关
SQ6	行程开关	刀库进入位置检测
SQ7	行程开关	刀库退出位置检测
SQ8	行程开关	气缸活塞位置检测,用于确认刀具夹紧
SQ9	行程开关	气缸活塞位置检测,用于确认刀具放松
SQ10	行程开关	此处为换刀位置检测,换刀时Z轴移动到此位置

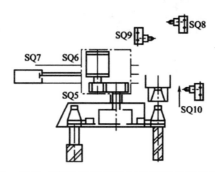

图 8-18　圆盘式自动换刀控制中检测开关位置示意图

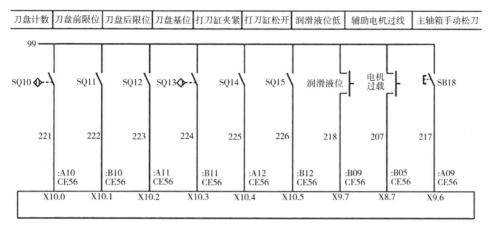

图 8-19　刀库输入信号

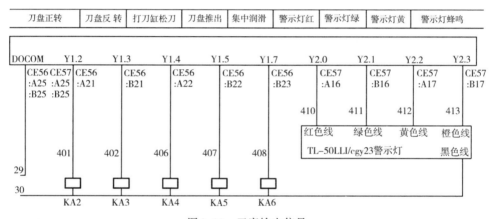

图 8-20　刀库输出信号

（二）换刀过程

当系统接收到 M06 指令时，换刀过程如下。

（1）系统首先按最短路径判断刀库旋转方向，然后令 I/O 输出端 YOA 或 YOB 为"1"，即令刀库旋转，将刀盘上接受刀具的空刀座转到换刀所需的预定位置，同时执行 Z 轴定位和执行 M19 主轴准停指令。

（2）待 Z 轴定位完毕，行程开关 SQ10 被压下，且完成"主轴准停"，PLC 程序令输出端 YOC 为"1"，此时图 8-21（a）中所示的 KA5 继电器线圈得电，电磁阀 YV1 线圈得电，从而使刀库进入到主轴下方的换刀位置，夹住主轴中的刀柄。此时，SQ6 被压下，刀库进入检测信号有效。

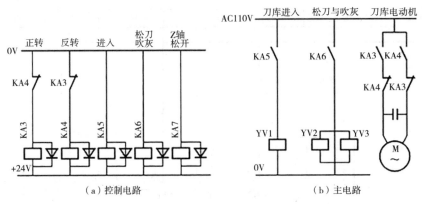

图 8-21　换刀控制电路和主电路

（3）PLC令输出端YOD为"1"，KA6继电器线圈得电，使电磁阀YV2、YV3线圈通电，从而使气缸动作，令主轴中刀具放松，同时进行主轴锥孔吹气。此时SQ9被压下，使I/O输入端X36信号有效，如图8-22所示。

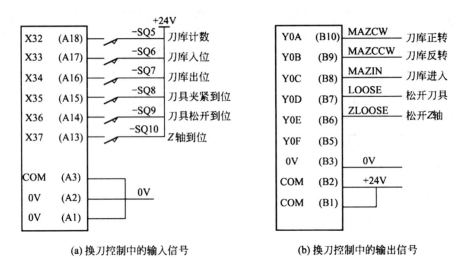

图 8-22　换刀控制中的输入/输出信号

（4）PLC令主轴上移直至刀具彻底脱离主轴（一般Z轴上移到参考点位置）。

（5）PLC按最短路径判断出刀库的旋转方向，令输出端YOA或YOB有效，使刀盘中目标刀具转到换刀位置。刀盘每转过一个刀位，SQ5开关被压一次，其信号的上升沿作为刀位计数的信号。

（6）Z轴下移至换刀位置，压下SQ10，令输入端X37信号有效。

（7）PLC令I/O输出端YOD信号为"0"，使KA6继电器线圈失电，电磁阀YV2、YV3线圈失电，从而使气缸回退，夹紧刀具。

(8)待 SQ8 开关被压下后,PLC 令 I/O 输出端 Y0C 为"0",KA5 线圈失电,电磁阀 YV1 线圈失电,气缸活塞回退,使刀库退回至其初始位置,待 SQ7 被压下,表明整个换刀过程结束。

匠人锤炼篇

任务四　项目训练

一、任务决策和实施

1.检验器材质量,在不通电的情况下,用万用表或目测检查各元器件各触点的分合情况是否良好,检查按钮的螺丝是否完好,检查接触器的线圈电压与电源电压是否相等。

2.实训平台外围线路连接,按照电气原理图,完成 RS-SY-FANUC 0i Mate TC 数控机床综合实训平台系统电源、伺服放大器动力电源和控制电源等相关回路的连接。布线时应符合平直整齐、走线合理及节点不得松动、露铜不得过长等要求。其原则如下:

(1)同一平面的导线应高低一致或前后一致,不能交叉。当必须交叉时,该根导线在接线端子引出时,水平架空跨越,但必须走线合理。

(2)布线应横平竖直,变换走向应垂直。

(3)一个电气元件接线端子上的连接导线一般只允许连接一根。

(4)布线和剥线时严禁划伤线芯和导线绝缘。

(5)识别标牌应清晰、耐久,适合于实际环境。

3.线路检查

(1)连线结束后,整理电柜,要求做到电柜内没有废弃线头、压线端子、灰尘等杂乱物。

(2)通电前检查。对照电气原理图,检查线路。在检查线路时应注意以下几点:

①所有相同线号的两端应是直通的(数值式万用表会有 0.001~0.003 的显示,指针式万用表的指针会指向电阻挡的最小端)。

②所有线端对地线测量时不应有短路现象(零线除外,因为系统 24V 电源的负端是和系统外壳同电位的)。

③交流线端之间不应存在相互短路,变压器绕组线圈会存在一定的电阻。

④理清元器件上的线号、线圈以及触点,线号应与其元器件对应;主触点与辅助触点不能相混淆(主触点用于主回路,连接电动机、系统电源等,辅助触点用于控制回路);变

压器的原边与副边不能接反。

⑤各元器件的接线点应与压线端子充分接触,应保证每个压线端子被压在接线点或压线片的下方;各压线端子不能有松动,要牢固可靠。

(3)通电检查。

①合上电柜上的电源总开关,测量三相进线的电压,每两相间的电压为 AC380V±10%,各相对地电压为 AC220V±10%。

②测量伺服变压器的输出电压。副边每两相间的电压为 AC200V($-15\%\sim+10\%$)。若副边各相间电压异常,应检查伺服变压器的原边与副边,原边与副边不能倒置。

③测量开关电源的输入电压(AC220V±10%)和输出电压(DC24V±10%)是否正常。

二、检查和评估

检查和评分表如表8-11所示。

表8-11　项目检查与评分表

序号	检查项目	要求	评分标准	配分	扣分	得分
1	外围电气连接	1. 能按照电气原理图或接线图正确完成机床外围线路的连接;2. 所有连接应牢固,布线合理	线路连接错误每处扣8分,直至扣完该部分配分	40		
2	电路检查	1. 正确进行通电前的各项线路检查工作;2. 正确运用万用表检查线路电压是否正常	发现一处异常扣8分,直至扣完该部分配分	40		
3	其他	1. 操作要规范;2. 在规定时间完成(40分钟)	1. 操作不规范每处扣5分,直至扣完该部分配分;2. 超过规定时间扣5分,最长工时不得超过50分钟	20		
备注			合计	100		
			考评员签字	年	月	日

三、练习

1. 某加工中心上的CNC通电回路设计如图8-23所示,分析回路中各元器件的作用和CNC通电过程。

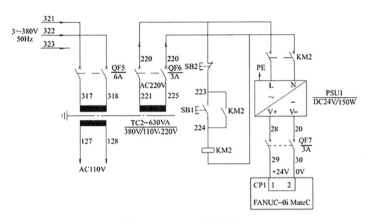

图 8-23　CNC通电回路

2. 某加工中心上的伺服放大器通电回路设计如图8-24所示,分析回路中各元器件的作用和SV通电过程。

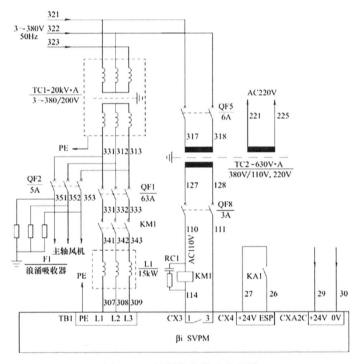

图 8-24　伺服放大器通电回路

模块三　数控机床PLC编程

本模块主要内容

了解可编程控制器的概念、发展、特点及应用,熟悉可编程控制器的组成及工作原理,掌握可编程控制器的编程语言种类。了解FANUC 0i系列PMC的组成、接口模块、工作模式。熟悉PLC的编程软件及使用,熟悉基本指令的使用。

学习目标

(1)掌握PLC的组成及工作原理。

(2)掌握梯形图的编程方法。

(3)掌握FANUC 0i系列PMC的基本指令。

(4)能熟练使用ladderⅢ编程软件。

(5)能独立设计一些简单的功能程序。

厚积薄发——国产PLC的追光之路

一、把"命门"掌握在自己手中

我国光电子芯片,已在豫北小城鹤壁获得突破。其中的PLC光分路器芯片早在2012年就实现国产化,迫使国外芯片在中国市场的价格从每晶圆最高时2400多美元降到100多美元。目前已占到全球市场50%以上份额。

更了不起的是,他们研发的阵列波导光栅(AWG)芯片,在骨干网、高速数据中心及5G基站前传等领域有了巨大的进展,其中骨干网AWG进入相关领域知名国际设备商供应链,高速数据中心及5G应用技术有望在国际竞争中领跑。近日,他们已在5G前传循环型波分复用、解复用芯片核心技术方面,开始实验验证工作。

1. 攻克光电子芯片三大壁垒

2019年5月17日,科技日报记者前往鹤壁采访。在仕佳光子展厅里,吴远大介绍,在目前世界上100多类高端光电子芯片中,国内有两大类全系列化芯片技术基本实现国产化。一类是主要应用于光纤到户接入网中的PLC光分路器芯片,另一类是主要应用于骨干网、城域网、高速数据中心和5G领域的阵列波导光栅芯片。"这两类芯片,都是我们公司研发的。"吴远大说。

今年45岁的吴远大,是中国科学院半导体研究所研究员,主要致力于高性能无源光电子材料与器件的应用基础研究,同步开展PLC光分路器芯片及阵列波导光栅芯片的产业化技术开发工作。2011年,作为我国光电子事业主要开拓者王启明院士团队的一员,他与所里的6个年轻人一起,来到鹤壁担任河南仕佳光子科技股份有限公司常务副总裁,开展院企合作,开启我国高端光电子芯片的产业化之路。

吴远大说,在国家863计划、973计划项目资助下,中国科学院半导体所对这些芯片已经开展了十多年的基础研究,但由于三方面原因,此前一直没有产业化。

一是高质量的高折射率差硅基SiOx集成光波导材料基础薄弱。微电子技术中二氧化硅薄膜材料的厚度,一般仅为几百纳米;而平面集成光波导芯片中,则要求二氧化硅膜的厚度高达几个微米,甚至几十个微米,要求无龟裂、无缺陷,且更偏重二氧化硅材料的光传输性质。国外生长硅基SiOx集成光波导材料的方式主要有两种:以欧美为代表的化学气相沉积法(PECVD)和以日本、韩国为代表的火焰水解法(FHD)。PECVD法精度较高,操控性好;FHD法生长速率快,产业化效率更高,二者各有优缺点。而国内缺乏相关应用基础研究。

二是芯片工艺水平达不到产业化需求,特别是在整张晶圆的均匀性、稳定性方面,如二氧化硅厚膜的高深宽比和低损耗刻蚀工艺。

三是在产业和市场导向上,过去偏重于买,拿市场换技术。

2. 两大研发计划,攻克两座光电芯片山头

在光分路器芯片成功实现产业化的同时,他们又把目光投向了阵列波导光栅芯片(AWG)开发。

2013年,国家863计划"光电子集成芯片及其材料关键工艺技术"项目,由仕佳光子牵头,吴远大担任课题负责人。

他们采用等离子体增强化学气相沉积和火焰水解法相结合的二氧化硅厚膜生长原理,改进厚膜生长设备,通过对多层结构的二氧化硅材料进行多组分、抗互溶的掺杂,结合梯度高温处理及干法刻蚀工艺制程,获得了不同折射率差的低损耗、低应力、高品质、高折射率差SiOx光波导材料,且材料生长效率显著提升,弥补了硅基SiOx集成光波导材料基础薄弱的难题,为AWG芯片的产业化打下了坚实基础。

目前,项目团队拥有AWG芯片设计及工艺核心发明专利十多项,并获得了2017年度国家科技进步二等奖,提升了我国下一代(5G)通信主干承载光网络和光互连建设的核心竞争力。

3. 开辟高速DFB激光器芯片产业化新征程

现在,仕佳光子又引进中国科学院半导体所王圩院士团队,开始了高速DFB激光器芯片产业化的新征程。

两个院士团队的13名专家长年驻扎在鹤壁。鹤壁则以仕佳光子为龙头,引进了上海标迪、深圳腾天、威讯光电等十多家上下游配套企业,成立了6大省级以上技术研发创新平台。一个有"芯"的"中原硅谷"正在鹤壁崛起!

"中国芯片虽然已经在个别领域赶上了国外先进水平,甚至超越了国外技术。"但是,吴远大说,"整体而言,要全面追赶上还需要20年。所以,必须瞄准主要芯片,全面实现国产化!"而这正是他们下一步要攻克的目标。

他们研发生产的芯片打破国外垄断,成为全球最大的PLC型光分路器芯片供货商。2月19日,全省"奋进新征程 建功新时代"采访团一行来到河南仕佳光子科技股份有限公司,探寻鹤壁市首家、河南省第二家科创板上市企业的"科创密码"。

防尘车间图

穿上防尘鞋套,走进仕佳光子的车间内,身穿防尘服的技术人员正在忙碌,在这个每立方米只有1000个微尘颗粒的超洁净车间内,他们要用显微镜设备对PLC型光分路器芯片进行检测。

"车间常年保持恒压恒湿恒温无尘的状态,就是为了保证芯片生产环境的洁净度,从而保证芯片的质量。"仕佳光子研发经理王亮亮说。一张硅片,经过20多道生产步骤,才能最终变成米粒大的芯片。

"原来一个人只能操作一台设备,现在可以同时监控多台,生产效率大幅提高,总体生产成本也得到有效管控。"王亮亮告诉大河报·豫视频记者。通过智能化改造升级,调整、优化了芯片工艺中众多工序流程的参数,大大降低了人工干预,大幅缩短了研发创新周期。

2010年成立于鹤壁的河南仕佳光子始终坚持独立自主科技创新,仅用了两年时间,就实现了PLC型光分路器芯片量产,打破了国外厂商垄断的局面,一跃成为全球最大的PLC型光分路器芯片供货商。其产品无源光分路器填补国内空白,市场占有率全球第一。

10多年间,仕佳光子发展为中国光通信行业细分领域"隐形冠军",目前已拥有光电子集成技术国家地方联合工程实验室、河南省光电子技术院士工作站、河南省光电芯片与集成重点实验室、河南省企业技术中心、博士后科研工作站等多个国家、省部级研发平台。在国内市场,三大通信运营商、中兴、华为都和仕佳光子有着持续稳定的合作。

二、展望未来:国产PLC迎来重大历史机遇

根据《智能制造发展规划(2016—2020年)》,目标在2020年实现关键工序数控化率超过50%,数字化车间或智能工厂普及率超过20%。《"十四五"信息化和工业化深度融合发展规划》进一步提出要发展包括智能化制造等在内的新产品新模式新业态,推动行业领域数字化转型,发展专业化系统解决方案提供商企业。《规划》提出到2025年关键工序数控化率达68%,工业互联网平台普及率达45%。

工业4.0与中国智造推动PLC向工业智能控制器转变。随着工业领域革新,过去基于"金字塔"架构的基本假设需要被重置,取而代之的是扁平化架构、简单化流程和智能化分析。随着5G、物联网等新技术发展,PLC将迎来重大技术革新。2021年6月,华为携手宝信软件等发布首个广域云化PLC的试验成果,实现跨越600公里距离的广域云化PLC的部署和稳定运行。开源系统推动软硬件厂商跨界联动,软件服务商迎来发展良机。基于Linux等开源操作系统的新一代"PLC"逐渐壮大。2021年10月,中国联通和浙江中控联合发布基于5G MEC的云化PLC品牌"Deep Control"。我们认为建立在工业4.0结构上的新一代PLC具有创新技术革命和软硬件厂商跨界联动的特征,国产创新厂家有望实现弯道超车。

项目九　PLC概述

PLC 的简介

项目描述：数控机床中，主轴的正转和反转、进给运动的启动和停止、刀库及换刀机械手控制、工件夹紧松开、冷却和润滑、工作台交换以及对各坐标轴的位置进行连续控制，这些控制信息主要是由输入输出(I/O)控制，如控制开关、行程开关、压力开关和温控开关等输入元件，继电器、中间继电器和电磁阀等输出元件，主轴驱动和进给驱动使能、机床报警处理的控制，这些信息都是采用可编程控制器(PLC)来完成的。输入输出(I/O)故障是数控机床运行过程中最常见的故障，因此是数控机床维护常识中至关重要的环节。

知识与技能篇

任务一　认识PLC

一、认识PLC

PLC是一种计算机控制装置，它具有和计算机类似的一些功能和元件，包括CPU、存储器、与外部设备进行数据通信的接口以及系统电源。它可以完成数控机床工作过程的顺序控制。PLC可以实现基本逻辑控制，为用户设置了"与"(AND)、"或"(OR)、"非"(NOT)等逻辑指令，用软件实现电路间触点的串联、并联、串并联等各种连接，完全取代了继电器的触点连锁控制。PLC具有面向用户的指令系统，用户控制逻辑用软件来实现，用户控制程序多采用"梯形图"编辑，便于编程和故障诊断。数控机床用PLC可分为两类：

（1）独立式PLC，采用标准通用型PLC。其输入/输出信号接口技术规范、输入/输出点数、程序存储容量以及运算和控制功能等均能满足数控机床的要求。与数控装置有两种连接方式：一种方式是通过输入输出点直接与PLC连接；第二种方式是用通信模块连接。

（2）集成式PLC，专为实现数控机床顺序控制而设计，是与数控装置融为一体的新式PLC。它从属于CNC装置，PLC与CNC的信号是在数控装置内部传送的。集成式PLC输入/输出信号接口技术规范、输入/输出点数、程序存储容量以及运算和控制功能是根据适用数控机床的类型确定的。因此,它整体结构紧凑,PLC针对的功能、技术指标更合理、实用。

二、PLC的结构

PLC是以微处理器为核心用作工业控制的专用计算机,不同类型的PLC,其结构和工作原理都大致相同,硬件结构与微机相似。其基本结构如图9-1所示。

PLC的结构

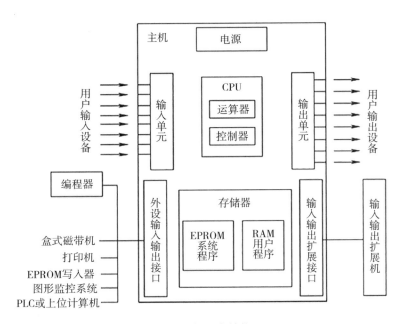

图9-1 PLC的基本结构

由图9-1可以看出,PLC采用了典型的计算机结构,主要包括中央处理单元(CPU)、存储器(RAM和ROM)、输入/输出接口电路、编程器、电源、I/O扩展口、外部设备接口等,其内部采用总线结构进行数据和指令的传输。PLC系统由输入变量、PLC、输出变量组成。外部的各种开关信号、模拟信号以及传感器检测的各种信号均作为PLC的输入变量,它们从PLC外部输入端子输入到内部寄存器中,经PLC内部逻辑运算或其他各种运算处理后送到输出端子,作为PLC的输出变量对外围设备进行各种控制。另外PLC主机内各部分之间均通过总线连接。总线分为电源总线、控制总线、地址总线和数据总线。各部件的作用如下:

(一)CPU

CPU是PLC的核心,主要由运算器、控制器、寄存器及实现它们之间联系的数据、控制及状态总线构成,还包括外围芯片、总线接口及有关电路。CPU起着总指挥的作用,是PLC的运算和控制中心。它主要完成以下功能:

（1）在系统程序的控制下：①诊断电源、PLC内部电路工作状态；②接收、诊断并存储从编程器输入的用户程序和数据；③用扫描方式接收现场输入装置的状态或数据，并存入输入映像寄存器或数据寄存器。

（2）在PLC进入运行状态后：①从存储器中逐条读取用户程序；②按指令规定的任务，产生相应的控制信号，去启闭有关控制电路，分时分渠道地去执行数据的存取、传送、组合、比较和变换等动作；③完成用户程序中规定的逻辑或算术运算等任务。

（3）根据运算结果，更新有关标志位的状态和输出映像寄存器的内容，实现输出控制、制表、打印或数据通信等。

PLC常用的CPU主要采用通用微处理器、单片机或双极型位片式微处理器。其中单片机型比较常见，如8031、8096等。其发展趋势是芯片的工作速度越来越快，如位数越来越多（有8位、16位、32位、48位等），RAM的容量越来越大，集成度越来越高。为了进一步提高PLC的可靠性，对一些大型PLC还采用双CPU构成冗余系统或采用三CPU的表决式系统。

这样，即使某个CPU出现故障，整个系统仍能正常运行。另外，CPU速度和内存容量是PLC的重要参数，它们决定着PLC的工作速度、I/O数量及软件容量等，影响着控制规模。

（二）存储器

存储器（简称内存），是具有记忆功能的半导体电路，用来存放系统程序、用户程序、逻辑变量和其他一些信息。PLC配有系统程序存储器和用户程序存储器，分别用以存储系统程序和用户程序。系统程序存储器用来存储监控程序、模块化应用功能子程序和各种系统参数等，一般使用EPROM，包括数据表寄存器和高速暂存存储器；用户程序存储器用作存放用户编制的梯形图等程序，一般使用RAM，若程序不经常修改，也可写入到EPROM中；存储器的容量以字节为单位。系统程序存储器的内容不能由用户直接存取。因此一般在产品样本中所列的存储器型号和容量，均是指用户程序存储器。

（三）I/O接口模块

PLC与电气回路的接口，是通过输入/输出部分（I/O）完成的。I/O接口是PLC与外围设备传递信息的窗口。PLC通过输入接口电路将各种主令电器、检测元件输出的开关量或模拟量通过滤波、光电隔离、电平转换等处理转换成CPU能接收和处理的信号。输出接口电路是将CPU送出的弱电控制信号通过光电隔离、功率放大等处理转换成现场需要的强电信号输出，以驱动被控设备（如继电器、接触器、指示灯等）。I/O模块可以制成各种标准模块，根据输入、输出点数来增减和组合，还配有各种发光二极管来指示各种运行状态，根据输入输出量不同可分为开关量输入（DI）、开关量输出（DO）、模拟量输入（AI）、模拟量输出（AO）等模块。

1. 输入接口

电路输入接口电路是将现场输入设备的控制信号转换成CPU能够处理的标准数字

信号。其输入端采用光电耦合电路,可以大大减少电磁干扰。

2. 输出接口

电路输出接口电路采用光电耦合电路,将CPU处理过的信号转换成现场需要的强电信号输出,以驱动接触器、电磁阀等外部设备的通断电,有继电器输出型、晶闸管输出型、晶体管输出型3种类型。

3. I/O模块的外部接线方式

I/O模块的外部接线方式根据公共点使用情况不同分为汇点式、分组式和分隔式3种。一般常用分组式,其I/O点分为若干组,每组的I/O电路有一个公共点,它们共用一个电源。各组之间是分隔开的,可以分别使用不同的电源,如图9-2所示。图中X0、X1、X2等是PLC内部与输入端子相连的输入继电器,每个输入继电器与一个输入端子(输入元件,如行程开关、转换开关、按钮开关、传感器等)相连,通过输入端子收集输入设备的信息或操作指令。图中输出部分的Y0、Y1、Y2等均为PLC内部与输出端子相连的输出继电器,用于驱动外部负载。PLC控制系统常用的外部执行元件有电磁阀、继电器线圈、接触器线圈、信号灯等。其驱动电源可由PLC的电源组件提供(如直流24V),也有用独立的交流电源(如交流220V)供给的。

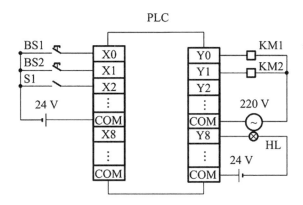

图9-2 I/O模块的外部接线示意图

(四)电源

PLC电源是指将外部的交流电经过整流、滤波、稳压转换成满足PLC中CPU、存储器、输入/输出接口等内部电路工作所需要的直流电源或电源模块。许多PLC的直流电源采用直流开关稳压电源,不仅可以提供多路独立的电压供内部电路使用,而且还可为输入设备提供标准电源。为避免电源干扰,输入、输出接口电路的电源回路彼此相互独立。电源输入类型有:交流电源(220V或110V)、直流电源(常用的为24V)。

(五)编程工具

编程器用作用户程序的编制、编辑、调试和监视,还可以通过其键盘去调用和显示PLC的一些内部状态和系统参数,它经过接口与CPU联系,完成人机对话。编程工具分两种：一种是手持编程器，只需通过编程电缆与 PLC 相接即可使用；另一种是带有 PLC 专用工具软件的计算机，它通过 RS-232 通信口与 PLC 连接，若 PLC 用的是 RS-422 通信口，则需另加适配器。

三、数控机床中 PLC 的功能

数控机床的输入输出(I/O)由 PLC 完成控制，各种信号的传递分述如下。分段机床操作面板的控制：将机床操作面板的控制信号直接输入到 PLC，用以控制数控机床的顺序运行。如操作方式选择键、进给率等功能控制。分段机床外部开关量的输入信号控制：机床侧的开关信号输入 PLC，经过逻辑运算，输出到控制对象。如控制开关、行程开关、润滑油压力开关、温度控制开关等信号，由 PLC 运算后，分别输出给相应的控制对象。分段输出信号控制：PLC 输出的信号经由继电器、中间继电器，通过电、液装置的驱动，分别对刀库、机械手、工作台、冷却泵等设备进行控制。分段伺服系统控制：控制主轴和进给装置的使能信号，以满足伺服驱动的条件，通过驱动装置，对主轴伺服电机、进给伺服电机等元件进行控制。分段故障诊断：PLC 收集强电部分、机床侧和伺服驱动装置的反馈信号，检测出问题后，将报警标志区的相应报警标志置位，数控系统根据被置位的标志位，调用出报警文本，显示报警信息，便于故障诊断。

四、PLC 的信息交换

PLC、CNC(数控系统)和 MT(机床)三者之间的信息交换，是通过三者之间的接口实现的。接口包括四个部分：PLC 至 CNC、CNC 至 PLC、机床至 PLC、PLC 至机床。

(1)PLC 至 CNC。对于采用独立式 PLC 的数控系统，PLC 将一些经过逻辑运算的结果，通过输出接口送入 CNC 系统，CNC 根据这些信息进行控制。对于集成式 PLC，PLC 到数控装置的信号地址与含义是由数控装置制造厂家定义的，PLC 的编程者只能使用，不能改变。西门子 810 系中，Q78.0~Q91.7 就是 PLC 向 CNC 输出的信号。

(2)CNC 至 PLC。对于采用独立式的 PLC 数控系统，数控装置通过输出接口，将功能输出信号输出到 PLC，PLC 根据这些从数控装置输入的控制信号进行逻辑判断，从而控制机床的运行。对于采用集成式 PLC 的数控系统，数控装置送至 PLC 的信息可由 CNC 直接送入 PLC 的寄存器中，所有 CNC 送至 PLC 的信号地址和含义均由 CNC 制造厂家定义，PLC 编程者只能使用，不能改变。如数控系统的 M、T 功能，通过 CNC 译码后直接送入 PLC 相应的寄存器。如在西门子 810 系统中，I102.0~I125.7 就是 CNC 传递到 PLC 的信号。

(3)机床至 PLC。机床侧的开关量信号通过 I/O 接口输入到 PLC 中，除少数信号外，绝大多数信号的含义及所占用的 PLC 输入地址均可由 PLC 编程者自行定义。如使用 FANUC 0T 系统的数控车床，输入 X2.1 可定义为连接冷却开关，利用系统 DGNOSPARAM

功能,可以检查该信号的状态,如状态为 0,操作面板冷却开关没有打开;状态为 1,冷却开关打开。

（4）PLC 至机床。PLC 控制机床的信号通过 PLC 的开关量输出接口送到机床,所有输出信号的含义及所占用的 PLC 输出地址均可由 PLC 编程者自行定义。如使用 FANUC0T 系统的数控车床,PLC 输出 Y48.4 可被定义为控制刀塔旋转,该信号通过输出接口模块输出,通过直流继电器来控制刀塔旋转电磁阀。Y48.4 的状态可以通过系统 DGNOSPARAM 功能检查,如状态为 0,使电磁阀断电;状态为 1,控制电磁阀有电。

五、PLC 编程语言

PLC 控制系统通常是以程序的形式来体现其控制功能的,所以 PLC 工程师在进行软件设计时,必须按照用户所提供的控制要求进行程序设计,即使用某种 PLC 的编程语言,将控制任务描述出来。目前世界上各个 PLC 生产厂家所采用的编程语言各不相同,但在表达的方式上却大体相似,基本上可以分为 5 类:梯形图语言、助记符语言、布尔代数语言、逻辑功能图和某些高级语言。其中梯形图和助记符语言已被绝大多数 PLC 厂家所采用。

梯形图语言是一种图形式的 PLC 编程语言,它沿用了电气工程师们所熟悉的继电器控制原理图的形式,如继电器的触点、线圈、串并联术语和图形符号等,同时还吸收了计算机的特点,加了许多功能强而又使用灵活的指令,因此对电气工程师来说,梯形图形象、直观、编程容易。

助记符语言,就是使用帮助记忆的英文缩写字符来表示 PLC 各种指令,它与微机的汇编语言十分相似,在使用简易编程器进行程序输入、检查、编辑、修改时常使用助记符语言。助记符语言在小型及微型 PLC 中也是常用的编程语言。

（一）梯形图

梯形图编程语言。该语言习惯上叫梯形图。梯形图在形式上沿袭了传统的继电器控制电路形式,或者说,梯形图编程语言是在电气控制系统中常用的继电器、接触器逻辑控制基础上简化了符号演变而来的,它形象、直观、实用,容易被电气技术人员接受,是目前用得最多的一种 PLC 编程语言。梯形图的画法如图 9-3 所示。

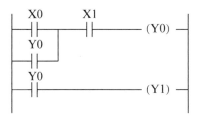

图 9-3　梯形图示例

梯形图中的输入触点只有两种:常开触点(—| |—)和常闭触点(—|/|—),这些触点可以是 PLC 的外接开关对应的内部映像触点,也可以是 PLC 内部继电器触点,或内部定时、计数器的触点。每一个触点都有自己特殊的编号,以示区别。同一编号的触点可以有常开和

常闭两种状态,使用次数不限。因为梯形图中使用的继电器对应PLC内的存储区某字节或某位,所用的触点对应于该位的状态,可以反复读取。PLC有无数个常开和常闭触点,梯形图中的触点可以任意地串联、并联。

梯形图的格式要求如下:

(1)梯形图按行从上至下编写,每一行从左往右顺序编写。PLC程序执行顺序与梯形图的编写顺序一致。

(2)图左、右两边垂直线称为起始母线、终止母线。每一逻辑行必须从起始母线开始画起,终止于继电器线圈或终止母线,PLC终止母线也可以省略。

(3)梯形图的起始母线与线圈之间一定要有触点,而线圈与终止母线之间则不能有任何触点。

(二)助记符语言

助记符语言又称指令语句表达式语言,它常用一些助记符来表示PLC的某种操作。它类似于微机中的汇编语言,但比汇编语言更直观易懂。用助记符语言编写的程序较难阅读,其中逻辑关系很难一眼看出,所以在设计时一般使用梯形图语言。如果使用手持编程器,必须将梯形图转换成助记符语言后再写入PLC。下面以三菱公司FX系列的指令语句来说明。

LDX0	逻辑行开始,输入X0常开接点
ORY0	并联Y0的自保接点
ANDX1	串联X1的常开接点
OUTY0	输出Y0逻辑行结束
LDY0	输入Y0常开接点逻辑行开始
OUTY1	输出Y1逻辑行结束

指令语句表是由若干条语句组成的程序。语句是程序的最小独立单元。每个操作都由一条或几条语句执行。PLC的语句表达形式与一般微机编程语言的语句表达式相类似,也是由操作码和操作数两部分组成。操作码用助记符表示(如LD表示取、AND表示与等),用来说明要执行的功能。操作数一般由标识符和参数组成。标识符表示操作数的类型,例如表明是输入继电器、输出继电器、定时器、计数器、数据寄存器等。参数表明操作数的地址或一个预先设定值。

(三)顺序功能图语言

顺序功能图(SFC)常用来编制顺序控制程序,它主要由步、有向连线、转换、转换条件和动作(或命令)组成。顺序功能图法可以将一个复杂的控制过程分解为一些小的工作状态。对于这些小状态的功能依次处理后再把这些小状态依一定顺序控制要求连接成组合整体的控制程序。图9-4所示为采用顺序功能图编制的程序段。

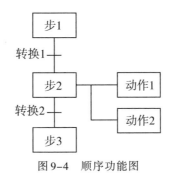

图 9-4　顺序功能图

SFC 是一种根据系统工作的动作过程进行编程的语言。编程时将顺序流程动作的过程分成步和转换条件,根据转移条件对控制系统的功能流程顺序进行分配,一步一步地按照顺序动作。每一步代表一个控制功能任务,用方框表示。在方框内含有用于完成相应控制功能任务的梯形图逻辑。在顺序功能图中可以用别的语言嵌套编程。步、转换和动作是顺序功能图中的三种主要元件,如图 9-5 所示。这种编程语言程序结构清晰,易于阅读及维护,大大减轻编程的工作量,缩短编程和调试时间。适用于系统规模较大、程序关系较复杂的场合。

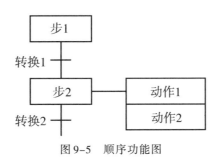

图 9-5　顺序功能图

SFC 编程方法的优点:在程序中可以很直观地看到设备的动作顺序。不同的人员都比较容易理解其他人利用 SFC 方法编写的程序,因为程序是按照设备的动作顺序进行编写的;在设备故障时,编程人员能够很容易地查找出故障所处的工序,从而不用检查整个冗长的梯形图程序;不需要复杂的互锁电路,更容易设计和维护系统。

顺序功能图也称为控制系统流程图,英文缩写为 SFC。它是一种位于其他编程语言之上的图形语言,用来编制顺序控制程序。图 9-6 所示是一个采用顺序功能图(SFC)语言编程的例子。图 9-6(a)是表示该任务的示意图,要求控制电动机正反转,实现小车往返行驶,控制小车的行程位置。图 9-6(b)按钮 SB 控制启停。SQ11、SQ12、SQ13 分别为 3个限位开关,是动作要求示意图,图 9-6(c)是按照动作要求画出的流程图。可以看到整个程序完全按图照动作的先后顺序直接编程,直观简便,思路清晰,很适合顺序控制的场合。

应当指出的是,对于目前大多数 PLC 来说,SFC 还仅仅作为组织编程的工具使用,尚需要用其编程语言(如梯形图)将它转换为PLC可执行的程序。因此,通常只是将SFC作为PLC的辅助编程工具,而不是一种独立的编程语言。

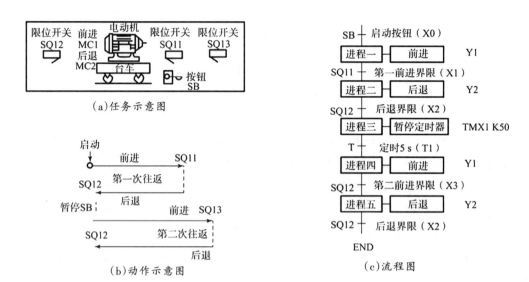

图9-6　顺序功能图语言示意图

(四)功能块图

功能模块图语言是与数字逻辑电路类似的一种PLC编程语言,有数字电路基础的人很容易掌握。功能块图的编程方法与数字电路中的门电路的逻辑运算相似,采用功能模块图的形式来表示模块所具有的功能,不同的功能模块有不同的功能。如图9-7所示为西门子S7-300系列PLC的三种编程语言。

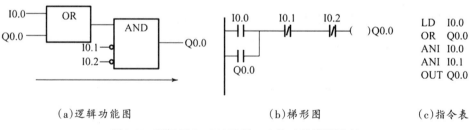

图9-7　西门子S7-300系列PLC的三种编程语言

(五)其他语言

1.其他高级语言

随着PLC的快速发展,PLC可与其他工业控制器组合完成更为复杂的控制系统。为此,很多类型的PLC都支持高级编程语言,如Basic、Pascal、C语言等。这种编程方式称为结构文本(Structure Text,ST),主要用于PLC与计算机联合编程或通信等场合。

2.结构化文本语言

结构化文本语言是用结构化的描述文本来描述程序的一种编程语言。它是类似于高级语言的一种编程语言。与梯形图相比,它能实现复杂的数学运算,编写的程序非常简洁和紧凑。在大中型的PLC系统中,常采用结构化文本来描述控制系统中各个变量的关系,主要用于其他编程语言较难实现的用户程序编制。

总之,梯形图是使用得最多的图形编程语言,被称为PLC的第一编程语言。梯形图的编程方式与传统的继电器—接触器控制系统电路图非常相似,直观形象,很容易被工程熟悉继电器控制的电气人员所掌握,特别适用于开关量逻辑控制,不同点是它的特定的元件和构图规则。这种表达方式特别适用于比较简单的控制功能的编程。例如:图9-8(a)所示的继电器控制电路,图9-8(b)所示的PLC完成其功能的梯形图。

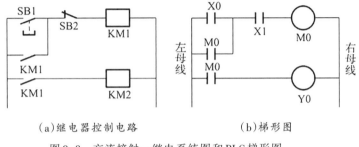

(a)继电器控制电路　　　　　　　　(b)梯形图

图9-8　交流接触—继电系统图和PLC梯形图

梯形图是由触点、线圈和应用指令等组成。触点代表逻辑输入条件,比如按钮、行程开关、接近开关和内部条件等。线圈代表逻辑输出结果,用来控制外部的指示灯、交流接触器和内部的输出标志位等。

梯形图的编程方法的要点:梯形图按自上而下、从左到右的顺序排列。每个继电器线圈为一个逻辑行,即一层阶梯。每一逻辑行起于左母线,然后是触点的各种连接,最后终止于继电器线圈,右母线有无均可。整个图形呈阶梯状。梯形图是形象化的编程手段。梯形图的左右母线是不接任何电源的,因而梯形图中没有真实的物理电流,而只有"概念"电流。"概念"电流只能从左到右流动,层次的改变只能先上后下。

尽管可编程控制器已获得广泛的应用,但是到目前为止,仍没有一种可以让各个厂家生产的PLC相互兼容的编程语言,且指令系统也是各自成体系,有所差异。如美国A-B公司的PLC采用梯形图编程方式,西门子公司PLC采用结构化编程方式。本章主要以日本三菱公司生产的Q系列可编程序控制器为例,详细介绍PLC的指令系统和梯形图、指令表、顺序功能图编程方法,其他方法不再赘述。

任务二 FANUC 0C PLC-L 基本编程的认识

本节以 FANUC 0C 系统的 PLC-L 为例,对其可编程控制器 PLC 的指令系统进行介绍。FANUC 可编程控制器称为可编程机床控制器 PMC(Program Machine Controller),专为数控机床设计。在 FANUC 系统的 PMC 中,规格型号不同时,只是功能指令的数目有所不同,而指令系统是完全相同的。FANUC 系统的 PLC 有 PLC-L 和 PLC-M 两种规格。后者在功能上强于前者。PLC 采用多种编程语言,有梯形图、指令语句表、逻辑代数和高级语言等。不同的 PLC 产品可能拥有其中一种、两种或全部的编程方式。

下面是两种常用的编程语言。

一、梯形图

梯形图在形式上类似于继电器控制电路,是 PLC 的主要编程语言。它沿用了继电器、触点、串联、并联等图形符号,图 9-9 给出了梯形图与继电器原理图中几个元件的比较。梯形图如图 9-10 所示(图 9-11 是相应的接线图),图中每个触点和线圈都对应一个编号。梯形图每一个继电器线圈为一个逻辑行,每一行起始于左母线,然后从左到右是各触点的连接,最后终止于继电器输出线圈,有的还加上一条右母线。图 9-11 实现的功能为,当按下 SB1 按钮时,常开触点 0001 闭合,输出继电器线圈 0500 接通,接触器 KM1 线圈带电。

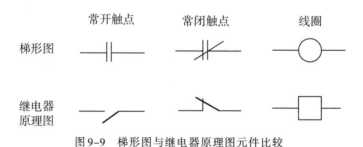

图9-9 梯形图与继电器原理图元件比较

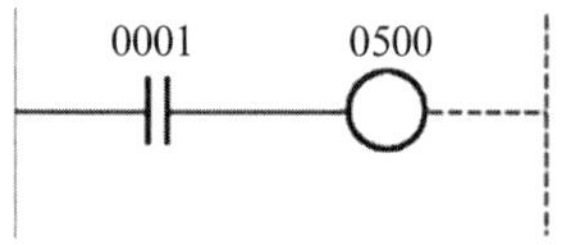

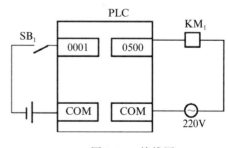

图9-10 梯形图

图9-11 接线图

必须指出,梯形图与继电器控制电路有着严格的区别。

梯形图中的继电器不同于继电器控制电路中的物理继电器,如前所述,它是PLC内部的一个存储单元,以存储单元的状态"0""1"分别表示继电器线圈的"断""通",故称为"软继电器"。由于触发器的状态可读取任意次,软继电器的触点也可以认为有无数个,而实际继电器的触点是有限的。

梯形图中只出现输入继电器的触点(如图9-10中0001输入触点),而不出现其线圈。因为输入继电器是由外部输入驱动,而不能由内部其他继电器的触点驱动,输入继电器的触点只受相应的输入信号控制。

PLC工作时,按梯形图从左到右、从上到下逐一扫描处理,不存在几条并联支路同时动作的因素。而继电器控制电路中各继电器均受通电状态的制约,可以同时动作。

二、指令语句表

指令语句表是用特殊的指令书写的编程语言,也是应用得很多的一种PLC编程语言,PLC指令语句的表达形式为:

地址　指令　数据

地址是指令在内存中存放的顺序代号。指令用助记符表示,它表明PLC要完成的某种操作功能,又称编程指令或编程命令。数据为执行某种操作所必需的信息,对某种指令也可能无数据。

PLC-L有两类指令:基本指令组和功能指令组。在机床用户程序设计时,使用最多的是基本指令组。基本指令组共有12条指令。功能指令用于机床特殊运行控制的编程,功能指令组有35条指令。

(一)基本指令

基本功能指令组共有12条,指令及处理内容如表9-1所示。

表9-1　PLC-L基本指令表

序号	指令	处理内容
1	RD	读指令信号的状态,并存入ST0中,在一个梯形图开始的节点是常开节点时使用
2	RD.NOT	将信号的"非"状态读出,并存入ST0中,在一个梯形图开始的节点是常闭点时使用
3	WRT	输出运算结果(ST0的状态)到指定地址
4	WRT.NOT	输出运算结果(ST0的状态)到"非"状态指定地址
5	AND	将ST0的状态与指定地址的信号进行"与"运算后,再存入ST0中
6	AND.NOT	将ST0的状态与指定地址的信号的"非"状态进行"与"运算后,再存入ST0中
7	OR	将指定地址的信号状态与ST0进行"或"运算后,再存入ST0中

续表

序号	指令	处理内容
8	OR.NOT	将指定地址的信号状态取"非"与ST0进行"或"运算后,再存入ST0中
9	RD.STK	堆栈寄存器左移一位并将指定地址的状态存入ST0中
10	RD.NOT.STK	堆栈寄存器左移一位并将指定地址的状态取"非"存入ST0中
11	AND.STK	将ST0和ST1的内容进行"与"运算,结果存入ST0,堆栈寄存器右移一位
12	OR.STK	将ST0和ST1的内容进行"或"运算,结果存入ST0,堆栈寄存器右移一位

基本指令格式如下:

地址号的前面必须有一个字母,它表示信号的种类,具体见表9-2。

表9-2 地址号的字母代号

符号	信号的种类	符号	信号的种类
X	PLC接收从机床来的信号	G	PLC向NC系统输出的信号
Y	PLC向机床输出的信号	R	内部继电器
F	PLC接收从NC系统来的信号	D	保持型存储器的数据

(1)读入信号指令RD

格式:RD ◯◯◯◯ · ◯
　　　　　地址号　　　位号

例如:RD X2.1。

功能:读出指定地址的信号状态,并存入ST0中。

信号范围:X、Y、F、G、R、D。

梯形图表达形式:

(2)读入信号"非"指令RD.NOT

格式:RD.NOT ◯◯◯◯ · ◯
　　　　　　　地址号　　　位号

例如:RD.NOT Y48.1。功能:将指定地址的状态取"非"读出,并存入ST0中。信号范围:X、Y、F、G、R、D。

梯形图表达方式:

（3）写入指令

WRT格式：WRT

功能：将逻辑运算结果输出到指定地址。信号范围：Y、G、R、D。

梯形图表达形式：

（4）写入"非"指令

WRT.NOT格式：

WRT.NOT

例如：WRT.NOT Y48.1。功能：将逻辑运算结果取"非"之后输出到指定地址。信号范围：Y、G、R、D。梯形图表达形式：

（5）"与"操作指令

AND格式：

AND

例如：AND F149.1。功能：将ST0的状态与指定地址的信号状态进行"与"操作后,存入ST0。信号范围：X、Y、F、G、R、D。

梯形图表达形式：

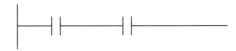

（6）与"非"操作指令 AND.NOT

AND格式：

AND.NOT

功能：将ST0的状态与指定地址的信号的"非"状态进行"与"操作,存入ST0。

信号范围：X、Y、F、G、R、D。

梯形图表达形式：

（7）"或"操作指令 OR

OR 格式：

OR ◯◯◯◯·◯
　　　　地址号　　位号

功能：将 ST0 的状态与指定地址的信号状态进行"或"操作后，存入 ST0。

信号范围：X、Y、F、G、R、D。

梯形图表达形式：

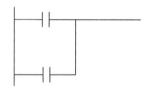

（8）"或非"操作指令 OR.NOT

OR.NOT 格式：

OR.NOT ◯◯◯◯·◯
　　　　　地址号　　位号

功能：将 ST0 的状态与指定地址的信号的"非"状态进行"与"操作，存入 ST0。

信号范围：X、Y、F、G、R、D。

梯形图表达形式：

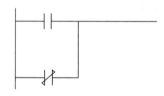

（9）位移读入指令 RD.STK

RD.STK 格式：

RD.STK ◯◯◯◯·◯
　　　　　地址号　　位号

功能：堆栈寄存器左移一位，并将指定地址的状态存入 ST0。

信号范围：X、Y、F、G、R、D。

梯形图表达形式：

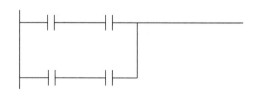

将堆栈左移一位(即将A与B逻辑"与"的结果从ST0移到ST1),然后将C的状态存入ST0。

(10)位移读入取非指令RD.NOT.STK

RD.NOT.STK格式:

功能:堆栈寄存器左移一位,并将指定地址的状态取"非",然后存入ST0。

信号范围:X、Y、F、G、R、D。

梯形图表达形式:

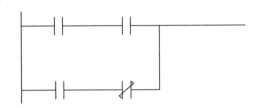

将堆栈左移一位(即将A与B逻辑"与"的结果从ST0移到ST1),然后将C的状态取非存入ST0。

(11)"与"操作与位移指令AND.STK

AND.STK格式:

功能:放在ST0的运算结果与放在ST1的运算结果进行逻辑"与",将运算结果存入ST1,寄存器右移一位,然后取到ST0。

信号范围:X、Y、F、G、R、D。

梯形图表达形式:

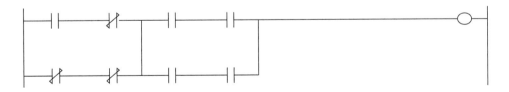

(12)"或"操作与位移指令OR.STK

OR.STK格式:

功能:放在ST0的运算结果与放在ST1的运算结果进行逻辑"或",将运算结果存入ST1,寄存器右移一位,然后取到ST0。

信号范围:X、Y、F、G、R、D。

(二)PMC功能指令

(1)指令编程与显示

FANUC数控系统集成PMC的基本逻辑运算、处理的梯形图程序与通用PLC并无区别,其编程方法可参见后述的程序实例。PMC功能指令是用于定时、计数、比较、多位逻辑运算、算术运算、流程控制等编程指令,这些功能不能通过简单的逻辑"与""或""非"运算实现,因此不能用梯形图的触点、线圈、连线表示,它们需要通过PMC功能指令实现。

在梯形图程序中,功能指令一般需要以"功能框"的形式进行编程,功能框的形式在不同公司生产的PLC上有所不同。例如,FANUC数控系统集成PMC的二进制译码指令DECB功能指令框的基本形式如图9-12所示。为了方便程序编辑、阅读,在通常情况下,编程时所使用的功能指令框与实际梯形图监控显示的功能指令框有所不同。例如,二进制译码指令DECB编程时,一般使用图9-12(a)所示的功能指令框,而CNC的实际梯形图监控显示为图9-12(b)所示功能指令框。功能指令编程时,为了方便、简洁,所有编程元件地址的前0一般都予以省略,功能指令所包含的参数用线框进行逐一分隔;但是,在数控系统的PMC程序编辑页面及梯形图动态监控上,功能指令的编程元件地址前0将被系统自动添加,功能指令所包含的参数在同一框内依次排列。

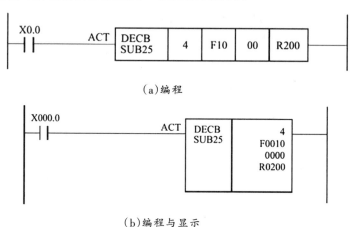

(a)编程

(b)编程与显示

图9-12 功能指令的编程与显示

(2)指令基本格式

FANUC数控系统集成PMC的功能指令由控制条件、指令代码、指令参数、状态输出4部分组成,如图9-13所示,编程要求分别如下。

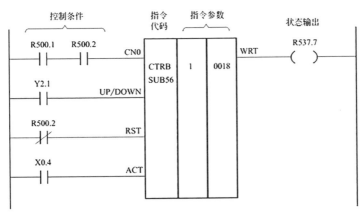

图9-13　功能指令的基本格式

①控制条件。控制条件是功能指令的输入和执行条件,它因指令功能而异。控制条件以英文助记符表示,例如,ACT为指令执行的启动(指令生效)输入,RST为指令复位(状态清除)输入。在所有控制条件中,指令复位输入RST具有最高优先级,如果RST输入ON,即使ACT输入ON,也不能启动和执行功能指令。不同功能指令对控制条件有规定的要求,在PMC编程时不能省略指令规定的控制条件,也不能改变控制条件的数量和先后次序。

②指令代码。指令代码在程序中以英文助记符的形式表示,例如,TMR代表定时指令、CTRC代表回转计数指令等。FANUC数控系统集成PMC的常用功能指令可参见后述的功能指令一览表。从某种意义上说,功能指令实际是数控系统生产厂家预先设计的参数化PMC子程序,执行功能指令相当于调用了某一参数化PMC子程序,因此,在FANUC数控系统上,功能指令还可以用SUB号进行表示。功能指令的SUB号要与指令代码一一对应,例如:可变计数器的指令代码为CTR,对应的SUB号为SUB5;固定计数器的指令代码为CTRB,对应的SUB号为SUB56。

③指令参数。指令参数(简称参数)是功能指令执行所需要的操作数,参数的数量、意义因功能指令而异,多字节、多字操作的功能指令需要定义多个参数,而程序结束END、空操作NOP等简单功能指令则不需要参数。

不同功能指令对参数格式、次序都有规定的要求,PMC编程时不能省略和改变参数的位置。

④状态输出。状态输出是功能指令的执行结果,其内容与指令的功能有关。例如:定时指令的输出相当于延时接通的线圈等;数据传送、程序结束等功能指令无执行状态信息,也就无状态输出;而算术运算、数据比较等指令的结果无法以二进制逻辑状态表示,其执行状态需要通过前述的系统内部继电器R9000~R9005表示。如果功能指令的状态输出为二进制逻辑状态,可直接用输出线圈编程,输出线圈的地址可由编程者自由定

义,在通常情况下,以内部继电器R居多。

(3)数据存储格式

功能指令的参数可以为常数,也可以是存储器数据。存储器用于数据存储时,其长度可为1字节、1字(2字节)、双字(4字节)。FANUC数控系统集成PMC的数据存储器的起始字节原则上应为偶数,起始字节用来存储多字节数据的低字节。例如:当字节操作指令指定 D200时,它代表D200的8位二进制数据D200.0~D200.7;当字操作指令指定D200时,则代表D200、D201所存储的16位二进制数据D200.0~D200.7和D201.0~D201.7;当双字操作指令指定D200时,则代表D200~D203所存储的4字节数据。

FANUC数控系统集成PMC常用的数据格式有BCD、二进制(十六进制)两种,数据存储格式分别如下。

①BCD格式。十进制正整数可采用BCD格式存储,存储格式如图9-14所示。数据以BCD格式存储时,数据寄存器的起始字节用来保存十位、个位,高字节用来保存千位、百位,依次类推。1字节数据寄存器的数据存储范围为0~99,1字长数据寄存器的数据存储范围为0~9999,双字长数据寄存器的数据存储范围为0~99999999。

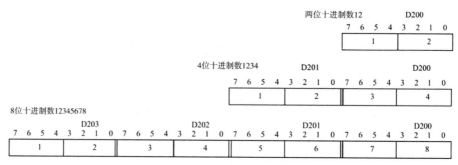

图9-14 十进制数据存储格式

②二进制格式。二进制格式的数据寄存器可存储带符号整数,数据存储格式如图9-15所示。

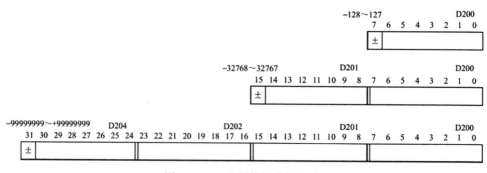

图9-15 二进制数据存储格式

数据以二进制格式存储时,存储器的起始字节为数据低8位(2^7~2^0),高字节为高8位(2^{15}~2^8),依次类推,最高位为符号位。1字节数据寄存器的数据存储范围为-128~127;1字长数据寄存器的数据存储范围为-32768~32767;为了进行BCD与二进制转换,双字长数据寄存器的二进制数据范围一般为-99999999~$+99999999$。

(4)功能指令总表

FANUC数控系统集成PMC可以使用的功能指令与数控系统生产时间、规格及PMC功能配置有关,常用的功能指令如附录B所示。

任务三 PLC控制系统设计方法

PLC是在电气控制技术和计算机技术的基础上发展而来的,因此其程序的设计是计算机程序设计与电气控制设计思想结合的产物,在设计方法上与计算机设计和电气控制设计既有相同点,也有不同点。PLC程序设计是对开关量控制系统程序的设计,有几种常用方法。在实际程序设计时,可根据控制系统的类型及复杂程度采用相应的设计方法,以达到最佳的控制效果。

一、PLC程序的经验设计法

(一)基本方法

经验设计法顾名思义就是依据设计者的经验进行设计的方法。设计者需要掌握大量的控制系统的实例和典型的控制程序,用经验设计法在设计程序时,将生产机械的运动分成各自独立的简单运动,分别设计这些简单运动的控制程序,在基本的控制程序基础上,设置必要的联锁和保护环节。经过多次反复的调试和修改,增加一些中间编程元件和触点,最后才能完善梯形图。这种方法没有普遍的规律可以遵循,具有很大的试探性和随意性,最后的结果不是唯一的,设计所用的时间、设计的质量与设计者的经验有很大的关系,一般用于逻辑关系较简单的梯形图程序或复杂系统的某一局部程序,如手动程序等。

(二)设计举例

控制送料小车在A、B两地自动往返循环工作,用PLC来实现。如图9-16(a)所示。图中,行程开关SQ1和SQ2分别为小车左行和右行的限位开关,SQ3和SQ4为限位保护开关,小车的左行和右行由电动机拖动。

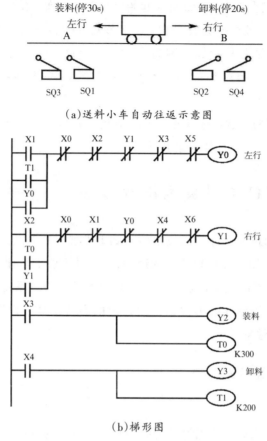

（a）送料小车自动往返示意图

（b）梯形图

图 9-16　送料小车自动控制

控制要求：送料小车在 A 处装料，30s 后装料结束，开始右行，到 B 处碰到行程开关 SQ2 后停下来卸料，20s 后左行，返回 A 处，碰到 SQ1 后又停下来装料，这样不停地循环工作，直到按下停止按钮。

（三）分析控制要求，确定输入输出设备

根据系统的控制要求，系统有启动、停止和到位信号，由此确定系统的输入设备有三个按钮和四个行程开关，PLC 需用 7 个输入点分别与输入设备的常开触头相连；送料小车有正、反两个运动方向，系统有装料和卸料两个动作，由此确定系统的输出设备有两个接触器（控制小车的左行和右行）和两只电磁阀（控制系统装料和卸料），PLC 应用 4 个输出继电器分别驱动正、反转接触器的线圈和两个电磁阀线圈。

（四）I/O 点分配

根据确定的输入输出设备及输入输出点数，分配 I/O 点数见表 9-3 所示。

表9-3 送料小车输入输出设备及I/O点分配表

输入			输出		
器件符号	功能	输入点	器件符号	功能	输入点
SB0	停止按钮	X0	KM1	左行	Y0
SB1	左行启动	X1	KM2	右行	Y1
SB2	右行启动	X2	YV1	装料	Y2
SQ1	左限位开关	X3	YV2	卸料	Y3
SQ2	右限位开关	X4			
SQ3	左限位保护	X5			
SQ4	右限位保护	X6			

(五)程序设计

小车的左行和右行由电动机的正、反转来拖动,要完成这一动作可采用电动机正反转基本控制程序;在电动机正反转控制程序的基础上,为使小车自动停止,将X3、X4的常闭触点分别与Y0、Y1的线圈串联;为了使小车自动启动,将控制装、卸料延时的定时器T1、T0的常开触点,分别与手动启动左行和右行的X1、X2的常开触点并联;为了小车到达位置后自动装、卸料,将两个限位开关对应的输入X3、X4的常开触点分别接通装料、卸料电磁阀和相应定时器。如果小车正在运行时,按停止按钮SB0,小车将停止运动,系统停止工作。根据以上的分析,设计出满足要求的梯形图程序如图9-16(b)所示。

二、PLC程序的替代设计法

(一)基本方法

所谓替代设计法,就是根据继电器电路图来设计梯形图,即将继电器电路图"翻译"为具有相同功能的PLC的外部硬件接线图和梯形图,因此又称这种设计方法为"移植设计法"或"翻译法"。通常用在旧设备改造中,用PLC来改造继电器控制系统。

基本设计步骤如下:

(1)根据继电器控制电路图分析和掌握控制系统的控制功能。

(2)确定PLC的I/O端点的输入器件和输出负载,画出PLC的I/O外部接线图。继电器控制电路中的执行元件(如交直流接触器、电磁阀、指示灯等)与PLC的输出继电器对应;继电器电路中的主令电器(如按钮、位置开关、转换开关等)与PLC的输入继电器对应;热继电器的触点可作为PLC的输入,也可接在PLC外部电路中,主要是看PLC的输入点是否富余。注意处理好PLC内、外触点的常开和常闭的关系。通常采用常开按钮作为停止按钮,但为了保持原有设备不变,也可采用原常闭按钮作为停止按钮,编程时可先按输入设备为常开来设计,然后将梯形图中对应的输入继电器触点取反(常开改成常闭、常闭改成常开)。

（3）确定PLC内部器件。继电器控制电路中的中间继电器KA与PLC的辅助继电器M相对应，继电器控制电路中的时间继电器KT与PLC的定时器T或计数器C相对应。但要注意：时间继电器有通电延时型和断电延时型两种，而通常定时器只有"通电延时型"一种。

（4）根据对应关系，将继电器控制电路图"翻译"成对应的"准梯形图"，再根据梯形图的编程规则将"准梯形图"转换成结构合理的梯形图。对于复杂的控制电路可化整为零，先进行局部的转换，最后再综合起来。

（5）对转换后的梯形图仔细校对，认真调试。

（二）设计举例

有三台电动机的顺序启动继电器控制电路，其电气控制线路如图9-17所示，根据该继电器控制线路，可以很方便地写出其用PLC控制的梯形图程序。三台电动机的顺序启动PLC的I/O接线图和梯形图如图9-18所示。

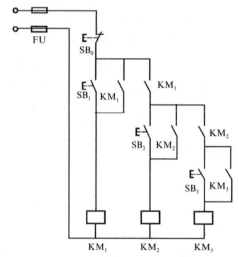

图9-17 三台电动机顺序启动继电器控制电路

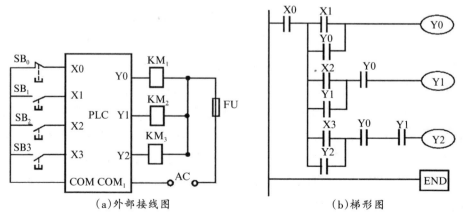

（a)外部接线图 （b)梯形图

图9-18 三台电动机顺序启动 PLC 控制电路

移植设计法主要用来对原有机电控制系统进行改造,主电路、照明电路和指示电路保持不变,只是控制电路功能由 PLC 实现,对于操作工人来说,除了控制系统的可靠性提高之外,改造前后的系统没有什么区别,他们不用改变长期形成的操作习惯。而且这种方法一般不需要改动控制面板及器件,从而可以减少硬件改造的费用和改造的工作量。

三、PLC 程序的逻辑设计法

由于电气控制线路与逻辑代数存在一一对应的关系,因此对开关量的控制过程可用逻辑代数式表示、分析和设计。逻辑设计法首先根据控制要求列出逻辑代数表达式,然后对逻辑代数式进行化简,最后根据化简后的逻辑代数表达式画出梯形图。逻辑函数中的"与"、"或"、"非"三种基本运算与梯形图的对应关系如图 9-19 所示。逻辑函数根据输入和输出关系可分为组合逻辑和时序逻辑两种。这种设计方法既有严密可循的规律性,明确可行的设计步骤,又具有简便、直观和规范的特点。逻辑设计法可分为组合逻辑设计法和时序逻辑设计法两种。

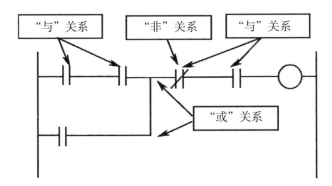

图 9-19   PLC 梯形图中的"与""或""非"的逻辑关系

(一)基于组合逻辑类的程序设计法

组合逻辑是数字电路中的概念,它的特点是输出只与输入有关,输入输出都可有多个。下面以具体的实例(三控开关 PLC 程序设计)来说明组合逻辑设计方法。

控制要求:3 个开关位于 3 个不同的位置,要求在任意位置均可控制同一盏灯的亮灭,即若灯是开的,任何一个开关均可将其关闭;若灯是关闭的,任何一个开关均可将其打开。

输入:X0、X1、X2 分别代表三个自锁型按钮,若按下,则为 1;若松开,则为 0。

输出:Y0 代表控制灯的亮灭。

设计方法:根据控制要求可知,在输入全为 0 时,即第一次运行前,输出 Y 应为 0,灯不亮;当有任一按钮按下时,灯应该亮,由真值表第 2、3、5 行实现,当有任一按钮按下后,再按一下松开时,则返回真值表第 1 行状态,灯关闭;若已有 2 个按钮按下则灯关闭,由真值表第4、6、7行实现,若再按其中一个,按钮松开时,则返回真值表第2、3、5行状态,灯亮;若3个按钮都按下,则灯应该打开,由真值表8行实现,若其中任意按钮按下松开时,则返回真值表第4、6、7行状态,灯关闭。状态转换真值表如表9-4所示。

表9-4　三控开关的状态转换真值表

序号	输入			输出
	X0	X1	X2	Y0
1	0	0	0	
2	0	0	1	1
3	0	1	0	1
4	0	1	1	0
5	1	0	0	1
6	1	0	1	0
7	1	1	0	0
8	1	1	1	1

根据表9-4,可将输出量与输入量的关系用逻辑表达式表示如下。

$$Y0 = \overline{X0} \cdot \overline{X1} \cdot X2 + \overline{X0} \cdot X1 \cdot \overline{X2} + X0 \cdot \overline{X1} \cdot \overline{X2} + X0 \cdot X1 \cdot X2 \qquad 式(9-1)$$

根据逻辑表达式画出梯形图,如图9-20所示。

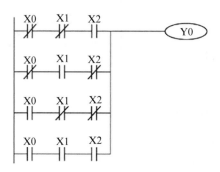

图9-20　三控开关梯形图程序

(二)基于时序逻辑的程序设计方法

时序逻辑的特点是,输出与输入及输出的上一次输出状态有关,不像组合逻辑只与输入有关。这个特点在梯形图中是很容易实现的,由于梯形图是从上往下、从左往右执行的,每运行一次称为一个扫描周期,输出以触点的形式表现出来的则一定是上一次扫描周期的运行结果,输出以线圈的形式表现出来的则一定是本次扫描将会有的输出。因此,输出是根据上一次输出即触点的结果进行下一次输出。

根据数字电路中时序电路的有关概率,可以称梯形图中输出以触点的形式表现的为输出的“现态”,输出线圈则称为“次态”,这样就可以实现时序类梯形图设计。

时序类逻辑转化为梯形图必须遵守以下的原则：

对于具有单输出的时序类，从真值表转换为梯形图时，可沿用组合逻辑类的方法，而且可以进行逻辑表达式的化简。

对于具有多输出的时序类，则要注意一定是在"现态"有关变量运行完之后再赋值给"次态"输出线圈，为此需要引入中间变量，即将"现态"有关变量运行结果赋值给中间变量，由中间变量再赋值给"次态"输出线圈，而且每个"次态"输出线圈在梯形图中只能出现一次，只有这样才能体现"次态"是输入与"现态"的函数。

如果有多个真值表对相同的输出线圈进行控制，则需以"或"的形式并接在输出线圈的赋值回路中（因一般情况输出线圈只能出现一次）。

如果要进行逻辑表达式的化简，则只能以中间变量为输出进行，否则有可能出现"次态"以"现态"的形式参与运行，从而会导致错误。

下面通过实例来说明基于时序类的程序设计方法。

1. 液位控制

控制要求：根据液位高低来控制泵的启动与停止，即达到高液位时，泵启动，并保持到低液位；液位低时，泵停止，并保持到高液位。

输入：X0为高液位限位开关，液位高于或等于高液位时，X0为1，否则为0；X1为低液位限位开关，液位低于或等于低液位时，X1为1，否则为0。

输出：Y0为1时，泵启动；Y0为0时，泵停止。

设计方法：根据控制要求，在X0、X1均为0时，输出Y0应保持原来的状态，即若"现态"Y0为0，则"次态"输出也为0，保持停止状态；若"现态"Y0为1，则"次态"输出也为1，保持启动状态；当X0为1、X1为0，即液位高时，泵启动；当X0为0，X1为1，即液位低时，泵停止；若X0、X1同时为1，则可能是液位开关有故障，让泵停止。列出真值表如表9-5所示。

表9-5 液位控制真值表

序号	输入			输出
	X0	X1	Y0（现态）	Y0（次态）
1	0	0	0	0
2	0	0	1	1
3	0	1	X	0
4	1	0	X	1

表9-5中，根据输出Y0为1的行，写出逻辑表达式，其中输入为1的写原变量，输入为0的写反变量，输入为X的省略，可得

$$Y0=\overline{X0}\cdot\overline{X1}\cdot Y0)+X0\cdot\overline{X1} \qquad 式(9-2)$$

化简后得 $$Y0=\overline{X1}\cdot(X0+Y0) \qquad 式(9-3)$$

根据逻辑表达式绘制梯形图,如图9-21所示。

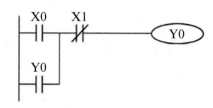

图9-21　液位控制系统梯形图

2. 编写抢答系统控制程序

比赛分三组进行,第一组的桌子上有两个按钮SB11、SB12以及灯L1;第二组的桌子上有一个按钮SB21以及灯L2;第三组的桌子上有SB31、SB32两个按钮以及灯L3。

控制要求:竞赛者要回答主持人的问题需抢先按下自己桌上的按钮使灯亮,这时,其他两组按钮即使按下,也不会起作用,相应的指示灯也不会亮。桌上的指示灯亮后要主持人按下复位键SB41后才熄灭,第一组SB11和SB12任何一个按钮按下灯L1亮,第二组按下SB21灯L2亮,第三组SB31和SB32同时按下灯L3才亮。

PLC的I/O分配表见表9-6。

表9-6　三人抢答器输入输出分配表

输入输出设备	SB11	SB12	SB21	SB31	SB32	SB41	L1	L2	L3
PLC I/O	X0	X1	X2	X3	X4	X5	Y0	Y1	Y2

根据控制要求可知,该系统为多输出的时序类,Y0 线圈得电的逻辑表达式为

$$Y0=(X0+X1+Y0)\cdot\overline{X5}\cdot\overline{Y1}\cdot\overline{Y2} \qquad 式(9-4)$$

Y1线圈得电的逻辑表达式为

$$Y1=(X2+Y1)\cdot\overline{X5}\cdot\overline{Y0}\cdot\overline{Y2} \qquad 式(9-5)$$

Y2线圈得电的逻辑表达式为

$$Y2=(X3\cdot X4+Y2)\cdot\overline{X5}\cdot\overline{Y0}\cdot\overline{Y1} \qquad 式(9-6)$$

根据逻辑表达式绘制梯形图,如图9-22所示。

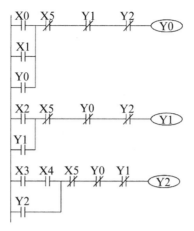

图 9-22　三人抢答器梯形图程序

任务四　FANUC LADDER-Ⅲ编程软件

FAPT LADDER-Ⅲ软件(简称FLADDER-Ⅲ)是FANUC公司的
PMC程序开发工具软件。

FANUCLADDER-Ⅲ
编程软件的操作

一、LADDER-Ⅲ基本操作

(一)LADDER-Ⅲ的启动与结束

1. 启动FLADDER-Ⅲ的步骤

(1)使用Windows操作系统的"开始"菜单。

(2)选择"开始"菜单的"所有程序"→"FAPT LADDER-Ⅲ"选项。

(3)在"FAPT LADDER-Ⅲ"选项上点击鼠标左键,即启动FAPT LADDER-Ⅲ软件。
当软件正常启动后,显示如图9-23所示的软件主界面。

2. 结束FLADDER-Ⅲ的两种方法

(1)选择"文件"菜单中的"结束";

(2)鼠标左键点击图9-23所示主界面右上角×按钮。

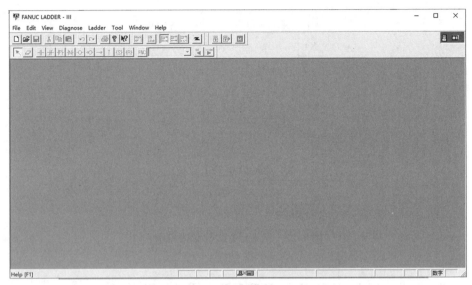

图9-23　FAPT LADDER-Ⅲ软件主界面

(二)LADDER-Ⅲ窗口及功能

在FAPT LADDER-Ⅲ软件的主窗口可以显示多个子窗口,软件界面如图9-24所示。在FAPT LADDER-Ⅲ软件中有快捷键F1~F9,在界面上有提示信息,如F1为Help(帮助),F2为Down Coil Search(向下搜索线圈)。

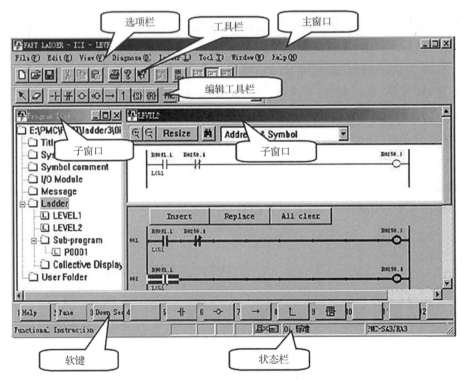

图9-24　FAPT LADDER-Ⅲ软件界面

二、创建和编辑PMC程序

(一)创建一个新程序

创建一个新程序的步骤如下：

(1)选择FAPT LADDER-Ⅲ软件"File(文件)"菜单，鼠标左键点击"New Program(新建程序)"，弹出如图9-25所示的新建程序对话框。

(2)鼠标左键点击"Browse…(浏览)"新建或选择程序存放的文件夹，然后在"Name(程序名)"栏输入程序名，后缀.LAD可以忽略。

(3)在"PMC Type(PMC类型)"下拉式列表框中选择所使用的PMC类型。

(4)如果使用第3级梯形图，则勾选"LEVEL3 Program Using"控制框，如图9-26所示。

(5)如果需要，还可以修改I/O LINK的通道数；对"Extended function(扩展功能)"和"Extended Instruction(扩展指令)"进行勾选。

(6)鼠标左键点击"OK"按钮，完成新程序创建。

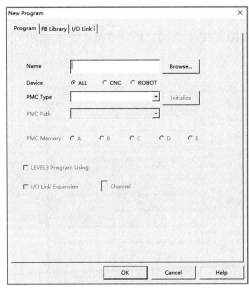

图9-25 新建程序对话框

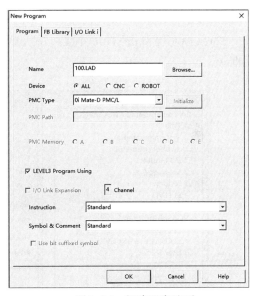

图9-26 新建程序选项

(二)打开一个已创建的程序

打开一个已创建程序的步骤如下：

(1)选择FAPT LADDER-Ⅲ软件"File(文件)"菜单，鼠标左键点击"Open Program(打开程序)"，弹出如图9-27所示的打开程序对话框。

(2)选中程序文件，如图9-27中"辅助功能程序.LAD"，然后鼠标左键点击"打开(O)"按钮，即打开已创建的程序"辅助功能程序.LAD"。

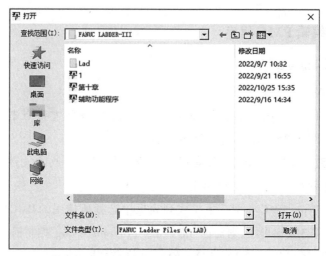

图9-27　打开程序对话框

（三）编辑标题

编辑标题的步骤如下：

（1）显示"Program List（程序清单）"对话框，如图9-28所示。

（2）鼠标左键双击"Title（标题）"栏，显示如图9-29所示的"Edit Title（编辑标题）"对话框。

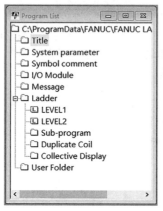

图9-28　程序清单对话框

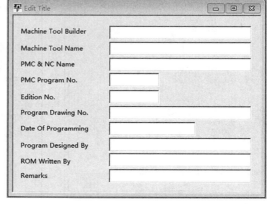

图9-29　编辑标题对话框

（四）编辑符号和注释

编辑符号和注释的步骤如下：

（1）显示"Program List（程序清单）"对话框，如图9-30所示。

（2）鼠标左键双击"Symbol comment（符号注释）"栏，显示如图9-31所示的"Symbol Comment Editing（符号注释编辑）"对话框。

（3）在图9-31所示对话框中选择要编辑的信号，点击"N"按钮，出现如图9-32所示的新数据输入对话框，然后输入"Symbol（符号）"、"Relay Comment（继电器注释）"、"Coil

Comment(线圈注释)"。输入完毕,点击"OK",确认已输入的数据;点击"Cancel",关闭新数据输入对话框。

图9-30 项目清单

No.	Address	Symbol	Use	FirstComment	SecondComment
*1	X0008.0	+X_L.K	2		
*2	X0008.1	+Z_L.K	2		
*3	X0008.2	-X_L.K	2		
*4	X0008.3	-Z_L.K	2		
*5	X0008.4	ESP.K	1	JT	
*6	X0008.7	GUOZAI.K	1	DAOJIAGUOZAI	
*7	X0010.0	T1	1		
*8	X0010.1	T2	1		
*9	X0010.2	T3	1		
*10	X0010.3	T4	1		
*11	X0010.4		-		
*12	X0010.5		-		
*13	X0011.0	-X.K	1		
*14	X0011.1	CCSF.K	3		
*15	X0011.2	LAMP.K	2		
*16	X0011.3	LBT.K	2		
*17	X0011.4	COOL.K	2		
*18	X0011.5	+Z.K	1		
*19	X0011.6	KSBL.K	1		
*20	X0011.7	-Z.K	1		
*21	X0015.0	REN.K	4		
*22	X0015.1	MH.K	2		
*23	X0015.2	JOG.K	3		
*24	X0015.3	AUTO.K	2		
*25	X0015.4	MDI.K	1		
*26	X0015.5	EDIT.K	3		
*27	X0015.6	100%/1000.K	2		
*28	X0015.7	CHENGXUCHONGQI.K	2		
*29	X0016.0	+X.K	1		
*30	X0016.1	JG.A.K	1		
*31	X0016.2	JG.B.K	1		
*32	X0016.3	JG.E.K	1		
*33	X0016.4	JG.F.K	1		
*34	X0016.5	SP.A.K	3		
*35	X0016.6	SP.B.K			

Registered sy
- Machine signa
  - X
  - Y
- NC interface
  - F
  - G
- PMC paramet
  - C
  - K
  - D
  - T
- etc

图9-31 符号注释编辑对话框

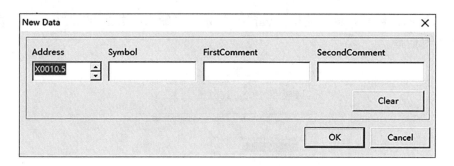

图9-32 新数据对话框

（五）编辑信息

编辑信息的步骤如下：

（1）鼠标左键双击"Program List（程序清单）"对话框的"Message（信息）"栏，显示如图9-33所示的"Message Editing（信息编辑）"对话框。

（2）在相应的信息请求地址栏，输入信息号和信息字符。如在地址A0.0一栏，输入信息"2000 EMERGENCY STOP"。

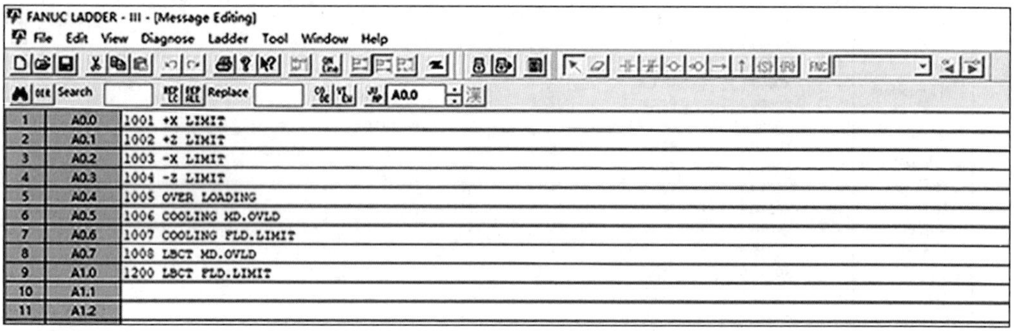

图9-33 信息编辑对话框

（六）编辑I/O模块地址

编辑I/O模块地址的步骤如下：

（1）鼠标左键双击"Program List（程序清单）"对话框的"I/O Module（I/O模块）"栏，显示如图9-34所示的"Edit I/O Module（编辑I/O模块）"对话框。

（2）鼠标左键双击"Edit I/O Module（编辑I/O模块）"对话框中的信号地址X0004（I/O模块的首地址），出现如图9-35所示的"Module（模块）"对话框。

（3）选择I/O模块的种类，自动给该模块分配字节长度。也可以直接指定字节长度。

（4）输入或编辑模块的组号、基座号、插槽号。

（5）点击"OK"，确认输入，完成分配。

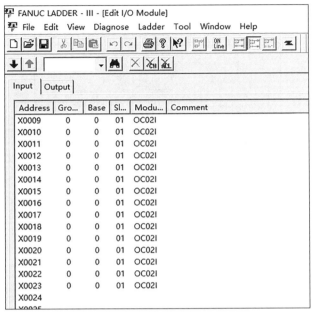

图 9-34　编辑 I/O 模块对话框

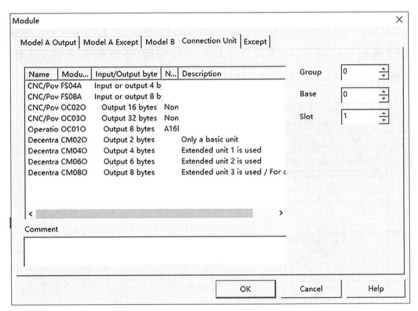

图 9-35　模块对话框

（七）编辑系统参数

编辑系统参数的步骤如下：

（1）鼠标左键双击"Program List（程序清单）"对话框的"System parameter（系统参数）"栏，显示如图 9-36 所示的"Edit System Parameter（编辑系统参数）"对话框。

（2）从"Counter Data Type（计数器数据类型）"栏，勾选"BINARY（二进制）"或"BCD"。

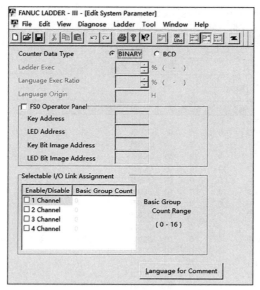

图9-36　编辑系统参数对话框

（八）编辑梯形图

编辑梯形图的过程或步骤大致如下：

（1）鼠标左键双击"Program List（程序清单）"对话框的"LEVEL1（第1级程序）"栏或"LEVEL2（第2级程序）"栏等，开始对所选程序进行编辑，如图9-37所示，该画面是对第1级程序的编辑。

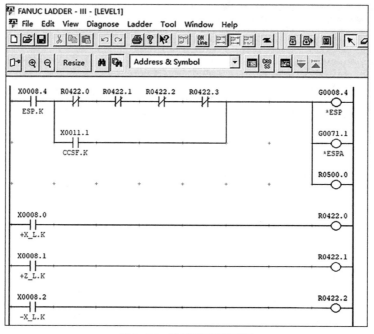

图9-37　梯形图编辑画面

（2）在如图9-37所示梯形图编辑画面,单击鼠标右键,会弹出如图9-38所示的"编辑工具画面",可以选择插入元件、行、网络等,可以选择删除元件、网络等,可以进行地址查找,可以进行双线圈检查等操作。

Find	
Address Map	Ctrl+M
Cross-reference	Ctrl+J
Insert	
Delete	
⊣⊢ RD	F4
⊣/⊢ RD.NOT	Shift+F4
⊸○⊸ WRT	F5
⊸●⊸ WRT.NOT	Shift+F5
SET	F6
RESET	Shift+F6
└ Left Vertical Link	F7
┘ Right Vertical Link	Shift+F7
→ Horizontal Link	F8
Function	F9
Duplicate Coil Check	
Add to Trace	
Cursor Info	

图9-38　编辑工具画面

（3）需要输入触点或线圈等元件时,在编辑工具栏用鼠标先选中元件类型,然后在程序编辑区编辑位置鼠标左键点击一下,该选中的元件即出现在程序编辑区。接下来,就可以输入该元件的地址或符号,如图9-39所示的X0.1常开触点。

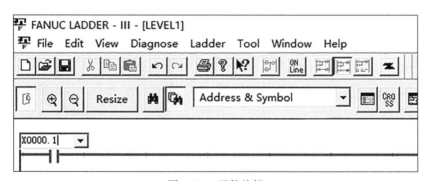

图9-39　元件编辑

（4）需要编辑功能指令时,下拉展开"功能指令对话框",选择所要输入的功能指令,如图9-40所示,选择TMR功能指令。然后编辑功能指令的控制条件和参数等。

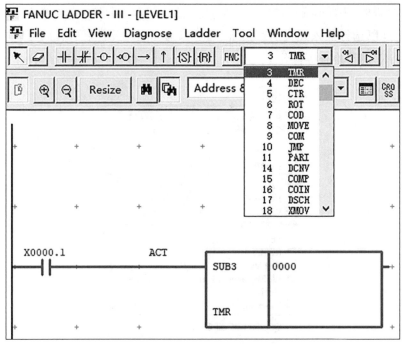

图9-40　功能指令选择对话框

（5）当输入或编辑的程序网络未完成时，该程序网络显示红色；当程序网络编辑完成后，梯形图程序网络自动变成黑色。

（九）保存程序

保存程序的步骤如下：

（1）选择菜单栏"File（文件）"，点击"Save as（另存为）"，出现如图9-41所示的程序保存画面。

（2）在"文件名"栏输入需要保存的文件名，也可以选中已经存在的文件名，然后鼠标左键点击"保存"，将弹出如图9-42所示的保存选项选择画面。

（3）在图9-42所示的保存选项选择画面，进行适当勾选，然后鼠标左键点击"OK"，即完成程序的保存。

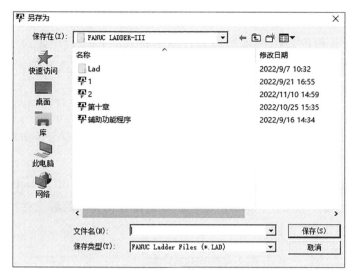

图9-41 程序保存文件名输入画面

图9-42 程序保存选项选择画面

(十)导入程序

通过存储卡备份的PMC梯形图称为存储卡格式的PMC程序。由于其为机器语言格式,FAPT LADDER-Ⅲ软件不能直接识别和读取并进行修改和编辑,所以必须通过IMPORT(导入)方式进行格式转换。

导入程序的步骤如下:

(1)运行FAPT LADDER-Ⅲ软件,在该软件下新建一个类型与备份的M-CARD格式的PMC程序类型相同的空文件。

(2)选择"File(文件)"菜单中的"Import(导入)",软件会弹出"Select import file type(选择导入文件类型)"对话框,如图9-43所示。根据提示导入的源文件格式,选择"Memory-card Format File"格式,然后点击"Next"。

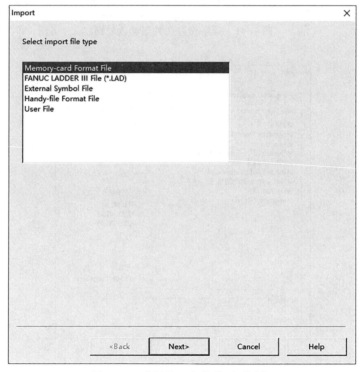

图9-43　选择导入文件类型对话框

(3)然后弹出"Specify import file name(指定导入文件名)"对话框,如图9-44所示,找到相应的路径,选择需要导入的文件名,如图中J:\PMC1.001,点击"Finish(结束)",出现"Import completed(导入完成)"信息框后,点击"确定"按钮。

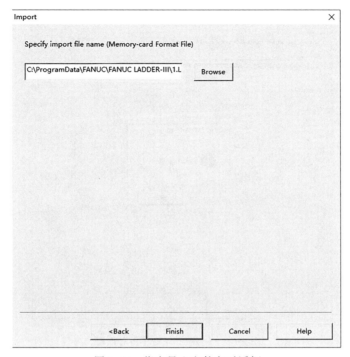

图9-44　指定导入文件名对话框

(十一)导出程序

同样,当在计算机上编辑好的PMC程序也不能直接存储到M-CARD上,也必须通过格式转换,然后才能装载到CNC中。导出程序的操作即是完成此格式转换。其操作步骤如下:

(1)在FAPT LADDER-Ⅲ软件中打开要转换的PMC程序。

(2)在"Tool(工具)"菜单选择"Compile(编译)"将该程序进行编译,如果没有提示错误,则编译成功;如果提示有错误,退出并修改后重新编译,然后保存。

(3)选择"File(文件)"菜单中的"Export(导出)"选项。

(4)在选择"Export(导出)"后,会弹出"Select Export file type(选择导出文件类型)"对话框,提示选择输出的文件类型,选择"Memory-card Format File"格式,然后点击"Next"。

(5)在弹出的"Specify Export file name(指定导出文件名)"对话框中,选择文件路径,输入需要导出的文件名,点击"保存";再次弹出"Specify Export file name(指定导出文件名)"对话框,如图9-45所示,点击"Finish",出现"Export completed(导出完成)"信息框后,点击"确定"按钮,整个导出过程完毕。

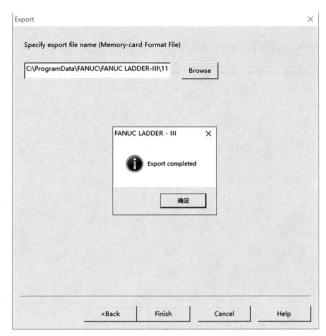

图9-45　指定导出文件名对话框

任务五　FANUC 的系统编程操作

一、在数控系统中查阅梯形图

FANUC 的系统
编程操作机床

（1）在 MDI 键盘上按〖SYSTEM〗键，调出系统屏幕。按〖＋〗扩展软键三次，出现了 PMC 状态和软键功能的简要说明画面。

（2）按〖PMCLAD〗软键，再按〖梯形图〗软键，进入"PMC 梯图"显示画面；可以通过上下翻页键或光标移动键查看所有的程序。

（3）在 LCD 屏幕中，触点和线圈断开（状态为0）以低亮度显示，触点和线圈闭合（状态为1）以高亮度显示；在梯形图中有些触点或线圈是用助记符定义的，而不是用地址来定义，这是在编写 PMC 程序时为了方便记忆，才为地址做的助记符。

（4）按〖操作〗软键→〖＋〗扩展软键→〖设定〗软键，在出现的对话框中通过左右光标键，可以将"地址注释"切换成"符号"或"地址"，选中的一个颜色变为黄色（光标还停留在该选项上），移开之后变为蓝色或无色的状态，蓝色表示已经选中，无色表示没有选择。按下"退出"软键，又可以切换到助记符号显示画面。

二、在梯形图中查找触点、线圈、行号和功能指令

在梯形图中快速准确地查找想要的内容,是日常保养和维修过程中经常进行的操作,必须熟练掌握。

(1)在"PMC梯图"画面中,按下〖搜索〗软键,进入查找画面,如图9-46所示。

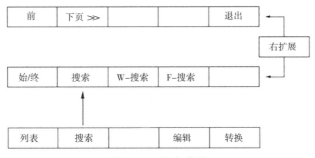

图9-46　搜索菜单

(2)查找的触点,如X9.5。输入X9.5,按〖搜索〗(查找触点)软键;执行后,画面中梯形图的第一行显示的就是所要查找的触点。若我们对梯形图比较熟悉,则可根据梯形图的行号查找触点和线圈,这是另一种快捷方法,也就是我们所说的"行搜索"。如要查找第30行的触点,键入"30",然后按下〖搜索〗软键,这时便可在画面中调出第30行的梯形图。

注意:进行地址X9.5的查找时,会从梯形图的开头开始向下查找,当再次进行X9.5的查找时,会从当前梯形图的位置开始向下查找,直到到达该地址在梯形图中最后出现的位置后,又回到梯形图的开头重新向下查找。

(3)使用〖搜索〗软键,可以查找触点和线圈,而对于线圈的查找还有更快捷的方法。如键入"Y8.3",然后按下〖W-搜索〗软键,画面中梯形图的第一行就将显示所要查找的线圈Y8.3。

(4)系统中同时也可以查找功能指令,如键入"27"(即SUB27)然后按下〖F-搜索〗软键,画面中梯形图的第一行就将显示所要查找的功能指令;查找功能指令与查找触点和线圈的方法基本相同,但其所需键入的内容不同,后者键入的是地址,而前者需要键入的是功能指令的编号。

三、信号状态的监控

(1)信号状态监控画面可以提供触点和线圈的状态。

(2)在MDI键盘上按〖SYSTEM〗键,调出系统屏幕。

(3)按〖+〗扩展软键三次,出现了PMC状态和对软键功能的简要说明画面。

（4）按〖PMCMNT〗软键，在出现的画面中按〖信号〗软键，进入PMC维护中的"PMC信号状态"画面。在此输入所要查找的地址，如键入X9，然后按下〖搜索〗软键，在画面的第一行将看到所要找的地址的状态。

四、PMC程序的编写

（1）对于FANUC数控系统，不但可以在LCD上显示PMC程序，而且可以进入编辑画面，根据用户的需求对PMC程序进行编辑和其他操作。

（2）数控系统上与PMC的编辑有关的操作，选择编辑运行方式，按MDI键盘区的〖SYSTEM〗键→〖＋〗扩展软键三次→〖PMCLAD〗软键，出现图9-47第一行所示的软键画面。如按〖梯形图〗软键→〖操作〗软键→〖编辑〗软键，这样就进入了"PMC梯形图编辑全部"基本画面，如图9-48所示；若再选择〖缩放〗软键，此时就进入"PMC梯形图NET编辑全部"画面，可进行PMC梯形图的编写。一些常用的程序编辑软键，如图9-49所示。

（3）如果程序没有被输入，在LCD上只显示梯形图的左右两条纵线，压下光标键将光标移动到指定的输入位置后，就可以输入梯形图了。由于一般出厂设备已经调试好PMC程序，翻到程序最后一页，在原程序后面练习程序的输入，练习完毕删除自己的程序，注意不要改变原有的PMC程序，以防影响机床的正常工作！

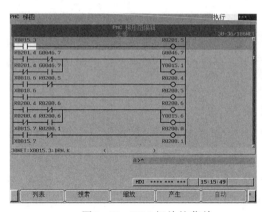

图9-47　PMC相关的菜单

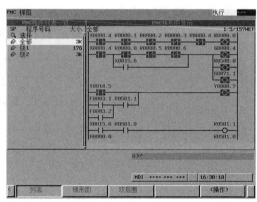

图9-48　编程基本菜单

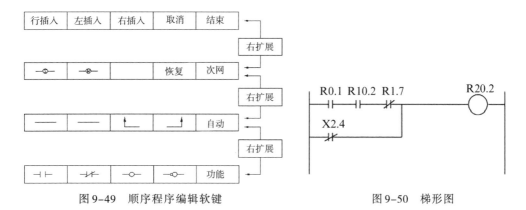

图9-49 顺序程序编辑软键   图9-50 梯形图

（4）如果要输入图9-50所示的梯形图，方法如下：

①将光标移动到程序的起始位置后，按〖产生〗软键，按〖┤├〗软键，〖┤├〗将被输入到光标位置处。

②利用上档键（SHIFT键）、地址键和数字键键入R0.1后，按〖INPUT〗键，在触点上方显示地址，光标右移。

③用上述方法输入地址为R10.2的触点，光标右移。

④按〖＿＿＿〗软键，输入地址R1.7，然后按〖INPUT〗键，在常闭触点上方显示地址，光标右移。

⑤按〖—○—|〗软键，此时自动扫描出一条向右的横线，并且在靠近右垂线附近输入了继电器的线圈符号。输入地址R20.2后，按〖INPUT〗键，光标自动移到下一行起始位置。

⑥按〖—|/|—〗软键，输入地址X2.4；按〖INPUT〗软键，在其上方显示地址，光标右移。

⑦按〖＋〗扩展软键，显示下一行功能软键。

⑧连续按〖＿＿＿〗软键两次，输入水平线，将光标前移一位，再按下〖＿↑〗软键，输入右上方纵线。

注意：在LCD屏幕上每行可以输入7个触点和一个线圈，超过的部分不能被输入；如果在梯形图编辑状态时关闭电源，梯形图会丢失，在关闭电源前应先保存梯形图，并退出编辑画面。

五、功能指令的输入

按图9-49中最后一行的〖功能〗软键，利用方向键将光标移到我们所需要的功能指令上，然后按〖选择〗软键，就可以输入相应的功能指令。根据各功能指令的含义，在指定的位置输入控制条件和功能指令的参数等。

六、顺序程序的编辑修改

（1）如果某个触点或者线圈的地址错了，把光标移到需要修改的触点或线圈处，在MDI键盘上键入正确的地址，然后按下〖INPUT〗键修改地址。

（2）如果要在程序中进行插入操作，按照图9-49的第一行所示，系统显示屏上将显示具有〖行插入〗、〖左插入〗、〖右插入〗、〖取消〗、〖结束〗的画面，在此选择需要插入的功能即可。

（3）如果要在程序中进行删除操作，则将光标移动到需要删除的位置后，可用三种软键进行删除操作：

〖- - - - -〗:删除水平线、触点、线圈、功能指令。

〖↑- - -〗:删除光标左上方纵线。

〖- - -↑〗:删除光标右上方纵线。

七、PMC程序的保存、运行和停止

（1）在MDI键盘上按〖SYSTEM〗键，调出系统屏幕。

（2）按〖+〗扩展软键三次→〖PMCMNT〗软键→〖I/O〗软键调出I/O画面；设定：装置=FLASH ROM，功能=写，数据类型=顺序程序；按〖操作〗软键→〖执行〗软键执行保存操作。

（3）编辑完梯形图程序后，按〖+〗扩展软键→〖结束〗软键→〖+〗扩展软键→〖结束〗软键，此时出现"PMC正在运行真要修改程序吗?"时，选择"是"软键，然后又出现"保存该PMC程序到ROM?"时，选择"是"软键，这样就保存了PMC程序。

（4）按最左侧的返回软键→〖PMCCNF〗软键→〖操作〗软键→〖PMCST.〗软键，出现图9-51所示画面，再按〖操作〗软键，出现图9-52所示画面。画面显示〖启动〗软键，说明PMC程序已经停止运行，按下此键后，"启动"变为"停止"，即开始运行PMC程序；否则，其功能相反。

图9-51　PMC状态功能画面

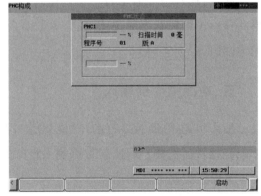

图9-52　PMC程序启停状态画面

匠人锤炼篇

任务六　PLC控制系统设计实训

一、工作任务

有一组自动传输系统,如图9-53所示。两条传输带为防止物料堆积,启动后2号传输带先运行5s后1号传输带再运行,停机时1号传输带先停止,10s后2号传输带才停。

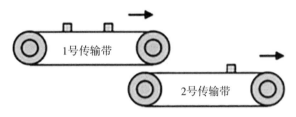

图9-53　自动传输带传送系统

二、工作步骤与要求

(1)对控制任务进行分析,绘制控制流程图或工作时序图。

(2)进行元件地址分配及说明、定时器分配及说明,填入表9-7中。

表9-7　元件地址分配及说明、定时器分配表

序号	电气元件	PLC元件地址	功能说明

（3）电气线路设计，绘制出主电路和PLC接线原理图。

（4）系统梯形图程序设计，绘制出梯形图程序。

（5）模拟运行，程序调试，功能、可靠性验证。

在实验设备上连接线路、输入程序，然后开机运行调试，验证各个按钮按下时元件器件动作是否满足要求，验证其工作安全可靠性。

将验证情况填入表9-8中。

表9-8 验证表

序号	内容	现象

（6）编写PLC设计说明书及实训报告，分析改进措施。每小组选派一名同学报告其新收获或发现的新问题。

项目十　数控机床工作方式PMC编程

项目描述：方式选择信号主要包括MD1、MD2和MD4三个编码信号，可选择7种方式，即程序编辑（EDIT）、存储器运行（MEM）、手动数据输入（MDI）、手轮/增量进给（HANDLE/INC）、手动连续进给（JOG）、JOG示教（TEACHIN JOG）、手轮示教（TEACHIN HANDLE）等。此外，存储器运行（MEM）与DNCI信号结合可选择DNC运行方式。手动连续进给（JOG）方式与ZRN信号的组合，可选择手动返回参考点方式。通过输出操作方式检测信号来通知当前所选的操作方式。

数控机床工作方式PMC编程简介

知识与技能篇

任务一　FANUC PMC编程的认识

一、FANUC PMC

数控系统除了对机床各坐标轴的位置进行连续控制外，还需要对机床主轴正反转与启停、工件的夹紧与松开、刀具更换、工位工作台交换、液压与气动、切削液开关、润滑等辅助工作进行连续控制。现代数控系统均采用可编程序控制器完成。新型数控机床的可编程控制器还可以实现主轴的PMC控制、附加轴（如刀库的旋转、机械手的转臂、分度工作台的转位等）的PMC控制。数控系统中PLC的信息交换是指以PLC为中心，在PLC、CNC和机床两者之间的信息交换。PLC与CNC之间的信息交换分为两部分，其中，CNC传送给PLC的信息主要包括各种功能代码M、S、T的信息，手动/自动方式信息及各种使能信息等；PLC传送给CNC的信息主要包括M、S、T功能的应答信息和各坐标轴对应的机床参考点等。所有CNC送至PLC或PLC送至CNC的信息含义和地址（开关量地址或寄存器地址）均由CNC厂家确定，PLC编程者只可使用，不可改变和增删。同样，PLC与机床之间的信息交换也可分为两部分，其中，由PLC向机床发送的信息主要是控制机床的执行元件，如电磁阀、继电器、接触器及各种状态指标和故障报警等；由机床传送给PLC的信息主要是机床操作面板输入信息和其上的各种开关、按钮的信息，如机床启停、主轴正反转和停止、各坐标轴点动、刀架卡盘的夹紧与松开、切削液的开关、倍率选择及运动部件的限位开关信号等信息。

目前，FANUC系统中的PLC均为内装型PMC。内装型PMC的性能指标（如输入/输出点数、程序最大步数、每步执行时间、程序扫描时间、功能指令数目等）是由所属的CNC系统的规格、性能、适用机床的类型等确定的。其硬件和软件都被作为CNC系统的基本组成，与CNC系统统一设计制造。因此系统结构十分紧凑。PMC常用的规格有PMC-L/M、PMC-SA1/SA3及PMC-SB7等几种。如图10-1所示为FANUC系统PMC的信息交换流程图。X信号为机床到PMC的信号，Y为PMC到机床的信号，G为PMC到CNC系统的信号，F为CNC系统到PMC的信号。

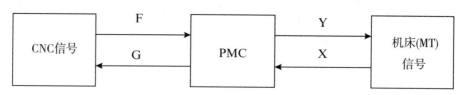

图10-1　FANUC系统PMC的信息交换图

二、FANUC-0i系统PMC

（一）PMC的功能及特点

FANUC 0i系列主要功能及特点如表10-1所示。

表10-1　FANUC 0i系列主要功能、特点及其简介

功能及特点	简　介
模块化结构	FANUC 0i系统与FANUC 16i/18i/21i等系统的结构相似，均为模块化结构。主CPU板上除了主CPU及外围电路之外，还集成了FROM及SRAM模块、PMC控制模块、存储器和主轴模块、伺服模块等。其集成度较FANUC 0系统的集成度更高，因此0i控制单元的体积更小，便于安装排布
使用方便	采用全字符键盘，可用B类宏程序编程，使用方便
有利于大程序加工	用户程序区容量比0MD大一倍，有利于较大程序的加工
携带与操作方便	使用编辑卡编写或修改梯形图，携带与操作都很方便，特别是在用户现场扩充功能或实施技术改造时更为便利。使用存储卡存储或输入机床参数、PMC程序以及加工程序，操作简单方便。使复制参数、梯形图和机床调试程序过程十分快捷，缩短机床调试时间，明显提高了数控机床的生产效率
具有HRV（高速矢量响应）功能	系统具有HRV（高速矢量响应）功能，伺服增益设定比0MD系统高一倍，理论上可使轮廓加工误差减少一半。以切削圆为例，同一型号机床0MD系统的圆度误差通常为0.02~0.03mm，换用0i系统后圆度误差通常为0.01~0.02mm

功能及特点	简　介
运动轴反向间隙在快速移动或进给移动过程中由不同的间补参数自动补偿	机床运动轴的反向间隙,在快速移动或进给移动过程中由不同的间补参数自动补偿。该功能可以使机床在快速定位和切削进给不同工作状态下,反向间隙补偿效果更为理想,这有利于提高零件加工精度
可预读12个程序段	0i系统可预读12个程序段,比0MD系统多。结合预读控制及前馈控制等功能的应用,可减少轮廓加工误差。小线段高速加工的效率、效果优于0MD系统,对模具三维立体加工有利
功能指令丰富	与0MD系统相比,0i系统的PMC程序基本指令执行周期短,容量大,功能指令更丰富,使用更方便
系统的界面、操作、参数等使用方便	0i系统的界面、操作、参数等与16i、18i、21i基本相同。熟悉0i系统后,自然会方便地使用上述其他系统
使用和维修方便	与0M、0T等产品相比,0i系统配备了更强大的诊断功能和操作信息显示功能,给机床用户使用和维修带来了极大方便
软件特点	在软件方面0i系统比0系统也有很大提高,特别在数据传输上有很大改进,如RS-232串口通信波特率达19200bit/s,可以通过HSSB(高速串行总线)与PC机相连,使用存储卡实现数据的输入/输出

(二)基本构成

FANUC 0i系统由主板和I/O两个模块构成。主板模块包括主CPU、内存、PMC控制、I/O Link控制、伺服控制、主轴控制、内存卡I/F、LED显示等。I/O模块包括电源、I/O接口、通信接口、MDI控制、显示控制、手摇脉冲发生器控制和高速串行总线等。FANUC 0i系统控制单元如图10-2所示。

(三)部件的连接

FANUC 0i系统连接图如图10-3所示。在图10-3中,系统输入电压为24V DC,电流约7A。伺服和主轴电动机为200V AC(不是220V,其他系统如0系统,系统电源和伺服电源均为200V AC)输入。这两个电源的通电及断电顺序是有要求的,不满足要求会报警或损坏驱动放大器。原则是要保证通电和断电都在CNC的控制之下。具体操作如表10-2所示。

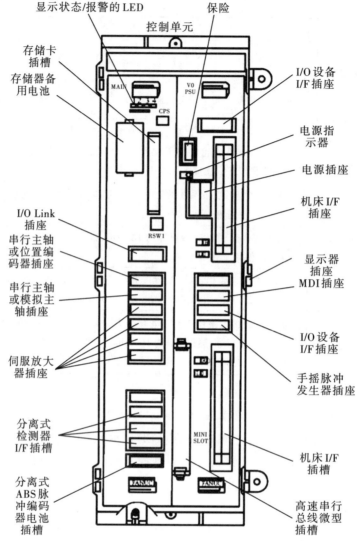

图 10-2 FANUC 0i 系统控制单元

表 10-2 FANUC 0i 系统接通和断开电源顺序的操作

接通及断开状态	操　　作
电源接通顺序	(1)机床电源(200V AC)
	(2)从 I/O 设备通过 FANUC I/O Link 连接,电源为 24V DC
	(3)控制单元和 CRT 单元的电源(24V DC)
电源关断顺序	(1)从 I/O 设备通过 FANUC I/O Link 连接,电源为 24V DC
	(2)控制单元和 CRT 单元的电源(24V DC)
	(3)机床电源(200V AC)

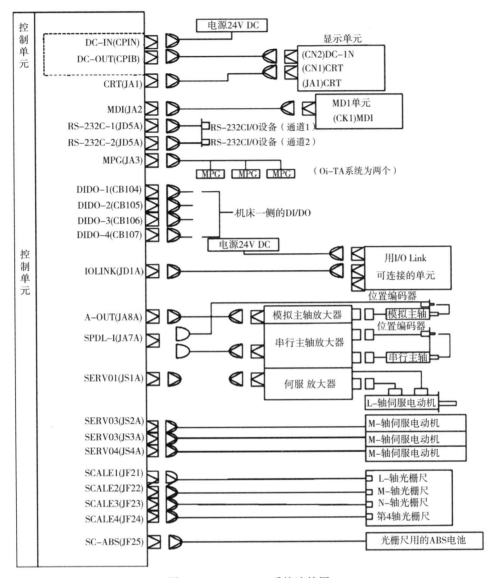

图 10-3 FANUC 0i 系统连接图

伺服的连接分 A 型和 B 型,由伺服放大器上的一个短接棒控制。A 型连接是将位置反馈线接到 CNC 系统,B 型连接是将其接到伺服放大器。0i 和其他开发的系统用 B 型。0系统大多数用 A 型。两种接法不能任意使用,与伺服软件有关。连接时最后的放大器JX1B 需插上 FANUC 提供的短接插头,如果遗忘会出现#401 报警。另外,若选用一个伺服放大器控制两个电动机,应将大电动机电枢接在 M 端子上,小电动机电枢接在 L 端子上,否则电动机运行时会听到不正常的嗡嗡声。

FANUC 系统的伺服控制可任意使用半闭环或全闭环,只需设定闭环形式的参数和改变接线,非常简单。主轴电动机的控制有两种接口:模拟(0~10V·DC)和数字(串行传输)

输出。模拟口需用其他公司的变频器及电动机。用FANUC主轴电动机时,主轴上的位置编码器(一般是1024线)信号应接到主轴电动机的驱动器上(JY4口),驱动器上的JY2是速度反馈接口,两者不能接错。

(四)基本规格及地址

1. 基本规格

PMC的性能及规格FANUC 0i系统有0iA系列、0iB系列和0iC系列三种。FANUC 0iA系统的PMC可采用SA1或SA3两种类型,一般系统配置为SA3。FANUC-0iB/0iC系统的PMC可采用SA1或SB7两种类型,一般系统配置为SB7。即使同一类型PMC在不同系统中其性能也有所不同,同FANUC 0i系统的PMC与FANUC 0C/0D系统的PMC相比,其优点如下:

(1)系统的PMC顺序程序作为系统的用户文件存储在系统的FROM中,顺序程序的备份、修改及恢复都非常方便。

(2)PMC信号传递采用PANUC系统的I/OBUS总线(PSSB)控制,不仅增加了输入/输出点数(标准配置为1024点入/1024点出),而且大大提高了系统的传输速度和运行的可靠性。

(3)PMC具有丰富的功能指令(PMC-SB7有69条功能指令),可完成数控机床的复杂控制。增加了信息继电器(PMC-SA3为200个,PMC-SB7为2000个),便于机床厂家编写机床报警信息,也方便用户维修。

(4)PMC具有信号跟踪功能,该功能可检查信号变化的履历(记录了信号状态的变化),便于用户对故障原因的分析和处理。

(5)系统具有内装PMC编辑功能(0iA系统需要梯形图编辑卡),便于系统梯形图的修改。

(6)FANUC-0iB/0iA系统的PMC还增加了"PMC的强制功能",通过PMC的强制功能(PMC信号的置"1"或"0"),可很方便地判断数控机床故障的具体部位。

(7)利用存储卡或LADDER-Ⅲ编程软件对系统的梯形图及PMC参数进行备份和恢复,把备份的梯形图或修改后的梯形图重新写入到FROM中。FANUC 0iB/0iC系统还可以利用LADDER-Ⅲ编程软件进行顺序程序的在线(OLIN)传输控制。

FANUC 0i系统PMC的性能和规格如表10-3所示。

表10-3　FANUC 0i系统PMC的性能和规格表

系统	FANUC 0i系统	FANUC 0iB/0i C系统	
PMC类型	SA3	SA1	SB7
编程方法	梯形图	梯形图	梯形图
程序级数		2	3
第一级程序扫描周期	8ms		8ms

系统	FANUC 0i 系统	FANUC 0iB/0i C 系统	
基本指令执行时间	0.15μs/步	5.0μs/步	0.033μs/步
程序容量—梯形图	最大约12000步	最大约12000步	最大约64000步
符号和注释	1~128KB	1~128KB	不限制
信息显示	8~64KB	8~64KB	不限制
基本指令数	14	12	14
功能指令数	66	48	69
内部继电器（R）	1000字节	1000字节	8500字节
外部继电器（E）	无	无	8000字节
信息显示请求位（A）	25字节	25字节	500字节
非易失性存储区数据表（D）	1860字节	1860字节	10000字节
可变定时器（T）	40个（80字节）	40个（80字节）	250个（1000字节）
固定定时器（T）	10个	100个	500个
计数器（C）	20个（80字节）	20个（80字节）	100个（400字节）
固定计数器（C）	无	无	100个（200字节）
保持性继电器（K）	20字节	20字节	120字节
子程序（P）	512	无	2000
标号（L）	999	无	9999
I/O LINK输入/输出	最大1024点/最大1024点	最大1024点/最大1024点	最大2048点/最大2048点
内装I/O输入/输出	最大96点/最大72点	无	无
顺序程序存储	Flash Room 128KB	Flash Room 128KB	Flash Room 128~768KB

2. PMC的地址分配

内装I/O卡和I/O Link地址分配FANUC 0i系统的输入/输出信号控制有两种形式，一种是来自系统内装I/O卡的输入/输出信号，其地址是固定的；另一种是来自外I/O卡（I/O Link）的输入/输出信号，其地址是由数控机床厂家在编制顺序程序时设定的，连同顺序程序存储到系统的限FROM中，写入PROM中的地址是不能更改的。如果内装I/O卡控制信号与I/O Link控制信号同时（相同控制功能）作用，则内装I/O卡信号有效。

（1）FANUC Mate 0i-TD数控系统配套I/O Link有四个连接器，分别是CB104、CB105、CB106和CB107，每个连接器有24个输入点和16个输出点，即共有96个输入点、64个输出点；本装置把CB104接口的部分信号作为辅助信号使用，把CB105和CB107用于操作面板上按钮（或按键）和对应指示灯的定义。在PMC程序中X代表输入，Y代表输出，具体定义如下表，CB106中的输入输出点在本装置中没有定义。

CB104接口分配如表10-4所示：

表10-4　CB104接口分配表

序号	地址号	端子号	备注
1	X0008.0	CB104（A02）	硬限位X+
2	X0008.1	CB104（B02）	硬限位Z+
3	X0008.2	CB104（A03）	硬限位X−
4	X0008.3	CB104（B03）	硬限位Z−
*5	X0008.4	CB104（A04）	急停按钮
6	X0008.5	CB104（B04）	无定义
7	X0008.6	CB104（A05）	无定义
8	X0008.7	CB104（B05）	过载
*1	X0009.0	CB104（A06）	X轴参考点开关
*2	X0009.1	CB104（B06）	Z轴参考点开关
3	X0009.2	CB104（A07）	冷却电机过载
4	X0009.3	CB104（B07）	冷却液低于下限
5	X0009.4	CB104（A08）	润滑电机过载
6	X0009.5	CB104（B08）	润滑液低于下限
7	X0009.6	CB104（A09）	无定义
8	X0009.7	CB104（B09）	无定义

*：即X8.4、X9.1和X9.2的功能NC内部已经固定，平时为高电平。

1	X0010.0	CB104（A10）	刀架信号T1
2	X0010.1	CB104（B10）	刀架信号T2
3	X0010.2	CB104（A11）	刀架信号T3
4	X0010.3	CB104（B11）	刀架信号T4
5	X0010.4	CB104（A12）	无定义
6	X0010.5	CB104（B12）	无定义
7	X0010.6	CB104（A13）	无定义
8	X0010.7	CB104（B13）	无定义
1	Y0008.0	CB104（A16）	主轴正转
2	Y0008.1	CB104（B16）	主轴反转
3	Y0008.2	CB104（A17）	冷却控制输出
4	Y0008.3	CB104（B17）	润滑控制输出
5	Y0008.4	CB104（A18）	刀架正转
6	Y0008.5	CB104（B18）	刀架反转
7	Y0008.6	CB104（A19）	照明输出
8	Y0008.7	CB104（B19）	无定义

序号	地址号	端子号	备注
1	Y0009.0	CB104(A20)	X轴原点-灯(操作面板)
2	Y0009.1	CB104(B20)	Z轴原点-灯(操作面板)
3	Y0009.2	CB104(A21)	无定义
4	Y0009.3	CB104(B21)	黄色警示灯
5	Y0009.4	CB104(A22)	绿色警示灯
6	Y0009.5	CB104(B22)	红色警示灯
7	Y0009.6	CB104(A23)	无定义
8	Y0009.7	CB104(B23)	无定义

CB105地址分配如表10-5所示:

表10-5　CB105地址分配表

序号	地址号	端子号	备注
1	X0011.0	CB105(A02)	F1
2	X0011.1	CB105(B02)	机床锁定
3	X0011.2	CB105(A03)	手轮
4	X0011.3	CB105(B03)	超程释放
5	X0011.4	CB105(A04)	换刀
6	X0011.5	CB105(B04)	DNC
7	X0011.6	CB105(A05)	照明
8	X0011.7	CB105(B05)	MDI
1	X0016.0	CB105(A06)	选择停
2	X0016.1	CB105(B06)	手动
3	X0016.2	CB105(A07)	冷却
4	X0016.3	CB105(B07)	自动
5	X0016.4	CB105(A08)	润滑
6	X0016.5	CB105(B08)	参考点
7	X0016.6	CB105(A09)	空运行
8	X0016.7	CB105(B09)	EDIT
1	X0017.0	CB105(A10)	进给倍率C
2	X0017.1	CB105(B10)	单步
3	X0017.2	CB105(A11)	无定义
4	X0017.3	CB105(B11)	跳步
5	X0017.4	CB105(A12)	无定义

數控機床電氣控制與PLC

续表

序号	地址号	端子号	备注
6	X0017.5	CB105(B12)	无定义
7	X0017.6	CB105(A13)	无定义
8	X0017.7	CB105(B13)	无定义
1	Y0010.0	CB105(A16)	超程释放-灯
2	Y0010.1	CB105(B16)	DNC-灯
3	Y0010.2	CB105(A17)	机床锁定-灯
4	Y0010.3	CB105(B17)	MDI-灯
5	Y0010.4	CB105(A18)	选择停-灯
6	Y0010.5	CB105(B18)	手动-灯
7	Y0010.6	CB105(A19)	空运行-灯
8	Y0010.7	CB105(B19)	自动-灯
1	Y0011.0	CB105(A20)	冷却-灯
2	Y0011.1	CB105(B20)	机床故障-灯
3	Y0011.2	CB105(A21)	润滑-灯
4	Y0011.3	CB105(B21)	参考点-灯
5	Y0011.4	CB105(A22)	跳步-灯
6	Y0011.5	CB105(B22)	机床就绪-灯
7	Y0011.6	CB105(A23)	单步-灯
8	Y0011.7	CB105(B23)	EDIT-灯

CB107接口分配如表10-6所示：

表10-6　CB107接口分配表

序号	地址号	端子号	备注
1	X0015.0	CB107(A02)	主轴倍率F
2	X0015.1	CB107(B02)	X轴选
3	X0015.2	CB107(A03)	主轴倍率B
4	X0015.3	CB107(B03)	Z轴选
5	X0015.4	CB107(A04)	主轴倍率A
6	X0015.5	CB107(B04)	循环启动
7	X0015.6	CB107(A05)	进给倍率A
8	X0015.7	CB107(B05)	进给保持
1	X0018.0	CB107(A06)	进给倍率E
2	X0018.1	CB107(B06)	进给倍率B
3	X0018.2	CB107(A07)	+X
4	X0018.3	CB107(B07)	进给倍率F

226

序号	地址号	端子号	备注
5	X0018.4	CB107（A08）	快速倍率
6	X0018.5	CB107（B08）	-Z
7	X0018.6	CB107（A09）	100%
8	X0018.7	CB107（B09）	+Z
1	X0019.0	CB107（A10）	-X
2	X0019.1	CB107（B10）	主轴反转
3	X0019.2	CB107（A11）	主轴正转
4	X0019.3	CB107（B11）	主轴停止
5	X0019.4	CB107（A12）	50% /×100
6	X0019.5	CB107（B12）	25% /×10
7	X0019.6	CB107（A13）	F0 /×1
8	X0019.7	CB107（B13）	程序保护
1	Y0014.0	CB107（A16）	Z轴选-灯
2	Y0014.1	CB107（B16）	进给保持-灯
3	Y0014.2	CB107（A17）	X轴选-灯
4	Y0014.3	CB107（B17）	循环启动-灯
5	Y0014.4	CB107（A18）	100%-灯
6	Y0014.5	CB107（B18）	照明-灯
7	Y0014.6	CB107（A19）	50% /×100-灯
8	Y0014.7	CB107（B19）	换刀-灯
1	Y0015.0	CB107（A20）	主轴反转-灯
2	Y0015.1	CB107（B20）	手轮-灯
3	Y0015.2	CB107（A21）	主轴停-灯
4	Y0015.3	CB107（B21）	F1-灯
5	Y0015.4	CB107（A22）	25% /×10-灯
6	Y0015.5	CB107（B22）	F0 /×1-灯
7	Y0015.6	CB107（A23）	快速倍率-灯
8	Y0015.7	CB107（B23）	主轴正转-灯

数字输入/输出信号的接线如图10-4、10-5所示。

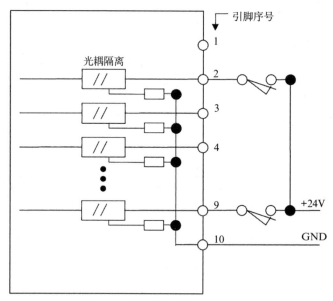

图10-4　数字输入信号接线原理图

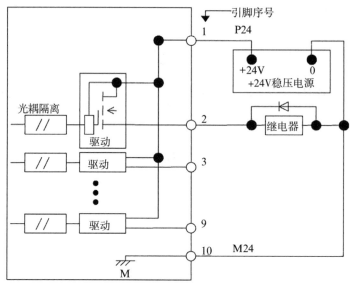

图10-5　数字输出信号接线原理图

（2）从PMC到CNC的输出信号地址（PMC~CNC）。从PMC到CNC的输出信号的地址号为G0~G255，这些信号的功能是固定的，用户通过顺序程序（梯形图）实现CNC各种控制功能。如系统急停控制信号为G8.4，循环启动信号为G7.2，进给暂停信号为G8.5，空运转信号为G46.7，外部复位信号为G8.7，程序保护钥匙信号为G46.3~G46.6，系统状态信号为G43.0、G43.1、G43.2、G43.5、G43.7等。

（3）从CNC到PMC的输入信号地址（CNC~PMC）。从CNC到PMC的输入信号的地址号为F0~F225，这些信号的功能也是固定的，用户通过顺序程序（梯形图）确定CNC系统的状态。如CNC系统准备就绪信号为F1.7，伺服准备就绪信号为F0.6，系统报警信号为F1.0，系统电池报警信号为F1.2，系统复位信号为F1.1，系统进给暂停信号为F0.4，系统循环启动信号为F0.5，T码选通信号为F7.3，M码选通信号为F7.0，S码选通信号为F7.2等。

（4）定时器地址（T）。定时器分为可变定时器（用户可以修改时间）和固定定时器（定时时间存储到FROM中）两种。可变定时器有40个（T01~T40），其中T01~T08时间设定最小单位为48ms，T09~T40时间设定最小单位为8ms。固定定时器有100个（PMC为SB7时，固定定时器有500个），时间设定最小单位为8ms。

（5）计数器地址（C）。系统共有20个计数器，其地址为C1~C20。

（6）保持型继电器（K）。FANUC 0iA系统的保持型继电器地址为K0~K19，其中K16~K19是系统专用继电器，不能作为他用。FANUC 0iAB/0iC（PMC为SB7）系统的保持型继电器地址为K0~K99（用户使用）和K900~K919（系统专用）。

（7）中间继电器地址。系统中间继电器可分为内部继电器（R）和外部继电器（E）两种。内部继电器的地址为R0~R999，其中R900~R999为系统专用；外部继电器的地址为E0~E999，只有PMC~SB7才有外部继电器。

（8）信息继电器地址（A）。信息继电器通常用于报警信息显示请求，FANUC 0iA/0iB系统有200个信息继电器（占用25个字节），其地址为A0~A24。FANUC 0iC有2000个信息继电器（500字节）。

（9）数据表地址（D）。FANUC 0iA系统数据表共有1860字节，其地址为D0~D1859，FANUC 0iB/0iC系统（PMC为SB7）共有10000字节，其地址为D0~D9999。

（10）子程序号地址（P）。系统通过PMC的子程序有条件调出CALL或子程序无条件调出CALLU功能指令，系统运行子程序的PMC控制程序，完成数控机床的重复动作，如加工中心的换刀动作（换刀动作由PMC轴控制）。FANUC 0iA系统（PMC为SA3）的子程序数为512个，其地址为P1~P512。FANUC 0iB/0iC系统（PMC为SB7）的子程序数为2000个，其地址为P1~P2000。

（11）标号地址（L）。为了便于查找和控制，PMC顺序程序用标号进行分块（一般按控制功能进行分块），系统通过PMC的标号跳转JMPB指令或JMP功能指令随意跳到所指定标号的程序进行控制。对FANUC 0iA系统（PMC为SA3）的标号数有999个，其地址为L1~L999，FANUC 0iB/0iC系统（PMC为SB7）的标号数有9999个，其地址为L1~L9999。

三、梯形图概述

（一）PMC接口

PMC的接口PMC与控制伺服电动机和主轴电动机的系统部分，以及与机床侧辅助电气部分的接口关系,如图10-6所示。

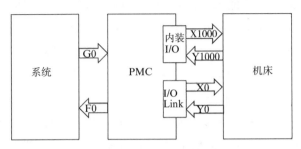

图10-6　PMC与系统及机床的接口关系图

从图10-6中能够看到,X是来自机床侧的输入信号(如接近开关、极限开关、压力开关、对刀仪等检测元件),内装I/O的地址是从X1000开始的,而I/O Link的地址是从X0开始的。PMC接收从机床侧各检测装置反馈回来的输入信号,在控制中做逻辑运算,作为机床运作的条件及对外围设备进行自诊断的依据。Y是由PMC输出到机床侧的信号。在PMC控制程序中,根据自动控制的要求,输出信号控制机床侧的电磁阀、接触器、信号指示灯动作,满足机床运行的需要。内装I/O的地址是从Y1000开始的,而I/O Link的地址是从Y0开始的。F是由控制伺服电动机和主轴电动机的系统部分侧输入到PMC的信号,系统部分就是将伺服电动机和主轴电动机的状态、请求相关机床动作的信号(如移动中信号、位置检测信号、系统准备完了信号等),反馈到PMC中去进行逻辑运算,作为机床动作的条件及进行自诊断的依据,其地址是从F0开始的。G是由PMC侧输出到控制伺服电动机和主轴电动机的系统部分的信号,对系统部分进行控制和信息反馈(如轴互锁信号、M代码执行完毕信号等),其地址是从G0开始的。

(二)梯形图的执行

在PMC程序中,使用的编程语言是梯形图(LADDER)。对于PMC程序的执行,可以简要地总结为:从梯形图的开头由上到下,然后由左到右,到达梯形图结尾后再回到梯形图的开头,循环往复,顺序执行,如图10-7所示。

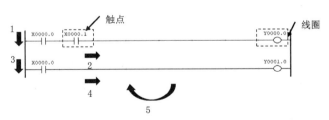

图10-7　PMC程序的执行图

从图中所示的两条简单支路组成的梯形图中,能够清楚地看到程序的执行顺序,如图中箭头所示。首先是箭头1向下执行,然后执行第一条支路,如箭头2所示,第一条支路执行完成后,继续向下执行,如箭头3所示,再到达第二条支路,如箭头4所示。在第二条支路执行完成后,又如箭头5所示,回到程序的开头处,再从箭头1处开始执行程序。由此可知,从梯形图的开头执行直到梯形图结束,在程序执行完后,再次从梯形图的开头执行,这叫作顺序的循环执行。从梯形图的开头直到结束所需要的执行时间叫作循环处理时间,它取决于控制规模的大小。梯形图语句越少,处理周期时间越短,信号的响应就越弱。

(三)PMC程序的分级

PMC程序由第一级程序和第二级程序两部分组成。在PMC程序执行时,首先执行位于梯形图开头的第一级程序,然后执行第二级程序。在第一级程序中,程序越长,则整个程序的执行时间(包括第二级程序在内)就会被延长,信号的响应就越慢。因此,第一级程序应编得尽可能短,在第一级程序中一般仅处理短脉冲信号,如急停、各轴超程、返回参考点减速、外部减速、跳步、到达测量位置和进给暂停信号。FANUC-0iMA数控系统的PMC规格有SA1和SA3两种,而SA3比SA1多了子程序和标记地址的功能。以下讲述的内容都是以SA3规格的PMC为例展开的。

在使用计算机时,都会把不同类型的文件归类到不同的文件夹,以便日后查找、调用和管理。在PMC程序中,这种理念也得到了运用。在PMC程序中使用结构化编程时,将每一个功能类别的程序分别归类到每一个子程序中,也就是相当于将不同类型的文件归类到不同的文件夹中去。使用子程序后,使阅读程序时更易于理解,当出现程序运行错误时,易于找出原因。如图10-8所示是由第一级程序、第二级程序、子程序组成的顺序程序基本架构。

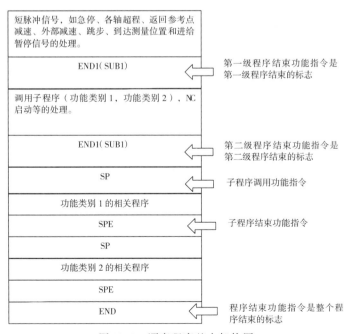

图10-8　顺序程序基本架构图

(四)PMC的地址

PMC程序中的地址,也就是代号位组成一个字节,一个字节组成PMC用于代表不同的信号。一个位组成一个位地址,八位组成一个字节,一个字节组成PMC子地址,其格式如图10-9所示。在功能指令中指定字节单位的地址时,位号可以省略。

在PMC程序中,机床侧的输入触点信号(X)和系统部分输出信号(F)是不能作为线圈输出的,如图10-10所示。对于输出线圈而言,输出地址不能重复定义,否则该地址的状态不能被确定,如图10-11所示。定时器号(T)是不重复的,计数器号(C)不能重复作用。梯形图中同一地址的触点的作用可以认为是无穷数量的,如图10-12所示。

(五)梯形图的符号

在PMC程序中,使用的编辑语言是梯形图(LADDER),读懂梯形图是维修人员对数控机床进行保养和维修的基础。在阅读梯形图之前,先来认识一下构成梯形图的基本要素——符号,如图10-13所示。

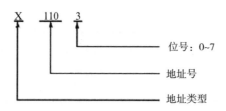

图10-9　PMC地址格式

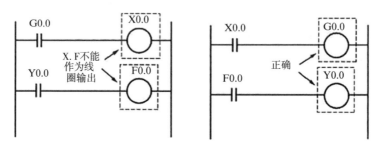

图10-10　地址的使用

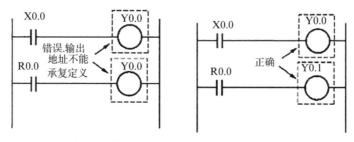

图10-11　输出地址定义

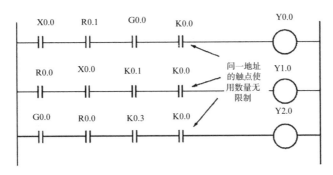

图 10-12 梯形图中同一地址的触点使用

(六)PMC的基本指令梯形图

PMC的基本指令梯形图是直接从传统的继电器演变而来的。通过使用梯形图符号组合成的逻辑关系构成了PMC程序。PMC基本指令有RD、RD.NOT、WRT、WRT.NOT、AND、AND.NOT、OR、OR.NOT、RD.STK、RD.NOT.STK、AND.STK、OR.STK、SET.SRT,共计14个。在编写PMC程序时,通常有两个方法:第一种方法是使用助记符语言(RD、AND、OR等PMC指令);第二种方法是使用梯形图符号。当使用梯形图符号进行编程时,不需要理解PMC指令就可以直接进行程序编制。使用梯形图符号进行编程,因其易于理解、方便阅读、编辑方便以及不需要去学习PMC指令的优点,成为编程人员编制PMC程序的首选方法。现在,看一看图10-14中所示的梯形图,其中线圈部分各有异同,因介绍基本指令的书籍很多,这里不再一一介绍,重点放在PMC的功能指令中。

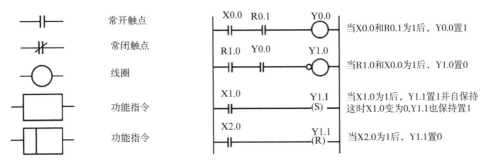

图 10-13 构成梯形图基本要素的符号   图 10-14 梯形图

任务二 工作方式PMC程序设计与调试

一、机床工作方式

机床工作方式PMC FANUC有多种数控系统,但其操作方法基本相同。下面介绍常用的几种操作方式。FANUC公司为其CNC系统设计了以下几种工作方

工作方式
PMC程序设
计与调试

式,通常在机床的操作面板上用回转式波段开关切换。

机床操作面板由子面板和主面板两部分组成,通过I/O Link与CNC相连接。

机床操作部件:操作面板。

操作子面板:包括急停开关、进给倍率开关(0~120%)、主轴倍率开关(50%~120%)、程序保护开关。

操作主面板:55个自定义键,机床操作部件——操作主面板按键分布图见图10-15,操作方式选择见图10-16。

图10-15　操作主面板按键分布图

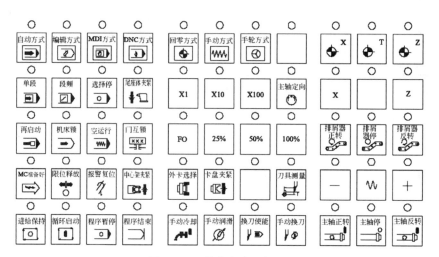

图10-16　操作方式选择图

这些方式如下：

（一）自动方式

（1）编辑方式：加工程序的编辑；数据的输入/输出。

（2）MDI方式：参数及PMC参数的输入、简单程序的执行。

（3）自动方式：加工程序的自动运行。

（4）DNC方式：外部加工程序的自动运行。

（二）手动方式

（1）回零方式：各轴返回参考点的操作。

（2）JOG方式：各轴按进给倍率的点动运行。

（3）手轮方式：各轴按手摇倍率的进给。分段操作方式检测信号：MMDI、MMEM、MRMT、MEDT、MH、MINC、MJ、MREF、MTCHIN（F003、F004#5）。

类别：输出信号。功能：当前所选方式的输出。

二、工作方式的PMC程序设计

（一）信号关系

PMC与CNC之间的I/O信号关系。PMC与CNC之间的相关机床工作方式的I/O信号如表10-7所示。

表10-7 机床工作方式的I/O信号表

运行方式	PMC⇒CNC信号					CNC⇒PMC信号
	G43.7（ZRN）	G43.5（DNC）	G43.2（MD4）	G43.1（MD2）	G43.0（MD1）	
程序编辑（EDIT）0	0	0	0	1	1	F3.6（MEDT）
自动运行方式（MEM）	0	1	0	0	1	F3.5（MMEM）
DNC运行方式RMT	0	1	0	0	1	F3.4（MRMT）
手动数据输入运行（MDI）	0	0	0	0	0	F3.3（MMDI）
手轮进给/增量进给（HAND/INC）	0	0	1	0	0	F3.1/F3.0（MH/MINC）
手动连续进给（JOG）	0	0	1	0	1	F3.2（MJ）
手动回参考点（REF）	1	0	1	0	1	F4.5（MREF）

PMC与机床PMC与机床之间的相关机床工作方式的I/O信号（以亚龙数控机床综合实训台YL558数控设备为例）如表10-8所示。

表 10-8　PMC 与机床之间的相关机床工作方式的 I/O 信号

输入信号	输入 X 地址符号	输出信号	输出 Y 地址及信号
自动运行方式按钮	X24.0（AUTO.M）	自动运行方式指示灯	Y24.0（AUTO.L）
程序编辑按钮	X24.1（EDIT.M）	程序编辑指示灯	Y24.1（EDIT.L）
手动数据输入方式按钮	X24.2（MDI.M）	手动数据输入方式指示灯	Y24.2（MDI.L）
DNC 运行方式按钮	X24.3（RMT.M）	DNC 运行方式指示灯	Y24.3（RMT.L）
手动回参考点按钮	X24.4（REF.M）	手动回参考点指示灯	Y24.4（REF.L）
手动连续进给方式按钮	X24.5（JOG.M）	手动连续进给方式指示灯	Y24.5（JOG.L）
增量进给工作方式按键输入信号	X24.6（INC.M）	手动回参考点指示灯	Y24.6（INC.L）
手轮进给方式按钮	X24.7（HND.M）	手轮进给方式指示灯	Y24.7（HND.L）

（二）机床工作方式 PMC 程序设计

自动工作方式 PMC 控制过程如下。按下自动工作方式按键，使 CNC 处于自动工作方式，自动工作方式指示灯亮。松开自动工作方式按键，使 CNC 仍处于自动工作方式，自动工作方式指示灯仍亮。具体如图 10-17 所示。当按下自动工作方式按键时，AUT0-K 信号（X1.2）为 1，工作方式转换信号 MODE（R0200.0）输出有效，工作方式选择信号 1MD1（G0043.0）输出有效，工作方式选择信号 2MD2（G0043.1）输出无效，工作方式选择信号 3MD4（G0043.2）输出无效，远程运行工作方式选择信号 DNC1（G0043.5）输出有效，方式选择信号手动返回参考点选择信号（G0043.7）输出无效。PMC 向 CNC 发出的 MD1、MD2、MD4、DNC1 和 ZRN 的信号组合为 10010，使 CNC 进入自动工作方式。同时 CNC 向 PMC 回送 CNC 处于自动工作方式确认信号 MMEM（F0003.5），CNC 处于自动工作方式信号 AUTO（R0200.1）输出有效，自动工作方式指示灯信号 AUTO-L（Y1.2）输出有效，自动工作方式指示灯亮。

当松开自动工作 1 方式按键时，AUTO-K 信号（X0024.0）为 0，工作方式转换信 MODE（R0200.0）输出无效，工作方式选择信号 1MD1

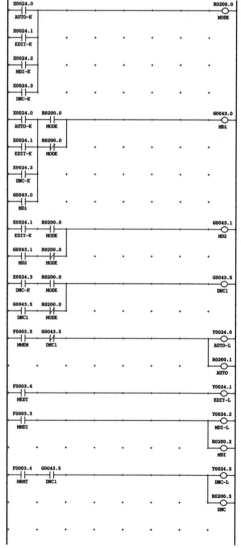

图 10-17　机床工作方式 PMC 程序梯形图

（G0043.0）输出有效，工作方式选择号 2MD2（G0043.1）输出无效，工作方式选择信号 3MD4（G0043.2）输出无效，远程运行工作方式选择信号 DNC1（G0043.5）输出无效。PMC 向 CNC 发出的 MD1、MD2、MD4 和 DNC1 的信号组合仍为 1000，使 CNC 仍处于自动工作方式。同时 CNC 仍向 PMC 回送 CNC 处于自动工作方式确认信号 MMEM（F0003.5），CNC 处于自动工作方式信号 AUTO（R0200.1）仍输出有效，自动工作方式指示灯信号 AUTO-L（Y0024.0）仍输出有效，自动工作方式指示灯仍亮。

（三）其他方案

（1）工作方式二进制编码，PMC 控制主要相关信号，X 信号如表 10-9 所示，R 信号如表 10-10 所示。

表 10-9　X 信号

序号	信号名称	含义	地址
1	AUTO-K	自动工作方式按键输入信号	X0024.0
2	EDIT-K	编辑工作方式按键输入信号	X0024.1
3	MDI-K	手动数据输入工作方式按键输入信号	X0024.2
4	DNC-K	远程运行工作方式按键输入信号	X0024.3
5	REF-K	回参考点工作方式按键输入信号	X0026.4
6	JOG-K	手动连续进给工作方式按键输入信号	X0026.5
7	INC-K	增量进给工作方式按键输入信号	X0026.6
8	HND-K	手轮进给工作方式按键输入信号	X0026.7

表 10-10　R 信号

序号	含义	地址
1	工作方式数据表的表内号地址	R0210

（2）工作方式二进制编码 PMC 控制主要相关指令。

①DIFD：后沿检测。

该指令的功能是当输入信号出现下降沿时，在此扫描周期中输出信号为 1。读取输入信号的后沿，扫到 1 后输出即为"1"。

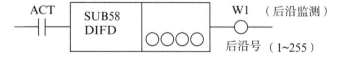

控制条件 ACT：执行条件。ACT=0，不执行 DIFD 指令；ACT=1，执行 DIFD 指令。

参数下降沿号：指定下降沿的序号，范围是 1~256。

使用例子:

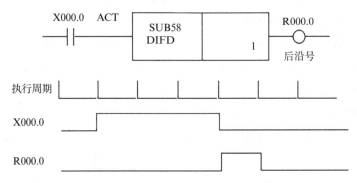

②MOVB:单字节数据传送指令。

该指令的功能是把1B的数据从指定的源地址传送到指定的目标地址。

控制条件ACT:执行条件。ACT=0,不执行MOVB指令;ACT=1,执行MOVB指令。

参数源地址:指定传送数据的源地址。目标地址:指定传送数据的目标地址。

使用例子:

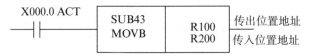

(3)工作方式二进制编码PMC控制过程如下。

当按下某一工作方式按键时,工作方式按键信号将输入有效,PMC首先根据工作方式按键的输入信号进行二进制编码,再通过下降沿检测指令DIFD和单字节数据传送指令MOVB将编码之后的值传送到工作方式数据表的表内号地址R0210。当按下自动工作方式按键时,AUTO-K信号(X0024.0)为1,内部继电器信号R0202.0输出有效,R0202的值为1;同时R0203.1产生一个下降沿,通过执行下降沿检测指令DIFD,R0203.2在此扫描周期输出有效,再通过执行单字节数据传送指令MOVB将R0202的值传送到工作方式数据表的表内号地址R0210。当松开自动工作方式按键时,AUTO-K信号(X0024.0)为0,内部继电器信号R0202.0输出无效,R0202的值为0;同时R0203.1产生一个上升沿,将不执行下降沿检测指令DIFD,R0203.2输出无效,不执行单字节数据传送指令MOVB,工作方式数据表的表内号地址R0210的值保持不变,仍为1,梯形图如图10-18所示。

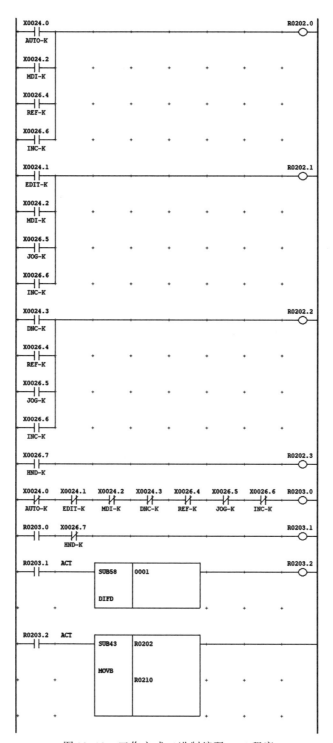

图 10-18　工作方式二进制编码 PMC 程序

①当按下编辑工作方式按键时，EDIT-K 信号（X0024.1）为 1，内部继电器信号 R0202.1 输出有效，R0202 的值为 2；同时 R0203.1 产生一个下降沿，通过执行下降沿检测

指令DIFD,R0203.2在此扫描周期输出有效,再通过执行单字节数据传送指令MOVB将R0202的值传送到工作方式数据表的表内号地址R0210。

②当松开编辑工作方式按键时,EDIT-K信号(X0024.1)为0,内部继电器信号R0202.1输出无效,R0202的值为0;同时R0203.1产生一个上升沿,将不执行下降沿检测指令DIFD,R0203.2输出无效,不执行单字节数据传送指令MOVB,工作方式数据表的表内号地址R0210的值保持不变,仍为2。

③当按下手动数据输入工作方式按键时,MDI-K信号(X0024.2)为1,内部继电器信号R0202.0和R0202.1输出有效,R0202的值为3;同时R0203.1产生一个下降沿,通过执行下降沿检测指令DIFD,R0203.2在此扫描周期输出有效,再通过执行单字节数据传送指令MOVB将R0202的值传送到工作方式数据表的表内号地址R0210。

④当松开手动数据输入工作方式按键时,MDI-K信号(X0024.2)为0,内部继电器信号R0202.0和R0202.1输出无效,R0202的值为0;同时R0203.1产生一个上升沿,将不执行下降沿检测指令DIFD,R0203.2输出无效,不执行单字节数据传送指令MOVB,工作方式数据表的表内号地址R0210的值保持不变,仍为3。

⑤当按下远程运行工作方式按键时,DNC-K信号(X0024.3)为1,内部继电器信号R0202.2输出有效,R0202的值为4;同时R0203.1产生一个下降沿,通过执行下降沿检测指令DIFD,R0203.2在此扫描周期输出有效,再通过执行单字节数据传送指令MOVB将R0202的值传送到工作方式数据表的表内号地址R0210。

⑥当松开远程运行工作方式按键时,DNC-K信号(X0024.3)为0,内部继电器信号R0202.2输出无效,R0202的值为0;同时R0203.1产生一个上升沿,将不执行下降沿检测指令DIFD,R0203.2输出无效,不执行单字节数据传送指令MOVB,工作方式数据表的表内号地址R0210的值保持不变,仍为4。

匠人锤炼篇

任务三　项目训练

一、训练目的

(1)掌握PMC程序的监控与编辑方法。

(2)了解常用PMC信号的地址与顺序程序。

（3）掌握PMC参数的输入方法。

（4）掌握机床基本功能PMC程序的编辑方法。

二、训练项目

（1）根据实验室现有设备查找输入点和输出点并填写表10-11,没有对应内容的不写。

表10-11　输入点和输出点表

名称	输入地址	输出地址
返参考点		
手动		
自动		
MDI		
编辑		
主轴停止		
主轴点动		
主轴正转		
主轴反转		
快速		
急停		

（2）仔细阅读表10-11,了解清楚信号以后,按照表10-3编写运行方式PMC程序。

（3）将如图10-19所示的程序输入系统中,按下MDI按钮,监控G信号的变化,并且观察系统的运行方式。

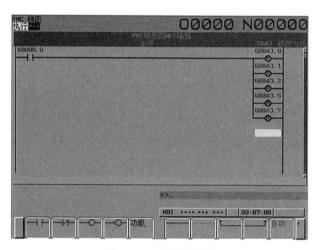

图10-19　梯形图监测

（4）按照这个编程方法,编写其他程序实现其他工作方式。

项目十一　数控机床运行功能PMC编程

项目描述:数控机床的作用是实现零件的自动加工。为了实现零件的加工操作与自动运行控制,数控机床必须包含各种手动操作功能及程序执行过程控制功能,这就需要设计相应的PMC控制程序。

数控机床运行
功能PMC编程

在数控机床上将工作方式转换到手动连续进给(JOG)时,再按面板上方向轴+X、−X、+Y、−Y、+Z、−Z时,相应的进给轴就会沿指定的方向移动,这是怎样实现的呢? 而且通过旋转进给倍率开关,我们会发现,轴进给的速度可以在0~120%范围内变化,这又是为什么呢? 当工作方式为手动快速时,且通过操作面板上的F0、25%、50%、100%四个按钮的选择,机床可以实现速度为系统设定快移速度的0、25%、50%、100%快速进给,这又是为什么呢? 另外,标准数控机床一般至少包括循环启动、进给暂停、单段执行、选择停、程序跳段、机床锁住、空运行等功能。数控系统是如何实现这些功能控制的呢? 本项目将逐一解开这些难题。

本项目介绍的内容主要包括手动进给控制功能和系统自动运行控制功能两个方面,其中手动进给控制功能包含手动进给倍率、手动连续进给、手动快速进给、手轮进给、手动回零5类程序;系统自动运行控制功能包含单段运行、选择停、程序跳段、机床锁住、空运行、循环启动、进给保持7类程序。

在实训平台上完成PMC相关输入输出信号的连接和控制程序编制,实现数控程序的循环启动、进给保持、机床锁住、空运行、程序单段运行、程序段跳过等控制。

知识与技能篇

任务一　相关知识的了解认识

一、格雷码

(一)格雷码概念

格雷码(Gray code)是由贝尔实验室的 Frank Gray 在 1940 年提出,用于在 PCM(脉冲编码调变)方法传送信号时防止出错,并于 1953 年 3 月 17 日取得美国专利。格雷码是一个数列集合,相邻两数间只有一个位元改变,为无权数码,且格雷码的顺序不是唯一的。

传统的二进制系统例如数字3的表示法为011,要切换为邻近的数字4,也就是100时,装置中的三个位元都得要转换,因此于未完全转换的过程时装置会经历短暂的010、001、101、110、111等其中数种状态,也就是代表着2、1、5、6、7,因此此种数字编码方法于邻近数字转换时有比较大的误差可能范围。格雷码的发明即是用来将误差之可能性缩减至最小,编码的方式定义为每个邻近数字都只相差一个位元,因此也称为最小差异码,可以使装置做数字步进时只动最少的位元数就能提高稳定性。数字0~7的编码比较如表11-1所示。

表11-1 数字0~7的二进制和十进制、格雷码等编码比较

十进制数	普通二进制数	格雷码
0	0000	0000
1	0001	0001
2	0010	0011
3	0011	0010
4	0100	0110
5	0101	0111
6	0110	0101
7	0111	0100

(二)格雷码与普通二进制码的转换

1.二进制数转格雷码(假设以二进制为0的值作为格雷码的0)

G:格雷码　B:二进制码　n:正在计算的位

根据格雷码的定义可得:

$G(n) = B(n+1) \text{ XOR } B(n)$ 即 $G(n) = B(n+1) + B(n)$

2.格雷码转二进制数

由于 $G(n) = B(n+1) + B(n)$,故而 $B(n) = -B(n+1) + G(n)$,自高位至低位运算即可,无需考虑借位。

例:格雷码0111,为4位数,故设二进制数自第5位至第1位分别为:0 b3 b2 b1 b0。

b3=0-0=0

b2=b3-1=0-1=1

b1=b2-1=1-1=0

b0=b1-1=0-1=1

因此所转换为之二进制码为0101。

二、代码指令

(一)代码转换指令

代码转换指令一共有12种,见表11-2所示。

表11-2　代码转换指令

序号	指令	SUB号	说明	序号	指令	SUB号	说明
1	COD	7	代码转换	7	TBCDB	313	1字节二进制转BCD
2	CODB	27	二进制代码转换	8	TBCDW	314	2字节二进制转BCD
3	DCNV	14	数据转换	9	TBCDD	315	4字节二进制转BCD
4	DCNVB	31	扩展数据转换	10	FBCDB	316	1字节BCD转二进制
5	DEC	4	译码	11	FBCDW	317	2字节BCD转二进制
6	DECB	25	二进制译码	12	FBCDD	318	4字节BCD转二进制

(二)代码转换指令COD

该指令的功能是将BCD码转换为任意的2位或4位BCD码,见图11-1。实现代码转换必须提供转换数据输入地址、转换表、转换数据输出地址。

自低位至高位运算即可,无需考虑进位,例略。

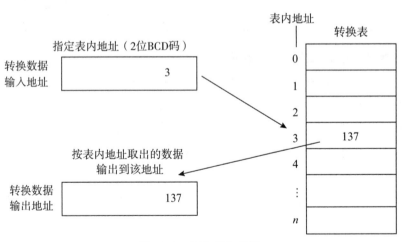

图11-1　COD指令功能

在"转换数据输入地址"中以2位BCD码形式指定一表内地址,根据该地址从转换表中取出转换数据。转换表内的数据可以是2位或4位BCD码。

COD指令梯形图格式及举例如图11-2所示。

控制条件及参数说明:

指定数据形式:BYT=0表示转换表中数据为2位BCD码;BYT=1表示4位BCD码。

错误输出复位:RST=0取消复位;RST=1设置错误输出W1为0。

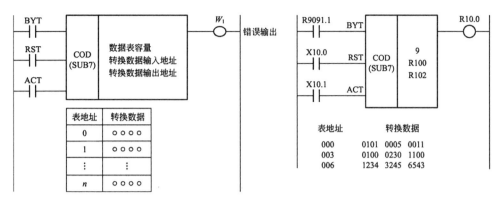

图 11-2　COD 指令梯形图格式及举例

（1）执行指令：ACT。

（2）数据表容量：指定转换数据表数据地址的范围为 0~99，数据表的容量为 $n+1$（n 为最后一个表内地址）。

（3）转换数据输入地址：内含转换数据的表地址。转换表中的数据通过该地址查到，并输出。

（4）转换数据输出地址：2 位 BCD 码的转换数据需要 1 字节存储器；4 位 BCD 码的转换数据需要 2 字节存储器。

（5）错误输出：如果转换输入地址出现错误，W1=1。

（6）图 11-2 所示代码转换指令 COD 举例中，当 X10.1 为 1 时，执行代码转换。如果 R100=0，则 R102=101；如果 R100=1，则 R102=5；如果 R100=2，则 R102=11，依此类推。X10.0 是复位信号。

（三）二进制代码转换指令 CODB

此指令为二进制代码转换指令，与 COD 不同的是它可以处理 1 字节、2 字节或 4 字节长度的二进制数据，而且转换表的容量最大可到 256，见图 11-3。

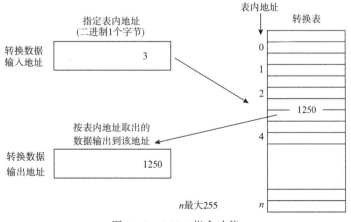

图 11-3　CODB 指令功能

CODB指令梯形图格式如图11-4所示。在格式指定中指定所处理的二进制数据的字节数,可以设为1、2或4。

图11-4　CODB指令梯形图格式

图11-5所示二进制代码转换CODB指令举例中,7段数码管显示R100中的数据,R100=1~8。其转换数据表数据为1字节二进制,数据个数为9个;当执行代码转换时,如果R100=1,则Y0=6;如果R100=2,则Y0=91;如果R100=3,则Y0=79,依此类推。R9091.1是CODB指令的启动信号;F1.1是复位信号。

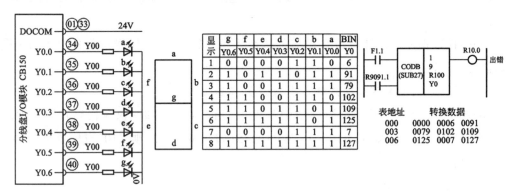

图11-5　CODB指令举例

其他10类指令不在此详述。

匠人锤炼篇

任务二　手动进给PMC程序设计与调试

一、工作目的

(1)掌握数控机床进给速度倍率修调PMC控制的实现方法。

（2）掌握数控机床手动连续进给PMC控制的实现方法。

（3）掌握数控机床手动快移进给PMC控制的实现方法。

（4）掌握数控机床手轮进给PMC控制的实现方法。

（5）掌握机床手动回零控制方法。

二、工作准备

1.工具、仪器及器材

（1）器材/设备:数控机床维修实训台/数控车床CK6140。

（2）其他:CF存储卡、编程工具。

（3）资料:随机电子资料包,包括电气原理图、FANUC参数手册、FANUC简明联机调试、FANUC梯形图编程说明书、伺服放大器说明书。

2.场地要求

数控机床装调实训室、智能制造中心。配有FANUC 0i 数控系统的数控机床数台。

三、手动进给倍率设计与调试

数控机床进给轴的速度可以通过进给倍率开关在0~120%范围内修调,所以数控机床手动进给动作PMC控制,实际上包含进给倍率修调和轴移动指令两部分PMC程序,当没有设计进给倍率修调PMC程序时,数控系统认为进给倍率为0,此时轴是不能移动的。

(一)接口信号

1. X信号

进给速度倍率开关输入信号1,地址X23.0;

进给速度倍率开关输入信号2,地址X23.1;

进给速度倍率开关输入信号3,地址X23.2;

进给速度倍率开关输入信号4,地址X23.3。

2. R信号

进给速度倍率表内序号地址,R7.0;

CODB执行输出继电器,R8.0。

3. G信号

手动进给速度倍率的PMC到CNC的控制信号,G11、G10。

(二)进给速度倍率格雷码转换及控制信号表

*JV0~*JV15(G10~G11):手动进给速度倍率信号。该信号用来选择JOG进给或增量进给方式的速度。这些信号是16位的二进制编码信号,它对应的倍率如下所示:

$$倍率值（\%）= 0.01\% \times \sum_{i=1}^{15} \left| 2^i V_i \right| \qquad 式（11-1）$$

此处，当*JVi为"1"时，$V_i=0$；当*JVi为"0"时，$V_i=1$。

当所有的信号(*JV0~*JV15)全部为"1"或"0"时，倍率值为0，在这种情况下，进给停止。倍率可以0.01%的单位在0~655.34%的范围内定义。

JOG倍率信号与倍率值的关系见表11-3。

表11-3　JOG倍率信号与倍率值的关系

*JV15~*JV0				倍率值/%
#15~#12	#11~#8	#7~#4	#3~#0	
0000	0000	0000	0000	0
1111	1111	0011	0111	2
1111	1110	0110	1111	4
1111	1101	1010	0111	6
1111	1100	0001	0111	10
1111	1100	0010	1111	20
1111	0100	0100	0111	30
1111	0000	0101	1111	40
1110	1100	0111	0111	50
1110	1000	1000	1111	60
1110	0100	1010	0111	70
1110	0000	1011	0111	80
1101	1100	1101	0111	90
1101	1000	1110	1111	100
1101	0101	0000	0111	110
1101	0001	0001	1111	120

JOG倍率开关为4层16位波段开关SA230，信号输入地址为X23.0~X23.3，按前面知识单元"PMC编程——I/O地址设定"模块地址设定，该信号需接入操作面板用I/O板CE57-1接口，具体电气连接图如图11-6所示。

JOG倍率PMC程序如图11-7、图11-8所示。

(1)屏蔽X23字节中的高4位，输出到R7(图11-7)。

(2)代码转换输出到接口信号G10~G11(图11-8)。

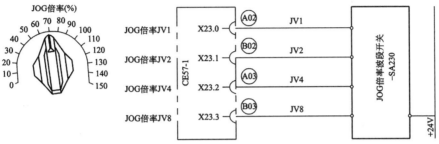

图 11-6 JOG倍率开关电气连接图

(三)程序设计

由于 COB 代码转换指令的转换数据输入地址为字节形式,且输入数据表开始单元为0,而本机中 X23 的低 4 位可能分别有其他功能,所以不能直接把 X23 作为代转换指令的转换数据输入地址。所以进给速度倍率修调开关将 X23.0、X23.1、X23.2、X23.3 的值送给PMC,PMC 首先要把格雷码转换为倍率数据表的表内号,存于中间寄存器 R7。其梯形图设计如图 11-7 所示。

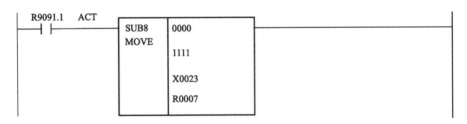

图 11-7 格雷码转换为倍率数据表的表内号

经过图 11-7 的梯形图转换后,旋转倍率开关可以使得输入寄存器 R7 中的数据在十进制 0~15 变化,如表 11-3 所示。

根据表 11-1 及表 11-3,即可使用转换指令 CODB 把输入开关量从格雷码形式转换成数控机床要求的控制信号 G11、G10 两字节的输出值。所以,手动进给倍率控制 PMC 梯形图如图 11-8 所示。

此梯形图程序使用 CODB 指令时,特别是要理解表内数据含义,它是 G11、G10 两字节以补码形式存储的二进制数的十进制值。灵活运用 CODB 指令取代基本线图输出指令可以使梯形图程序大大简化。

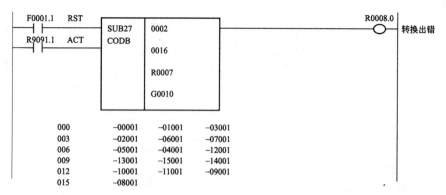

图 11-8　JOG倍率 PMC 程序

程序自动执行时的进给倍率控制与手动倍率控制相似,只是要注意CODB指令的转换数据输出地址不再是以G10开始的两字节地址,而是以G12开始的一字节地址。其梯形图程序请读者自行设计。

(四)程序验证和调试

请同学以2~3人一组的方式分组进行数控机床进给倍率PMC控制程序的设计与调试,使用数控系统内置编程器或FANUC LADDER-Ⅲ软件设计数控机床进给倍率程序,将梯形图程序载入数控系统并运行。

查看PMC梯形图状态画面和监控画面,然后旋转进给倍率开关,对刚才设计的梯形图程序进行验证,查看进给倍率响应值是否与进给倍率开关指示值一致,对不一致进行分析和调试,将验证情况和调试步骤填入表11-4中。

表 11-4　进给倍率验证和调试记录表

序号	验证记录	调试记录

四、进给倍率设计

(一)接口信号

1. X 信号

进给速度倍率开关输入信号 1,地址 X24.1;

进给速度倍率开关输入信号 2,地址 X24.2;

进给速度倍率开关输入信号 3,地址 X24.3;

进给速度倍率开关输入信号 4,地址 X24.4。

2. R 信号

进给速度倍率表内序号地址,R10、R12;

CODB 执行输出继电器,R21.0。

3. G 信号

自动执行进给速度倍率的 PMC 到 CNC 的控制信号,G12。

进给速度倍率信号用来增加或减少编程进给速度,一般用于程序检测。例如,当在程序中指定的进给速度为 100mm/min 时,将倍率设定为 50%,使机床以 50mm/min 的速度移动。

*FV0~*FV7:进给速度倍率信号(G12)。切削进给速度倍率信号共有 8 个二进制编码信号,倍率值计算公式为:

$$倍率值 = \sum_{i=1}^{7}(2^i V_i)\%　　　　式(11-2)$$

当 *FVi 为 1 时,V_i=0;当 *FVi 为 0 时,V_i=1。所有的信号都为"0"和所有的信号都为"1"时,倍率都被认为是 0%。因此,倍率可在 0~254% 的范围内以 1% 为单位进行选择。

数控系统进给倍率开关为 4 层 16 位波段开关 SA241,输入信号为 X24.1~X24.4,按前面知识单元"PMC 编程——I/O 地址设定"模块地址设定,该信号需接入操作面板用 I/O 板 CE57-1 接口,具体电气连接图如图 11-9 所示。

进给倍率

位号	1	2	3	4	5	6	7	8	9	10	11	12	13	14	15	16
倍率	0%	10%	20%	30%	40%	50%	60%	70%	80%	90%	100%	110%	120%	130%	140%	150%
FV1	0	1	0	1	0	1	0	1	0	1	0	1	0	1	0	1
FV2	0	0	1	1	0	0	1	1	0	0	1	1	0	0	1	1
FV4	0	0	0	0	1	1	1	1	0	0	0	0	1	1	1	1
FV8	0	0	0	0	0	0	0	0	1	1	1	1	1	1	1	1

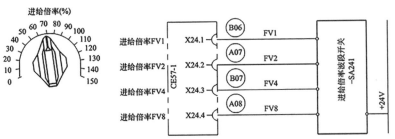

图 11-9　进给倍率开关电气连接图

(二)程序设计

进给倍率 PMC 程序如图 11-10~图 11-12 所示。

(1)屏蔽 X24 字节中的无效位,输出到 R10(图 11-10)。

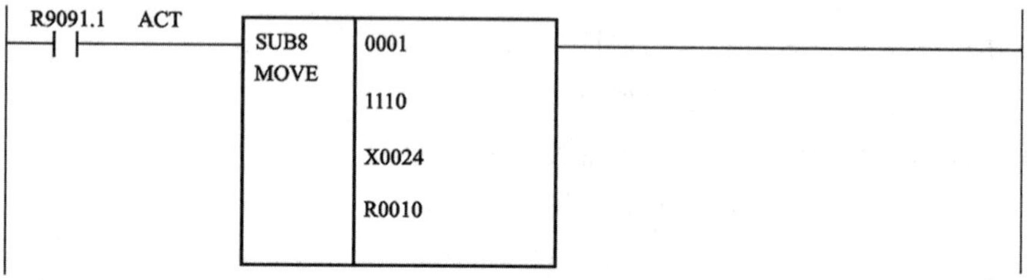

图 11-10　进给倍率 PMC 程序(1)

(2)将 R10 中数据位右移 1 位,输出到 R12(图 11-11)。

(3)代码转换输出到接口信号 G12(图 11-12)。

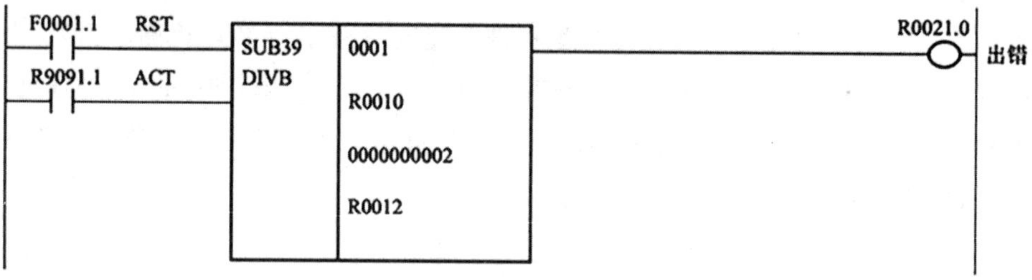

图 11-11　进给倍率 PMC 程序(2)

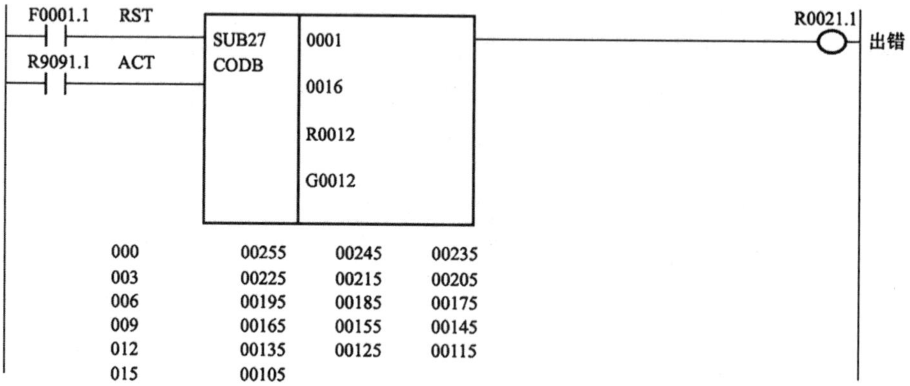

图 11-12　进给倍率 PMC 程序(3)

五、快移倍率设计

在数控机床上的手动快速移动操作一般有两种方法,一种是工作方式转换的波段开关上设置有手动快速挡,这时只要将工作方式开关转换到手动快速挡,再按各轴正、负方向移动按钮,机床便可以实现相应轴的快速移动;另一种是在面板上各轴的正、负方向移动按钮的中间有一个快速叠加按钮,当按下该按钮的同时,再按下各轴正、负方向移动按钮,则机床可以实现相应轴的快速移动。

(一)快移控制相关的信号

地址如下:

1. X信号

快速倍率开关输入信号1,地址X23.4;

快速倍率开关输入信号2,地址X23.5。

快速倍率对应的信号通断状态如表11-5所示。

表11-5　快速倍率对应开关状态

快速移动倍率	F0	25%	50%	100%
X23.4	1	0	1	0
X23.5	1	1	0	0

2. G信号

快速进给叠加信号,地址G19.7;

快速进给倍率ROV0值,地址G14.0;

快速进给倍率ROV1值,地址G14.1。

1%快速移动倍率选择信号,G96.7;1%快速移动倍率信号,G96.0~G96.6。

3. R信号

手动快速工作方式使用的中间继电器,地址R。

(1)ROV1,ROV2(G14.0,G14.1):快速移动倍率信号。编码信号与快移倍率的对应关系见表11-6。F0由参数(1421)设定。

(2)HROV(G96.7):1%快速移动倍率选择信号。该信号用于选择是快速移动倍率信号ROV1~ROV2有效,还是1%快速移动倍率信号*HROV0~*HROV6有效。HROV为1时,信号*HROV0~*HROV6有效;HROV为0时,信号ROV1和ROV2有效。

(3)*HROV0~*HROV6(G96.0~G96.6):1%快速移动倍率信号。这7个信号给出一个二进制码对应于快速移动速度的倍率。以1%为单位,在0%~100%的范围内调整快速移动速度。当指定的二进制编码为101%~127%的倍率值时,倍率被钳制在100%。信号*HROV0~*HROV6为非信号。如设定倍率值为10%时,设定信号*HROV0~*HROV6为1110101,它与二进制编码0001010相对应。

某数控系统使用2层4位波段开关SA234,实现4挡快移倍率:F0、25%、50%、100%。输入信号地址为X23.4和X23.5,按前面知识单元"PMC编程——I/O地址设定"模块地址设定,该信号需接入操作面板用I/O板CE57-1接口,具体电气连接图如图11-13所示。

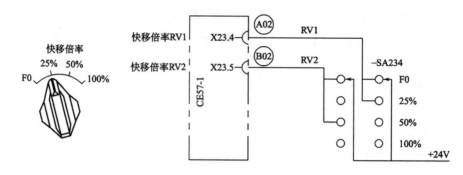

图 11-13　快移倍率电气连接图

(二)程序设计

手动快速移动包含了快速倍率和快速叠加控制两种信号,快速倍率有 F0、25%、50%、100% 四挡,它们与 G 信号的对应关系如表 11-6 所示。

表 11-6　编码信号与快移倍率对应关系

快速移动倍率信号		倍率值
ROV1	ROV2	
0	0	100%
0	1	50%
1	0	25%
1	1	F0

经过表 11-5、表 11-6 对比发现,X23.4、X23.5 的状态正好与 G14.0、G14.1 状态相同,所以这使得 PMC 程序设计更加简单。

手动快速其实是手动连接进给的一种叠加信号,其工作方式地址为 R9.0,控制信号地址是 G19.7,即当 G19.7 为 1 时,按 X+、X-、Y+、Y-、Z+、Z- 中的任何一个按键,相应的轴快速移动。

根据前面的分析,快移倍率 PMC 程序如图 11-14 所示。

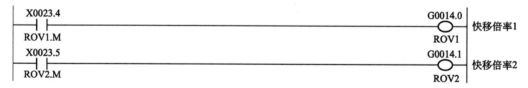

图 11-14　快移倍率 PMC 程序

(三)程序验证和调试

请同学以 2~3 人一组的方式分组进行数控机床进给倍率 PMC 控制程序的设计与调试,使用数控系统内置编程器或 FANUC LADDER-Ⅲ 软件设计数控机床手动快速移动控制程序,将梯形图程序载入数控系统并运行。

需要对如下功能进行验证与调试：

（1）将操作面板上的快速倍率开关调整到100%，工作方式转换到手动快速方式，然后按下机床X+、X−、Y+、Y−、Z+、Z−各按钮，查看机床各轴的运行情况，并记录下各轴的进给速度。

（2）将进给倍率分别调到25%、50%时，再对各轴的手动快移功能进行验证。

（3）将进给倍率调整到F0，再对各轴的手动快速移动功能进行验证。

（4）将验证情况和调试步骤填入表11−7中。

表11−7　手动快速移动功能验证和调试记录表

序号	验证记录	调试记录

六、手轮倍率及进给设计

（一）手轮倍率程序设计

数控机床在对刀操作或慢速进给时，一般都要采用手轮进给方式。有些机床为了操作方便，甚至还配置有可移动的便携手轮，手轮在数控机床控制中是怎样实现的呢？下面我们就将对此进行分析和设计。

某数控铣床，其便携手轮操作方法是：将机床操作面板上的工作方式转换到手轮方式（HND），再将便携手轮上的轴选开关转换到合适的轴位，将倍率开关转换到×1、×10、×100中的某一挡，然后顺时针或逆时针摇动手摇脉冲发生器，则机床相应的轴就向正或向负方向以0.001mm、0.01mm、0.1mm的当量进给。

使用手轮工作方式需要将系统的手轮功能有效参数NO8131#0设置为1。

手轮进给的PMC控制包括手轮轴选控制和手轮倍率控制两个方面，轴选控制用来选择要移动的轴，倍率控制用来控制手摇脉冲发生器每旋转一格时机床坐标轴移动的距离。

接口信号如下：

（1）X信号

3挡手轮倍率：×1、×10、×100，输入信号地址为X23.6~X24.0。

（2）手轮进给倍率信号

MP1、MP2（G19.4，G19.5）：手轮进给倍率选择信号，也称增量进给信号。该信号选择手轮进给或手轮进给中断期间，手摇脉冲发生器所产生的每个脉冲的移动距离。也可选择增量进给的每步的移动距离。该倍率信号和位移量的对应关系见表11-8。比例系数m、n由参数7113和7114设定。

表11-8 增量倍率信号和位移量的对应关系

增量倍率信号		移动距离		
MP1	MP2	手轮进给	手轮中断	增量进给
0	0	最小输入增量×1	最小指令增量×1	最小输入增量×1
0	1	最小输入增量×10	最小指令增量×10	最小输入增量×10
1	0	最小输入增量×m	最小指令增量×m	最小输入增量×100
1	1	最小输入增量×n	最小指令增量×n	最小输入增量×1000

数控系统使用3位选择开关SA236，实现3挡手轮倍率：×1，×10，×100。输入信号地址为X23.6~X24.0，按前面知识单元"PMC编程——I/O地址设定"模块地址设定，该信号需接入操作面板用I/O板CE57-1接口，具体电气连接图如图11-15所示。参数7113中置100。

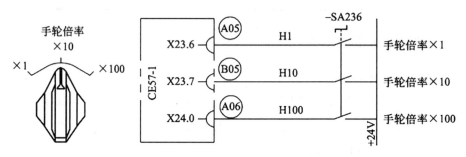

图11-15 手轮倍率开关电气连接图

（二）程序设计

根据表和图的分析，设计该机床的便携手轮的PMC控制梯形图，相应手轮倍率PMC程序如图11-16所示。

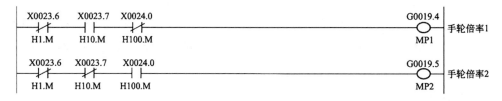

图11-16 手轮倍率PMC程序

(三)手轮进给程序设计

接口信号如下:

(1)X 信号

轴选输入信号 1,地址 X21.4;

轴选输入信号 2,地址 X21.5;

轴选输入信号 3,地址 X21.6;

轴选输入信号 4,地址 X21.7。

(2)G 信号

手轮进给轴选择信号,G18,G19。

手轮进给方式下,通过手轮进给轴选择信号选定移动坐标轴后,旋转手摇脉冲发生器,可以进行微量移动。手摇脉冲发生器旋转一个刻度(一格),轴移动量等于最小输入增量。另外,每旋转一个刻度,轴移动量也可以选择 10 倍或其他倍数(由参数 7113 和7114 所定义的倍数)的最小输入增量。用参数 JHD(7100#0)可选择在 JOG 方式下手轮进给是否有效。参数 HNGX(7102#0)可以改变旋转手轮时坐标轴的移动方向,从而使手轮旋转方向与轴移动方向相对应。HSnA~HSnD:手轮进给轴选择信号。这些信号选择手轮进给作用于哪一坐标轴,见图 11-17。每一个手摇脉冲发生器(最多 3 台)与一组信号相对应,每组信号包括 4 个,分别是 A、B、C、D,信号名中的数字表明所用的手摇脉冲发生器的编号。编码信号 A、B、C、D 与进给轴的对应关系如表 11-9 所示。

	#7	#6	#5	#4	#3	#2	#1	#0
G18	HS2D	HS2C	HS2B	HS2A	HS1D	HS1C	HS1B	HS1A
G19					HS3D	HS3C	HS3B	HS3A

图 11-17　手轮进给轴选择信号

表 11-9　编码信号与进给轴的对应关系

手摇进给轴选择				进给轴
HSnD	HSnC	HSnB	HSnA	
0	0	0	0	不选择(无进给轴)
0	0	0	1	第 1 轴
0	0	1	0	第 2 轴
0	0	1	1	第 3 轴
0	1	0	0	第 4 轴

某系统共有 4 个坐标轴,第 1~4 轴分别是 X 轴、Z 轴、A 轴、B 轴。采用 1 个 4 位置选择开关 SA214 进行手摇轴选择。X~B 轴手轮轴选信号定义为 X21.4~X21.7,按前面知识单元"PMC 编程——I/O 地址设定"模块地址设定,该信号需接入操作面板用 I/O 板 CE56-1接口,具体电气连接图如图 11-18 所示。

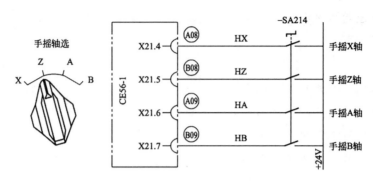

图 11-18　手摇电气连接图

（四）程序设计

手轮轴选PMC程序如图11-19所示。

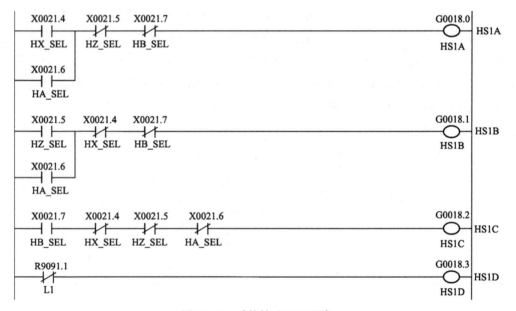

图 11-19　手轮轴选PMC程序

（五）程序验证和调试

请同学以2~3人一组的方式分组进行数控机床进给倍率PMC控制程序的设计与调试,使用数控系统内置编程器或FANUC LADDER-Ⅲ软件设计数控机床手轮进给控制程序,将梯形图程序载入数控系统并运行。

对手轮功能进行如下验证和调试:

（1）将机床操作面板上的工作方式转换到手轮方式,将手轮上的倍率开关转到×100,然后将手轮上的轴选开关分别转到0轴、X轴、Y轴、Z轴,向正、负两个方向缓慢旋转手轮,查看各轴的动作情况。

（2）将手轮上的倍率开关转到×1、×10,再像上一步一样分别验证各轴的动作情况。

将验证情况和调试步骤填入表11-10中。若动作不正常,请从系统参数、线路连接、PMC地址、PMC梯图等多个方面进行分析和调试。

表11-10　便携手轮功能验证和调试记录表

序号	验证记录	调试记录

七、JOG进给/手动回零

(一)接口信号

1. X信号

X轴正向按钮输入地址X20.6;

X轴负向按钮输入地址X20.7。

2. G信号

(1)JOG进给

+Jn或-Jn:轴进给方向信号。信号名中的信号(+或-)指明进给方向。J后所跟数字表明控制轴号,见图11-20所示。

	#7	#6	#5	#4	#3	#2	#1	#0
G100	+J8	+J7	+J6	+J5	+J4	+J3	+J2	+J1
G102	-J8	-J7	-J6	-J5	-J4	-J3	-J2	-J1

图11-20　轴进给方向信号

在JOG方式下,将进给轴的方向选择信号置为"1",所选坐标轴沿着所选的方向连续移动。一般,手动JOG进给,在同一时刻,仅允许一个轴移动,但通过设定参数JAX(1002#0)也可选择3个轴同时移动。JOG进给速度由参数1423来定义。使用JOG进给速度倍率开关可调整JOG进给速度。快速进给被选择后,机床以快速进给速度移动,此时与JOG进给速度倍率开关信号无关。

RT(G19.7):手动快速进给选择信号。在JOG进给或增量进给方式下用此信号选择快速进给速度。

（2）手动回零

手动回零操作的时序图如图11-21所示。手动返回参考位置的步骤如下。

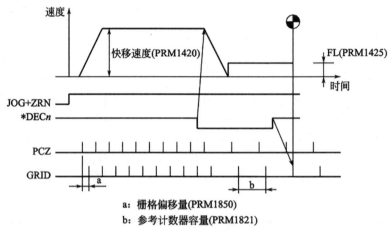

图11-21 手动回零操作时序图

①选择JOG方式,并将手动返回参考点选择信号ZRN(G43.7)置为"1"。

将要回参考点坐标轴的方向选择信号(+Jn或-Jn)置为"1",使该轴向参考点减速开关方向高速移动。

②进给轴和方向选择信号为"1"时,该轴会以快速进给移动。虽然快速倍率信号此时有效(ROV1,ROV2),但通常仍将倍率设为100%。

③当参考点减速开关被压下时,参考点减速信号(*DECn)从"1"变为"0",回零坐标轴以固定的低速FL继续移动(参数1425设定FL进给速度)。

④当参考点减速开关脱开后,减速信号再次变为"1",回零坐标轴以FL速度,沿着参数ZMI(1006#5)所设定的方向移动,直到到达参考点减速开关脱开后的第1个栅格点停止。如果参数ZMI设定的方向与轴方向选择信号设定的方向不一致,第一次脱开减速开关后,轴反方向移动,直到到达第二次脱开减速开关后的第1个栅格点停止。

⑤当确定坐标位置在到位宽度范围内后,参考点返回结束信号(ZPn)和参考点建立信号(ZRFn)输出为"1"。

步骤②~⑤是各轴分别进行的,即同时控制轴数通常是一个轴。但可以通过参数JAX(1002#0)设定为三个轴同时运动。

在步骤②~⑤操作之间,如果进给方向选择信号(+Jn或-Jn)变为"0",则机床运动会立即停止,且返回参考点操作被取消。如该信号再变为"1",操作会从步骤③重新开始(快速进给)。

与手动返回参考点有关的信号见表11-11所示。

表 11-11 与手动返回参考点有关的信号

方式选择	MD1,MD2,MD4	方式选择	MD1,MD2,MD4
参考点回归选择	ZRN,MREF	参考点返回减速信号	*DEC1,*DEC2,*DEC3,...
移动轴选择	+J1,-J1,+J2,...	参考点返回结束信号	ZP1,ZP2,ZP3..
移动速度选择	ROV1,ROV2	参考点确立信号	ZRF1,ZRF2,ZRF3,...

3. 回零相关接口信号

(1)ZRN(G43.7):手动返回参考点选择信号。该信号用来选择手动参考点返回状态。手动参考点回零实际上是工作在 JOG 方式,换句话说,要选择手动参考点返回方式,首先要选择 JOG 进给方式,其次将手动返回参考点选择信号为"1"。

(2)MREF(F4.5):手动返回参考点选择检测信号。该信号指示手动返回参考点方式中。

(3)*DECn(X9):参考点返回减速信号。这些信号在手动参考点返回操作中,使移动速度减速到 FL 速度,每个坐标轴对应一个减速信号,减速信号后的数字代表坐标轴号。

(4)ZPn(F94):参考点返回结束信号,该信号通知机床已经处于该轴的参考点上。每个坐标轴对应一个信号。信号名称的数字代表控制轴号。

(5)ZRFn(F120):参考点建立信号。指示系统已经建立了参考点。各坐标轴都有自己的参考点建立信号,信号名后边的数字代表控制轴号。

4. 坐标轴 JOG 和回零操作控制要求

(1)只允许 X 轴手动正向回零。

(2)系统上电后,X 轴未回零,X 轴零点指示灯闪烁,按一下 X 轴正向按钮,X 轴自动返回零点,回零结束后,X 轴零点指示灯常亮。

(3)系统上电后,如果已经正常回零完成,即 X 轴零点指示灯常亮,仍需手动回到零点,则需要一直按住 X 轴正向按钮,直至回零结束。X 轴正向按钮输入地址 X20.6,X 轴负向按钮输入地址 X20.7,X 轴零点指示灯输出地址 Y20.6。按前面知识单元"PMC 编程——I/O 地址设定"模块地址设定,该信号需接入操作面板用 I/O 板 CE56-1 接口,具体电气连接图如图 11-22 所示。

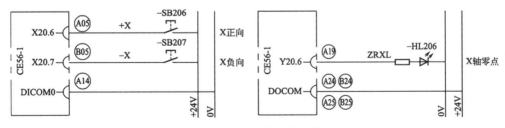

图 11-22 手动操作电气连接图

(二)程序设计

以 X 轴为例,PMC 程序如图 11-23 所示。

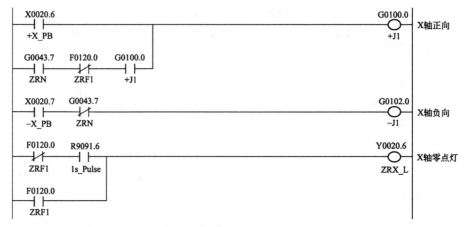

图11-23　JOG进给/手动回零PMC程序

(三)程序验证和调试

请同学以2~3人一组的方式分组进行数控机床主轴倍率PMC控制程序的设计与调试,使用数控系统内置编程器或FANUC LADDER-Ⅲ软件设计数控机床手动回零控制程序,将梯形图程序载入数控系统并运行。

选择回零方式,按下Z+方向,查看X轴是否执行回X轴零位置;同理,依次检验X、Y轴两轴是否同样执行回零动作,完成整个回零操作。

将记录填写在表11-12中。

表11-12　手动回零验证和调试记录表

序号	验证记录	调试记录

八、主轴倍率设计

(一)接口信号

1. X信号

主轴速度倍率开关输入信号1,地址X24.5;

主轴速度倍率开关输入信号2,地址 X24.6;

主轴速度倍率开关输入信号3,地址 X24.7。

2. R信号

主轴速度倍率表内序号地址,R20、R22;

CODB执行输出继电器,R21.3。

3. G信号

主轴进给速度倍率的PMC到CNC的控制信号,G30。

SOV0~SOV7(G30):主轴速度倍率信号。主轴速度倍率信号使指令的主轴速度S值乘以0~254%的倍率。倍率单位为1%。倍率值为8位二进制信号,从SOV7到SOV0。

当不使用该功能时,倍率应指定为100%;否则倍率为0%,禁止主轴旋转。

某数控系统主轴倍率开关为3层8位波段开关SA245,主轴倍率范围为30%~100%。输入信号地址为X24.5~X24.7,按前面知识单元"PMC编程——I/O地址设定"模块地址设定,该信号需接入操作面板用I/O板CE57-1接口,具体电气连接图如图11-24所示。

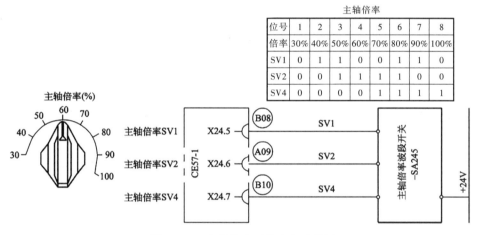

主轴倍率								
位号	1	2	3	4	5	6	7	8
倍率	30%	40%	50%	60%	70%	80%	90%	100%
SV1	0	1	1	0	0	1	1	0
SV2	0	0	1	1	1	1	0	0
SV4	0	0	0	0	1	1	1	1

图 11-24　主轴倍率开关电气连接图

(二)程序设计

主轴倍率PMC程序如图11-25~图11-28所示。

(1)屏蔽X24字节中的低5位,输出到R20(图11-25)。

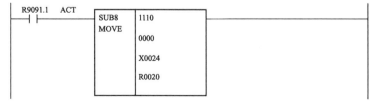

图 11-25　主轴倍率PMC程序(1)

（2）R20中数据位右移5位，输出到R22（图11-26）。

```
F0001.1   RST
  ┤├──────┐  SUB39   0001                              R0021.2
F9091.1   ACT│  DIVB                            ──────○ 出错
  ┤├──────┘          R0020

                     0000000032

                     R0022
```

图11-26　主轴倍率PMC程序（2）

（3）代码转换输出到接口信号G30（图11-27）。

```
F0001.1   RST
  ┤├──────┐  SUB27   0001                              R0021.3
F9091.1   ACT│  CODB                            ──────○ 出错
  ┤├──────┘          0008

                     R0022

                     G0030

      000      00030    00040   00060
      003      00050    00100   00090
      006      00070    00080
```

图11-27　主轴倍率PMC程序（3）

（4）如果不使用主轴倍率修调，可以将主轴倍率固定为100%（图11-28）。

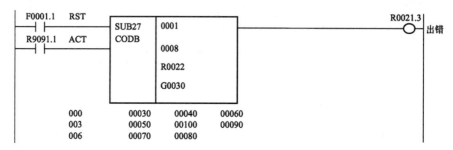

图11-28　主轴倍率PMC程序（4）

（三）程序验证和调试

请同学以2~3人一组的方式分组进行数控机床主轴倍率PMC控制程序的设计与调试，使用数控系统内置编程器或FANUC LADDER-Ⅲ软件设计数控机床主轴速度倍率控制程序，将梯形图程序载入数控系统并运行。

查看PMC梯形图状态画面和监控画面，然后旋转主轴速度倍率开关，对刚才设计的梯形图程序进行验证，查看主轴速度倍率响应值是否与主轴速度倍率开关指示值一致，对不一致进行分析和调试，将验证情况和调试步骤填入表11-13中。

表 11-13　主轴速度倍率验证和调试记录表

序号	验证记录	调试记录

任务三　系统运行功能 PMC 程序设计

一、工作目的

掌握数控机床的单段、选择停、程序跳段、机床锁住、空运行、循环启动、进给保持 7 个关于系统运行功能的控制原理、要求、PMC 编程方法。

二、工作任务

CKA6140 数控车床的操作面板上有循环启动、进给保持、单段执行、选择停、程序跳段、机床锁住、空运行七个关于系统运行功能控制的按钮。设计并调试机床这些功能控制的 PMC 程序,使系统的这些运行功能正常。

三、机床锁住 PMC 设计

在零件的数控加工开始之前,可以通过机床锁住功能先执行自动运行程序测试,可以在不移动机床的情况下监测位置显示的变化。所有轴机床锁住信号 MLK 或各轴机床锁住信号 MLKn 置为 1 时,在手动运行或自动运行中,停止向伺服电机输出脉冲(移动指令),但依然在进行指令分配,绝对坐标和相对坐标也得到更新,所以操作者可以通过观察位置的变化来检查指令编制是否正确。

(一)编程元件地址表

(1)PMC 与机床侧之间的 I/O 地址

MLK.K 机床锁住执行按键输入地址:X22.2。

MLK.L 机床锁住执行 LED 灯输出地址:Y21.2。

（2）PMC与CNC之间的I/O地址

MLK（G44.1）：所有轴机床锁住信号。将所有控制轴置于机床锁住状态。在手动运行或自动运行时，若该信号置1，则不向所有控制轴的伺服电机输出脉冲（移动指令），机床工作台不移动。

MLKn（G108）：各轴机床锁住信号。将相应的轴置于机床锁住状态。该信号用于各控制轴，信号后的数字与各控制轴号相对应。

MMLK（F4#1）：所有轴机床锁住检测信号。通知PMC所有轴机床锁住信号的状态。

（二）编程功能指令

DIFU：前沿检测。

该指令的功能是当输入信号出现上升沿时，在此扫描周期中输出信号为1。读取输入信号的前沿，扫到1后输出即为"1"。

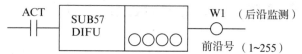

控制条件ACT：执行条件。ACT=0，不执行DIFD指令；ACT=1，执行DIFU指令。

参数下降沿号：指定下降沿的序号，范围是1~256。

使用例子：

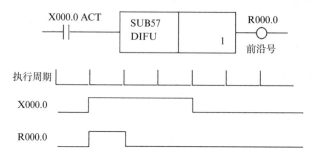

（三）接口连接

系统"机床锁住""空运行""单程序段""跳程序段"按钮信号输入地址为X22.2~X22.5，按钮为瞬态方式，按一下，功能有效；再按一下，功能无效。功能生效时点亮输出地址Y21.2~Y21.5指示灯，按前面知识单元"PMC编程——I/O地址设定"模块地址设定，该信号需接入操作面板用I/O板CE56-1接口，具体电气连接图如图11-29所示。

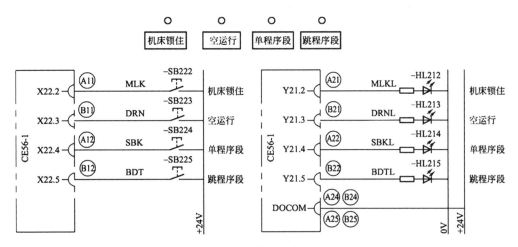

图 11-29　接口信号电气连接图

(四)程序设计

数控机床运行过程中,若机床锁住信号 G44.1 为 1,则系统停止向伺服电机输出脉冲,将所有进给轴锁住,而轴位置状态仍显示变化。因此,可以不进行实际加工而通过图像观察位置显示的变化。机床"机床锁住"功能 PMC 程序如图 11-30 所示。

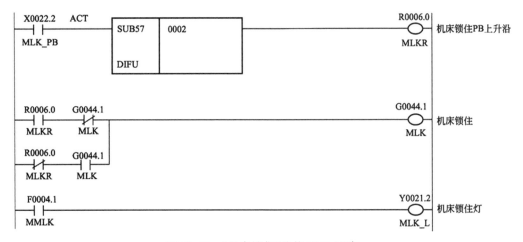

图 11-30　"机床锁住"功能 PMC 程序

四、程序单段执行控制 PMC 设计

程序单段执行是指系统在执行完每一行加工程序段后自动进入进给保持状态,当再次按下循环启动按钮后,系统才执行下一行程序段,从而实现对零件加工程序的逐段执行。

在机床操作面板上有一个程序单段按钮,在系统执行加工程序过程中时,单按一下单段按钮,此按钮对应的 LED 灯亮,系统在执行完每一行程序段后将暂停等待操作者发出循环启动信号;若再按一下单段按钮,则此按钮对应的 LED 灯熄灭,系统顺序将连续执行加工程序。

（一）编程元件地址表

（1）PMC与机床侧之间的I/O地址

SBK.K单段执行按键输入地址：X22.4。

SBK.L单段执行LED灯输出地址：Y21.4

（2）PMC与CNC之间的I/O地址

SBK（G46.1）：单程序段信号。使单程序段有效。该信号置为1时，执行单程序段操作；该信号为0时，执行正常操作。

MSBK（F4.3）：单程序段检测信号。通知PMC单程序段信号的状态。单程序段SBK为1时，该信号为1；单程序段SBK为0时，该信号为0。

（二）程序设计

程序单段执行在自动方式和MDI方式下有效，当CNC侧的单段执行控制信号G46.1为1时，加工程序单段执行控制功能PMC程序如图11-31所示。

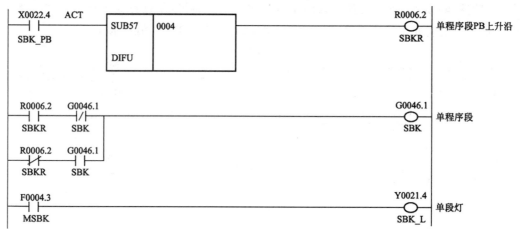

图11-31 "单程序段"功能PMC程序

五、空运行功能PMC设计

该功能用来在机床不装工件的情况下检查机床的运动，空运行是数控机床以恒定的进给速度运动而不执行加工程序中所指定的进给速度，常用于快速执行程序检查工作。空运行仅对自动运行有效。机床以恒定进给速度运动而不执行程序中所指定的进给速度。这一进给速度取决于参数RDR（1401#6）设定值、手动快速进给切换信号RT、手动进给速度倍率信号*JV0~*JV15和程序指令是否指定了快速进给或切削进给，如表11-14所示。其中：

由参数1422设定最大切削进给速度，它限制切削进给程序指令的空运行速度。

由参数1420设定快速进给速度。

由参数1410设定空运行进给速度。

JV：手动进给速度倍率。

JV_{max}：手动进给速度倍率最大值。

表11-14　空运行速度

手动快速进给切换信号RT	参数RDR（1401#6）	程序指令	
		快速进给	切削进给
1	——	快进速度	空运行速度×JV_{max}
0	0	快进速度	空运行速度×JV
	1	空运行速度×JV	

（一）编程元件地址表

（1）PMC与机床侧之间的I/O地址

DRN.K空运行执行按键输入地址：X22.3。

DRN.L空运行执行LED灯输出地址：Y21.3。

（2）PMC与CNC之间的I/O地址

DRN（G46.7）：空运行信号。使空运行有效。该信号置为1时，机床以设定的空运行进给速度移动；该信号为0时，机床正常移动。

MDRN（F2.7）：空运行检测信号。通知PMC空运行信号的状态。空运行DRN为1时，该信号为1；空运行DRN为0时，该信号为0。

（二）程序设计

PMC到CNC侧的空运行控制信号是G46.7，当G46.7为1时空运行有效，否则无效。机床空运行功能控制的PMC程序如图11-32所示。

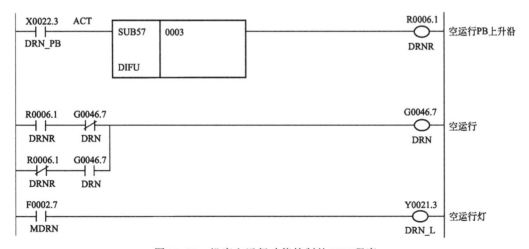

图11-32　机床空运行功能控制的PMC程序

六、程序跳段功能PMC设计

程序跳段功能是系统在自动运行期间,为了方便对加工程序进行测试,可以在某些程序段号前加一个斜杠符号标识,这时系统将不执行这段程序而跳到下一行程序段。自动运行中,当在程序段的开头指定了一个斜杠和数字(/n,n=1~9),且跳过任选程序段信号BDT1~BDT9设定为1时,与BDTn信号相对应的标有"/n"的程序段被忽略。

例如:/2N123 X100 Y200;

(一)编程元件地址表

(1)PMC与机床侧之间的I/O地址

BDT.K空运行执行按键输入地址:X22.5。

BDT.L空运行执行LED灯输出地址:Y21.5。

(2)PMC与CNC之间的I/O地址

BDT1~BDT9(G44.0,G45):跳过任选程序段信号。选择包含"/n"的程序段是被执行还是被忽略。在自动运行期间,当相应的跳过任选程序段信号为1时,包含"/n"的程序段被忽略。当信号为0时,程序段正常执行。

MBDT1~MBDT9(F4.0,F5):跳过任选程序段检测信号。通知PMC跳过任选程序段信号BDT1~BDT9的状态,有9个信号与9个跳过任选程序段信号相对应。MBDTn信号与BDTn信号相对应。当跳过任选程序段信号BDTn设定为1时,相对应的MBDTn信号设定为1;当跳过任选程序段信号BDTn设定为0时,相对应的MBDTn信号设定为0。

(二)程序设计

程序跳段功能必须编写PMC程序使其控制信号G44.0置1,若G44.0为0则系统不会跳过加斜杠的程序段,而是正常顺序执行。程序跳段功能控制的PMC程序比较简单,仅使用二分频程序控制输入,使用状态确认信号F4.0输出到面板指示灯Y21.5可以确保面板与系统的状态同步,如图11-33所示。

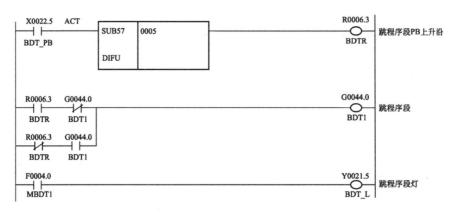

图11-33 "跳程序段"功能PMC程序

七、循环启动/进给暂停

当数控系统处于存储器自动加工运行方式、DNC 运行方式或 MDI 方式时,手动按下面板上的循环启动按钮,则 CNC 进入自动运行状态,并开始执行零件加工程序。在自动运行期间,当按下进给保持(进给暂停)按钮,系统在执行完当前加工程序段后,进入运行暂停状态。

(一)编程元件地址表

(1)PMC 与机床侧之间的 I/O 地址

ST.K 循环启动执行按键输入地址:X22.0。

ST.L 循环启动执行 LED 灯输出地址:Y21.0。

SP.K 进给暂停执行按键输入地址:X22.1。

SP.L 进给暂停执行 LED 灯输出地址:Y21.1。

(2)PMC 与 CNC 之间的 I/O 地址

①ST(G7.2):循环启动信号。启动自动运行。在存储器方式(MEM)、DNC 运行方式(RMT)或手动数据输入方式(MDI)中,信号 ST 置 1,然后置为 0 时,CNC 进入循环启动状态并开始运行。ST 信号时序图如图 11-34 所示。

图 11-34　ST 信号时序图

②*SP(G8.5):进给暂停信号。暂停自动运行。自动运行期间,若*SP 信号置为 0,CNC 将进入进给暂停状态且运行停止;*SP 信号置为 0 时,不能启动自动运行。*SP 信号时序图如图 11-35 所示。

图 11-35　*SP 信号时序图

③OP(F0.7):自动运行灯信号。该信号通知 PMC 正在执行自动运行。

④STL(F0.5):循环启动灯信号。该信号通知 PMC 已经启动了自动运行。

⑤SPL(F0.4):进给暂停灯信号。该信号通知 PMC 已经进入进给暂停状态。

CNC 运行状态见表 11-15。

表11-15 CNC运行状态

信号状态	循环启动灯 STL(F0.5)	进给暂停灯 SPL(F0.4)	自动运行灯 OP(F0.7)
循环启动状态	1	0	1
进给暂停状态	0	1	1
自动运行停止状态	0	0	1
复位状态	0	0	0

CNC各运行状态说明如下：

循环启动状态：CNC正在执行存储器运行或手动数据输入运行指令。

进给暂停状态：指令处于执行保持时，CNC既不执行存储器运行也不执行手动数据输入运行。

自动运行停止状态：存储器运行或手动数据输入运行已经结束且停止。

复位状态：自动运行被强行终止。

(二)接口连接

某系统有2个进给坐标轴,分别是X轴和Z轴,要求所有进给轴均已建立参考点后才允许存储器方式下,启动程序运行;MDI方式下不受此限制。

按前面知识单元"PMC编程——I/O地址设定"模块地址设定,该信号需接入操作面板用I/O板CE56-1接口,具体电气连接图如图11-36所示。

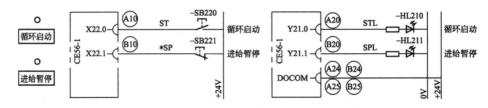

图11-36 循环启动电气连接图

(三)程序设计

循环启动使用的是PMC到CNC的控制信号G7.2(ST)由"1"变为"0"的下降沿,循环启动按钮被按下(X22.0为1)时,系统循环启动信号G7.2为1;当松开循环启动按钮(X22.0为0)时,系统循环启动信号G7.2由1变为0(信号的下降沿),系统开始执行自动加工,同时系统的循环启动状态信号F0.5为1。

进给保持(进给暂停)使用的进给保持有效信号G8.5(*SP)。G8.5为负逻辑信号,即当G8.5为0时,系统处于进给暂停状态,此时即使遇到G7.2(ST)的下降沿信号系统仍然不能循环启动。只有当G8.5保持为1时,系统循环启动功能才能有效。

在系统自动运行过程中,CNC向PMC传送了三个确认信号(F0.4,F0.5,F0.7)来反映机床所处的四种状态,其运行状态如表11-16所示。我们利用这三个信号可以方便地编写数控机床状态指示灯控制信号。

表 11-16　运行状态表

运行状态	地址		
	F0.7(OP)	F0.5(STL)	F0.4(SPL)
程序复位状态	0	0	0
自动运行中的状态	1	1	0
程序段中途暂停的状态	1	0	1
自动运行结束未复位状态	1	0	0

机床循环启动和进给暂停控制的 PMC 程序如图 11-37 所示。

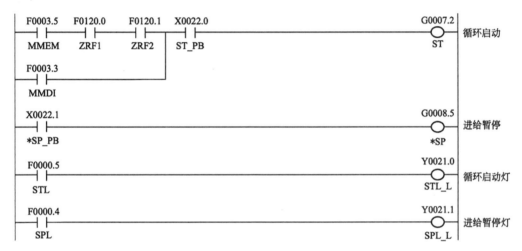

图 11-37　机床循环启动和进给暂停控制的 PMC 程序

本项目主要介绍了与数控机床手动进给与系统运行有关的控制功能的 PMC 编程方法。数控机床手动进给主要包括手动连续进给 JOG、手动快速进给、手轮进给、手动回零等方面。系统运行功能主要包括机床锁住、单段执行、空运行、程序跳段、循环启动/进给暂停等功能。本项目还介绍了格雷码在数控机床上的运用,格雷码是一种安全可靠的编码方式,它在任意两个相邻的数之间转换时,只有一个数位发生变化,减少了由一个状态到下一个状态时逻辑混淆的可能性,在数控机床上的进给倍率、主轴倍率等波段开关式旋钮的接线优先采用格雷码编码方式。本项目还介绍了代码转换指令 CODB、MOVB、DIFU 等指令的应用方法,它用于倍率控制功能中,大大简化了程序结构。

通过本项目各功能程序的设计与调试训练,能比较全面、深入地理解 PMC 编程原理和规律。读者应特别注意对典型功能的编程与调试的实践练习,通过多练习多积累编程经验,这样可以使 PMC 程序设计与调试更高效快速。

本项目在学习过程中,请读者对各个实训任务(手动进给倍率控制、手动连续进给控制、手动快速移动控制、手轮进给控制、手动回零控制、机床锁住、单段执行、空运行、程序跳段、循环启动/进给暂停)的 PMC 控制功能进行设计与调试,并且做好每个实训步骤、各控制信号地址及梯形图程序的记录,通过训练过程及最终程序执行效果进行检查。

项目十二　数控机床辅助功能PMC编程

　　项目描述:数控机床的辅助功能通常是指 M 功能,用来规定主轴的起、停、转向,冷却液的接通和断开,刀库的起、停等;机床主轴功能(S速度指令),通过地址S和其后面的数值,把代码信号送给机床,用于机床的主轴控制,在一个程序段中可以指令一个S代码;机床刀具功能(T指令),可以通过自动换刀功能,在加工不同工件时自动更换刀具,并自动调整刀具的切

数控机床辅助功能PMC编程

削参数,提高了机床的生产效率;机床 F 功能, F 功能指令用于控制切削进给量,即刀具轨迹速度。

知识与技能篇

任务一　相关知识的了解认识

一、数控车床的辅助功能

数控车床的辅助功能分为以下几个:

(一)机床主轴功能(S速度指令)

通过地址S和其后面的数值,把代码信号送给机床,用于机床的主轴控制。在一个程序段中可以指令一个S代码。

(二)机床刀具功能

用地址T及其后面2位数来选择机床上的刀具。在一个程序段中,可以指令一个T代码。移动指令和T代码在同一程序段中指令时,移动指令和T代码同时开始。

用T代码后面的数值指令,进行刀具选择。其数值的后两位用于指定刀具补偿的补偿号。

(三)机床M功能

如果在地址M后面指令了2位数值,那就把对应的信号送给机床,用来控制机床的ON/OFF。M代码在一个程序段中只允许一个有效,M代码信号为电平输出保持信号。

(四)机床F功能

F功能用来表示刀具的进给速度,进给速度是用字母F和后面的若干位数字来表示。

(1)G98是每分钟进给状态,刀具每分钟走的距离;

(2)C99是每转进给状态,主轴每转一转刀具的进给量,用F后续的数值直接指令。

本项目将详细介绍数控机床上这些辅助功能PMC控制的实现方法。

二、M功能设计

M代码用来指定主轴的正转、反转、停止及主轴定向停止,冷却液的供给和关闭,工件或刀具的加紧和松开,刀具自动更换等功能的控制。机床厂家根据机床具体控制情况编写辅助功能M代码,如主轴换挡功能、工作台的交换功能等。

(一)程序执行控制M代码

对程序执行过程进行控制的M代码有M00、M01、M02、M30、M98、M99等,具体功能如表12-1所示。

表12-1　程序执行控制M代码

M代码	名称
M00	强制程序停止
M01	可选择停止
M02	程序结束(通常需要重启,不需要倒带)
M30	程序结束(通常需要重启和倒带)
M98	子程序调用
M99	子程序结束

程序执行控制M代码是可以由CNC直接输出的,它不需要PMC译码处理,是专用信号,其中M00、M01、M02、M30四个代码对应的专用信号如表12-2所示。

表12-2　M00,M01,M02,M30专用输出信号

地址	#7	#6	#5	#4	#3	#2	#1	#0
F9	DM00	DM01	DM02	DM03				

当程序执行到M00、M01、M02、M30时,会自动对PMC输出F9.7~F9.4的状态信号,PMC程序则可以使用该信号对程序执行过程进行控制。以M02、M30代码为例,其代码的处理实际是PMC将复位信号送到CNC,不需要送回辅助功能完成信号,其梯形图程序如图12-1所示。

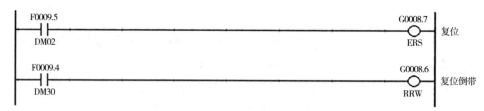

图12-1　M02、M30功能控制PMC程序

M98和M99是在CNC内部进行处理的,不需要PMC进行处理,CNC也不输出辅助功能选通信号(MF、F7.0)。

(二)辅助功能顺序控制M代码

除前面介绍的程序执行控制M代码外,其他的所有M代码在执行时,CNC不能直接对PMC输出某一个F地址信号,而是代码信号和选通信号被送给机床。机床用这些信号启动或关断有关功能。通常,在1个程序段中只能指定1个M代码。但是,在某些情况下,对某些类型的机床最多可指定3个M代码。参数3030指定M代码数字的最大位数,如果指定的值超出了最大位数,就会发生报警。M指令的处理时序见图12-2。其基本处理过程如下。

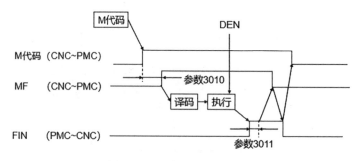

图12-2　M代码的处理时序

(1)假定在程序中指定M××:对于××,各功能可指定的位数分别用参数3030~3033设定,如果指定的位数超过了设定值,就发生报警。

(2)送出代码信号M00~M31(F10~F13)后,经过参数3010设定的时间TMF(标准值为16ms),选通信号MF(F7.0)置为1。代码信号是用二进制表达的程序指令值××。如果移动、暂停、主轴速度或其他功能与辅助功能在同一程序段被执行,当送出辅助功能的代码信号时,开始执行其他功能。

(3)当选通信号MF(F7.0)置1时,PMC读取代码信号并执行相应的操作。

(4)在一个程序段中指定的移动、暂停或其他功能结束后,需等待分配结束信号DEN(F1.3)置1,才能执行另一个操作。

(5)操作结束后,PMC将结束信号FIN(G4.3)设定为1。结束信号用于辅助功能、主轴速度功能、刀具功能、第2辅助功能的结束。如果同时执行这些功能,必须等到所有功能都结束后,结束信号才能设定为1。

（6）如果结束信号FIN(G4.3)为1的持续时间超过了参数3011所设定的时间周期TFIN(标准值为16ms),CNC将选通信号MF(F7.0)置为0,并通知已收到了结束信号。

（7）当选通信号MF(F7.0)为0时,在PMC中将结束信号FIN(G4.3)置为0。

（8）当结束信号FIN(G4.3)为0时,CNC将所有代码信号置为0,并结束辅助功能的全部顺序操作。

（9）一旦同一程序段中的其他指令操作都已完成,CNC就执行下一个程序段。

（10）CNC读到加工程序的M代码时,就输出M代码信息,FANUC数控系统M代码信息输出地址为所组成的F10~F13所组成的4字节二进制数,总共可以表示232个M代码。

（三）功能指令介绍

1. 译码指令DECB

数控机床在执行加工程序中规定的MST代码时,CNC装置以BCD或二进制形式输出M、S、T代码信号。这些信号需要经过译码才能从BCD或二进制状态转换成具有特定功能含义的一位逻辑状态。

译码指令DECB就是将普通1、2或4字节的二进制码转换成一位逻辑状态输出的功能指令。DECB指令主要用于M代码、T代码的译码。

DECB指令格式如图12-3所示,该指令主要包括以下内容。

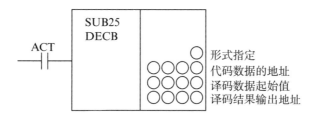

图12-3　DECB指令格式

DECB(二进制译码)DECB可对1、2、4字节二进制代码数据译码,所指定的8位连续数据之一与代码数据相同时,对应的输出位为1;没有相同的数时,输出数据为0。主要用于M或T功能译码。

ACT=0:将所有输出位复位。ACT=1:进行数据译码,处理结果设置在输出数据地址。参数说明如下。①格式指定0001:代码数据为1字节的二进制代码数据。0002:代码数据为2字节的二进制代码数据。0004:代码数据为4字节的二进制代码数据。②译码数据地址:给定一个存储代码数据的地址。③译码指定数:给定要译码的8位连续数字的第一位。④译码结果地址:给定一个输出译码结果的地址。存储区必须有一个字节的区域。

DECB译码指令举例见图12-4。在F7.0接通后,对1个字节的数据F10进行译码,当译出结果在3~10范围内时,与R200对应的位变为1。当F10=3时,R200.0置1;当F10=4

时，R200.1置1；依此类推。

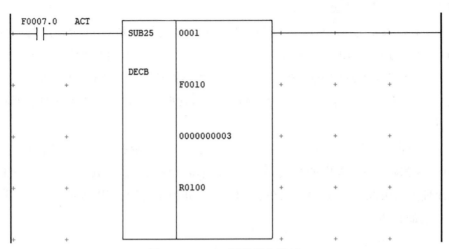

图12-4　DECB译码指令举例

2. 定时器TMR

PMC的定时器的功能类似于继电器控制系统中的时间继电器，是用来延时的，数控PMC的定时器指令有延时接通定时器TMR、延时接通固定定时器TMRB、延时接通定时器TMRC（地址型）、延时断开固定定时器，下面以TMR和TMRB举例。

（1）TMR（延时接通定时器）

这是延时接通定时器。当ACT=1达到预置的时间时，定时器接通。其梯形图格式见图12-5所示。

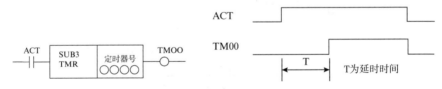

图12-5　TMR指令格式

控制条件：当ACT=0时，输出继电器W1=0；当ACT=1时，经过设定的延时时间后，输出定时器W1=1。

定时器号：FANUC根据不同型号的系统，其定时器个数不一样，对于1~8号定时器，设定时间的单位为48ms，对于9号以后的定时器，设定的时间为8ms。

TMR指令举例见图12-6所示。在X1.0接通后480ms，R1.0接通。

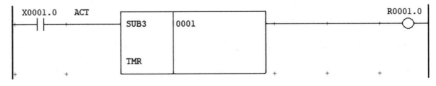

图12-6　TMR指令举例

（2）TMRB（延时接通固定定时器）

TMRB 指令的固定定时器的时间与 PMC 程序一起写入 ROM 中。此定时器也是延时接通定时器。TMRB 梯形图格式见图 12-7 所示。

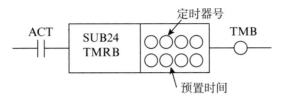

图 12-7　TMRB 指令格式

控制条件：当 ACT=0 时，输出继电器 W1=0；当 ACT=1 时，经过设定的延时时间后，输出定时器 W1=1。

TMRB 固定定时器号从 1 号开始。TMRB 定时器号不能与 TMRBF 定时器号冲突。TMRB 最大预置时间 32760000ms。图 12-8 中 TMRB 指令举例说明：在 X1.1 接通后经过 3s，R1.1 接通。

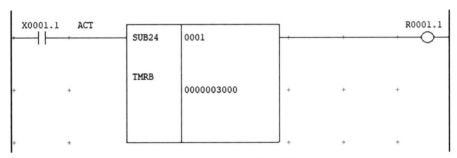

图 12-8　TMRB 指令举例

（3）信息显示请求 DISPB

数控机床很多时候希望 PLC 的某些执行信息能够显示在 CRT 屏幕上，用于提示操作者机床的某些工作状态。例如，当润滑系统的油面太低时要提醒用户加注润滑油，当排屑系统过载时要提示用户清除多余切屑等。这些来自 PLC 的信息显示功能也被称为数控系统外部报警信息显示。

信息显示功能指令 DISPB，该指令用于在 CRT±显示外部信息，可以通过指定信息号编制相应的报警，最多可编制 200 条信息。DISPB 指令的应用如图 12-9 所示。

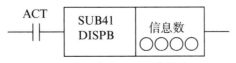

图 12-9　信息显示功能指令

控制条件及参数说明：

①如果 ACT=0，不显示任何信息；当 ACT=1，依据各信息显示请求地址位（地址 A0~A249）的状态显示信息数据表中设定的信息，如图 12-10 所示。

2	A0.1	1002 +Z LIMIT
3	A0.2	1003 -X LIMIT
4	A0.3	1004 -Z LIMIT

图 12-10　状态显示信息

②信息显示请求地址从 A0~A249 共 2000 位，对应于 2000 个信息显示请求位。如果要在 LCD 上显示某一条信息，就将对应的信息显示请求位置为"1"，如果置为"0"则清除相应的信息。

③信息数据表中存储的信息分别对应于相应的信息显示请求位，每条信息最多 255 个字符。

④在每条信息数据开始处定义信息号。信息号 1000~1999 产生报警信息，2000~2999 产生操作信息，见表 12-3。

表 12-3　信息号分类

信息号	CNC屏幕	显示内容
1000~1999	报警信息屏（路径1）	报警信息。CNC路径1转到报警状态
2000~2099	操作信息屏	操作信息
2100~2999		操作信息（无信息号）
5000~5999	报警信息屏（路径2）	报警信息。CNC路径2转到报警状态
7000~7999	报警信息屏（路径3）	报警信息。CNC路径3转到报警状态

下面以一个实例介绍数控系统外部报警的编制。如图 12-11 所示，X1.2 为机床防护门开关，当执行加工程序时若机床防护门未关闭，在屏幕上显示报警提示："1002:DOOR NEED CLOSE."机床自动运行启动状态信号地址 F0.5。

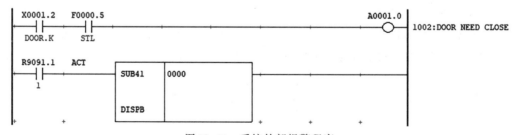

图 12-11　系统外部报警程序

匠人锤炼篇

任务二 机床典型辅助功能 PMC 程序设计与调试

一、工作目的

(1)了解数控机床辅助动作种类,掌握数控机床常见辅助功能的 PMC 编程方法。

(2)掌握数控 M08、M09 等辅助指令功能的实现方法。

(3)掌握译码指令 DECB 的作用和使用方法。

(4)掌握定时器 TMRB 的使用方法。

(5)提高 PMC 编程实践动手能力。

二、工作准备

(一)工具、仪器及器材

(1)器材/设备:数控机床维修实验台、数控加工中心 VDL800、数控车床 CKA6132。

(2)其他:装有 FANUC LADDER-III 软件的电脑、CF 存储卡、FANUC PCMCIA 网卡。

(3)资料:机床电气原理图、FANUC 简明联机调试手册、FANUC 参数手册、FANUC 梯形图编程说明书、伺服放大器说明书、FANUC 产品选型手册。

(二)场地要求

数控机床电气控制与维修实训室、机械制造中心。

三、M 代码 PMC 控制——主轴运行功能

下面以某数控铣床主轴正反转、冷却液开启和关断控制为例,分析 M 代码的 PMC 控制过程。PMC 控制梯形图如图 12-12 至 12-18 所示。

(一)译码指令说明

数控机床在执行加工程序中的 M、S、T 代码时,CNC 装置以 BCD 或二进制代码形式输出 M、S、T 代码信号。这些信号需要经过译码才能从 BCD 或二进制状态转换成具有特定功能含义的一位逻辑状态。

机床主轴运动的控制有手动控制和程序控制两种方法。

控制方法为:在 CNC 处于自动运行、远程运行和手动数据输入的任一种方式,执行加

工程序指令M03时,主轴开始正转;执行M04时,主轴开始反转;执行M00、M05、M30任一指令时,主轴停止运行。

手动控制方式为:在手动JOG、手轮进给HND方式时,按下主轴正转或反转时,主轴开始旋转;按下主轴停止、复位、急停,主轴停止运行。

(二)PMC相关地址

1. X信号

主轴手动正转按钮,地址X17.1;

主轴手动停止按钮,地址X17.2;

主轴手动反转按钮,地址X17.3。

2. Y信号

主轴正转指示灯,地址Y11.0;

主轴反转指示灯,地址Y11.5;

主轴停止指示灯,地址Y11.2;

主轴电机正转控制继电器,地址:Y8.0;

主轴电机反转控制继电器,地址:Y8.1。

3. F信号

数控系统M代码信息输出,地址:F10~F13;

数控系统复位信号,地址:F1.1;

手动数据输入选择检测信号,地址:F3.3;

DNC运行选择确认信号,地址:F3.4;

自动运行选择检测信号,地址:F3.5。

4. G信号

结束信号,地址G4.3。

5. R信号

主轴正转指令M03译码地址:R10.0;

主轴正转指令M04译码地址:R10.1;

主轴正转指令M05译码地址:R10.2;

主轴正转自动打开中间继电器地址:R207.4;

主轴反转自动打开中间继电器地址:R207.5;

主轴正转手动打开中间继电器地址:R450.0;

主轴反转手动打开中间继电器地址:R450.1;

M功能完成信号地址:R250.0。

(三)主轴手自动正反转程序设计

二进制译码指令DECB把程序中的M码指令信息(F10)转换成开关量控制;程序执

行到M03时,R10.0为1;程序执行到M04时,R10.1为1;程序执行到M05时,R10.2为1;程序执行到G70.5为串行数字主轴正转控制信号,G70.4为串行数字主轴反转控制信号,F0.7为系统自动运行状态信号(系统在MEM、MDI、DNC状态),F1.1为系统复位信号。

当系统在自动运行时,程序执行到M03或M04,主轴按给定的速度正向或反向旋转,程序执行到M05或系统复位(包括程序的M02、M30代码),主轴停止旋转。在执行M05时,加入了系统分配结束信号F1.3,如果移动指令和M05在同一程序段中,保证执行完移动指令后执行M05指令,进给结束后主轴电动机才停止。

(1)先对M进行译码,通过DECB功能指令进行主轴正转M03、反转M04、停止M05译码。如图12-12所示。

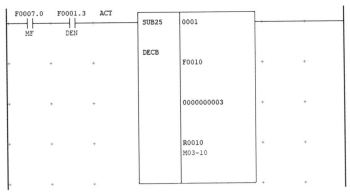

图12-12 M译码

(2)自动运行时需要在手动数据输入MMDI、DNC运行MRMT、自动运行MMEM方式下才能有效,同时停止的条件有M05、RST、M19、M29等。如图12-13所示。

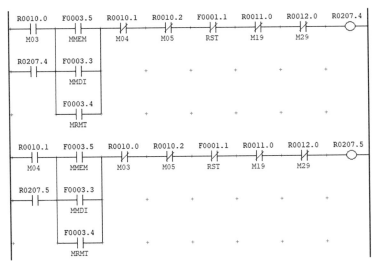

图12-13 自动运行条件程序

（3）手动及自动主轴正转PMC共同实现。如图12-14所示。

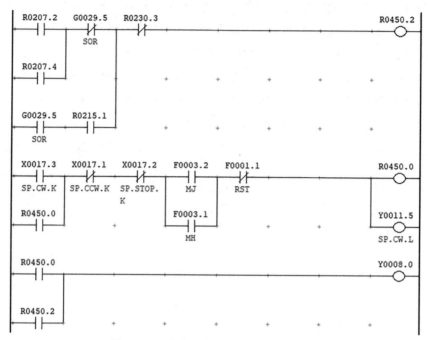

图12-14 手动及自动主轴正转PMC程序

（4）手动及自动主轴反转PMC共同实现。如图12-15所示。

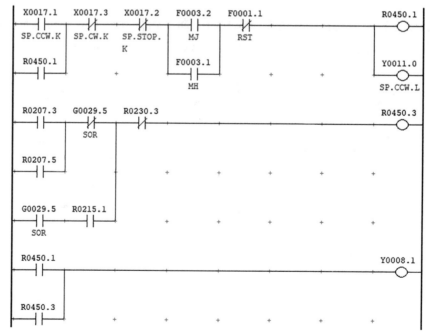

图12-15 手动及自动主轴反转PMC共同实现程序

（5）手动主轴停止，如图 12-16 所示。

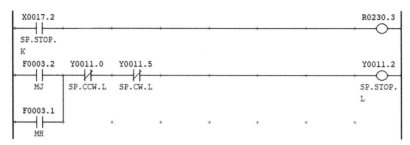

图 12-16　手动主轴停止程序

（6）M 功能完成，如图 12-17 所示。

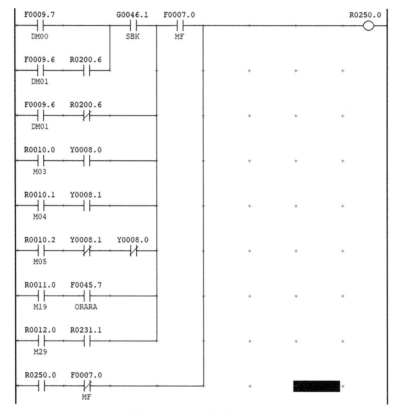

图 12-17　M 功能完成程序

（7）辅助代码功能完成，如图12-18所示。

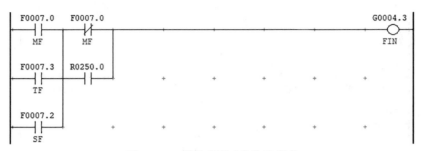

图12-18　辅助代码功能完成程序

（四）程序验证和调试

请同学以2~3人一组的方式分组进行数控机床主轴运行PMC控制程序的设计与调试，使用数控系统内置编程器或FANUC LADDER-Ⅲ软件设计数控机床主轴自动/手动控制程序，将梯形图程序载入数控系统并运行。

对机床主轴运行功能进行如下验证和调试。

（1）将机床转换为JOG或手轮方式，手动按机床操作面板上的主轴正转/反转/停止，查看主轴运行状态。

（2）编辑加工程序，程序内包含有M03、M04、M05、M19、M30等指令，运行程序验证主轴运行情况，将验证情况和调试步骤填入表12-4中。

表12-4　主轴速度倍率验证和调试记录表

序号	验证记录	调试记录

四、M代码PMC控制——工件冷却功能

在数控机床加工工件时，刀具和工件将产生高温，为避免刀具和工件被烧坏，应启动

冷却系统,打开冷却液给刀具和工件降温。

冷却功能的控制一般有手动控制和程序控制两种方式。手动控制是通过机床操作面板上的一个按钮来实现冷却液的打开和关闭;程序控制是使用加工代码M08将冷却液打开,使用加工代码M09、M02、M30等将冷却液关闭。

(一)电气原理图分析

某数控车床CKA6140,其冷却系统电气原理图和PMC输入/输出信号接口电路如图12-19所示。

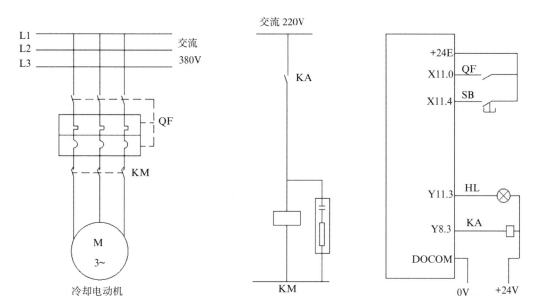

图12-19 润滑系统的电气原理图和PMC输入/输出信号接口

该机床冷却功能的控制有手动控制和程序控制两种方法。

程序控制方法为:在CNC处于自动运行、远程运行和手动数据输入的任一方式,执行加工程序指令M08时,冷却液打开;执行M02、M09和M30任一指令时,冷却液关闭。

手动控制方式为:在CNC处于机床任意工作方式,若冷却液当前处于关闭状态,按下冷却按钮将打开冷却液;若冷却液当前处于开启状态,再次按下冷却按钮或按下机床复位、急停按钮,都可以将关闭冷却液。

(二)PMC相关地址

由前面的分析可知,本机床冷却功能相关的PMC信号地址如下:

1.X信号

手动冷却液开按钮SB,地址:X11.4。

2.Y信号

冷却液指示灯,地址:Y11.3;

冷却泵电动机控制继电器,地址:Y8.3。

3.F信号

数控系统M代码信息输出,地址:F13~F10;

数控系统复位信号,地址:F1.1。

4.G信号

数控系统急停信号,地址:G8.4;

程序结束复位信号ERS,地址:G8.7。

5.R信号

冷却液程序打开指令M08译码地址:R10.5;

冷却液程序打开指令M09译码地址:R10.6;

手动冷却开继电器,地址:R411.1。

(三)程序设计

程序冷却控制由加工代码M08打开冷却液,M09关闭冷却液,首先需要对M代码进行译码,然后才能用译码地址进行冷却液的打开和关闭编程,还要注意急停、复位、程序结束等都能关闭冷却液的情况,所以经过分析可以设计出梯形图程序。

实际机床应用要求手动控制和程序控制冷却液都有效,因此梯形图的设计如图12-20至图12-22所示。

1.译码

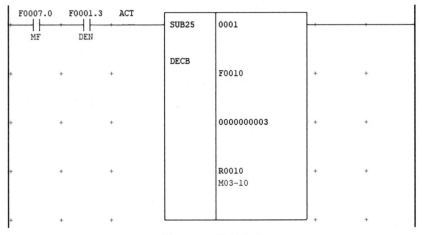

图12-20　译码程序

2.两种方式控制

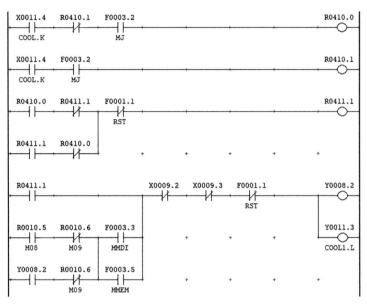

图 12-21　两种控制方式程序

3.辅助功能完成信号处理代码

图 12-22　辅助功能完成程序

(四)程序验证和调试

请同学以 2~3 人一组的方式分组进行数控机床冷却功能 PMC 控制程序的设计与调试,使用数控系统内置编程器或 FANUC LADDER-Ⅲ软件设计数控机床冷却功能控制程序,将梯形图程序载入数控系统并运行。

对冷却功能进行如下验证和调试。

(1)将机床转换到任一工作方式,手动按机床操作面板上的冷却按钮,查看冷却液工作情况,要求当冷却液打开时按下按钮使冷却液关闭,当冷却液关闭时按下按钮使冷却液开启。

(2)编辑如下加工程序:"M08;M00;M09;M00;M08;M00;M02";运行此程序逐步验

证冷却泵的开启与关闭情况。

（3）先手动打开冷却液，再次运行前面的加工程序，验证冷却泵的开启与关闭情况。

（4）再次运行前面加工程序，在冷却液程序自动开启状态时，手动按下机床操作面板上的冷却按钮，验证冷却泵的工作情况。

机床重新上电，再次做前面步骤进行验证。若机床冷却液工作情况与要求不符，请分析原因并进行调试。

将验证情况和调试情况填入表12-5中。

表12-5　冷却功能验证和调试记录表

序号	验证记录	调试记录

五、机床润滑系统PMC编程设计与调试

数控机床运行时，为了使机床导轨、滚珠丝杆和主轴箱等部件稳定工作，需要进行定时的自动润滑；数控机床的润滑方式一般有手动润滑与定时自动润滑，但现代数控机床一般采用定时自动润滑方式，因为这种方式简单方便，也免去了操作麻烦，平时操作者几乎可以不用考虑机床润滑的工作，当润滑油压过低时系统会自动提示操作者添加润滑油。

（一）情景分析

数控车床CKA6140，其润滑系统的工作要求为：

（1）数控机床开机时，在机床准备就绪后，应进行自动润滑20s，然后关闭。

（2）机床在第一次自动润滑后每间隔45min，会自动润滑20s以保证机床在运行过程中导轨、丝杆等工作良好。

（3）润滑泵工作时，2s打油，3s关闭。

（4）在加工过程中，操作者根据实际情况需要可以进行手动润滑，手动润滑为"点动"控制，其操作方法为：任何时刻按住操作面板上的润滑按钮时开始润滑，松开润滑按钮停止。

（5）当润滑泵过载时，系统会有相应的润滑过载报警，润滑泵停止工作。

（6）当润滑油压过低时,系统会有相应的润滑油压过低报警信息,但润滑不会停止。

其润滑系统电气原理图和PMC输入/输出信号电路如图12-23所示。

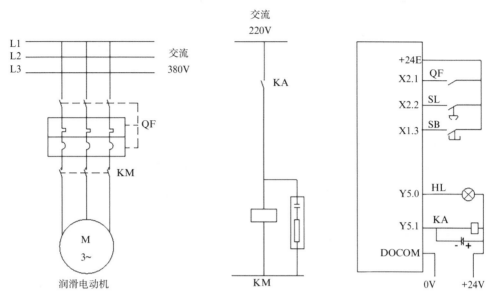

图12-23 润滑系统的电气原理图和PMC输入/输出信号接口

（二）相关控制信号地址

1.X信号

手动润滑按钮SB,地址:X1.3;

润滑泵电机过载保护QF,地址:X2.1;

润滑液面检测开关SL,地址:X2.2;

机床准备就绪信号,地址:X7.0。

2.Y信号

润滑开指示灯,地址Y5.0;

润滑泵控制继电器,地址Y5.1。

3.定时器

润滑泵打油时间2s,T1;

润滑泵打油间歇时间3s,T2;

自动润滑时间20s,T3;

自动润滑时间间隔45min,T4;

开机润滑时间20s,T5。

（三）程序设计

机床的润滑控制实际是一种时间控制与手动控制的组合,设计出的机床自动润滑的控制梯形图程序如图12-24所示。

（1）当机床开机时，机床准备就绪信号X7.0为1，启动机床润滑泵电动机（Y5.1输出），同时启动固定定时器TRMB5，机床自动润滑20s（2s打油、3s间歇循环）后，固定定时器TRMB5的输出线圈R200.5为1，常闭触点R200.5断开机床自动润滑回路，从而实现机床开机时的自动润滑操作。

（2）当机床正常运行过程中，由TMRB3决定润滑一次后的间隔时间（此处为固定30min，也可以使用可变定时器TMR以实现操作者自定义间隔时间），机床润滑一次时间由TMRB4设定（20s），由于两个定时器是互相关联的，可以实现机床周而复始的润滑。

（3）当润滑系统出现过载或短路时，通过过载输入信号X2.1断开润滑泵，同时通过地址A0.3实现润滑泵过载报警信息（1003：润滑泵过载或短路故障）。当润滑液面下降到极限位置时，液面检测开关动作，由X2.2输入润滑系统液压低信号，通过地址A0.4实现润滑液面过低报警信息（1005：润滑液面过低）以提示操作者加注润滑油。

（四）程序验证和调试

机床润滑系统多数时候是自动执行的，且间隙时间较长，所以在验证功能时相对不便，但可以通过观察润滑指示灯和监控梯形图等方法分析判断程序的正确与否。

请同学以2~3人一组的方式分组进行数控机床润滑功能PMC控制程序的设计与调试，使用数控系统内置编程器或FANUC LADDER-III软件设计数控机床润滑功能控制程序，将梯形图程序载入数控系统并运行。

对润滑功能进行如下验证和调试。

（1）打开数控机床电源，注意观察润滑指示灯的工作情况，当PMC启动成功、数控机床准备就绪后，润滑指示灯应自动打开，并以2s通、3s断的频率闪烁变化，20s后会暂停闪烁并熄灭。

（2）进入梯形图监控画面，搜索到R200.3~R200.4，观察TMRB3和TMRB4的计时值变化情况，做好记录。

（3）手动按下机床操作面板上的润滑按钮，监控梯形图的润滑输出状态。

（4）在润滑泵工作时靠近润滑泵会听到打油的声音，同学甲可以进行手动操作并观察梯形图监控，同学乙仔细监听润滑泵的工作情况，同学丙做好记录。

（5）试着将自动润滑间隔时间30min换成使用可变定时器TMR重新进行试验。

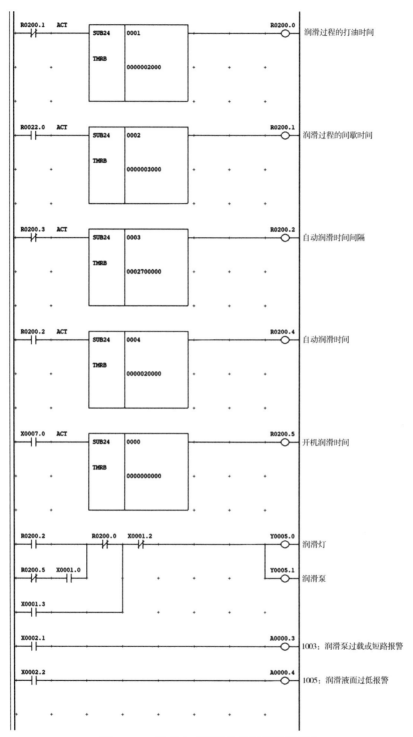

图12-24　机床自动润滑的控制梯形图程序

若机床润滑系统工作情况与要求不符,请分析原因并进行调试。

将验证情况和调试情况填入表12-6中。

表 12-6　验证与调试表

序号	验证记录	调试记录

本项目主要介绍了数控机床辅助功能作用、数控加工程序中的 M 译码处理和实现方法、数控 PMC 译码指令、定时器 TMR 和 TMRB 功能指令、数控机床外部报警信息显示等内容。通过设计和实训方式介绍了数控机床的主轴正反转、典型冷却系统及润滑系统的 PMC 程序控制方法。通过本项目的训练之后应达到如下目标：

（1）全面理解数控机床辅助功能 PLC 控制方法和控制内容。数控机床辅助功能 PLC 控制不仅仅指辅助电动机的运动控制，而且包括各种照明灯、指示灯、继电器、电磁铁、电磁离合器、电磁阀等元件的控制。

（2）掌握数控 M 代码功能实现方法。数控加工程序中的 M 代码包括程序执行控制 M 代码和辅助功能顺序控制 M 代码两大类，其中程序执行控制 M 代码有 M00、M01、M02、M30、M98、M99 六个，它们可以由 CNC 直接输出，不需要 PMC 译码处理；辅助功能顺序控制 M 代码的执行包括六个阶段，且数控加工程序中的 M、S、T 代码都必须用编辑功能完成处理程序（一般为 G4.3）。

（3）掌握数控 PMC 译码功能指令的作用和用法，掌握定时器指令的用法，掌握信息显示指令 DISPB 的用法及数控系统外部报警的编写和调试方法。

（4）掌握程序冷却和手动冷却的 PMC 控制程序设计和调试方法。

（5）掌握数控机床润滑系统的一般控制方法。

完成本项目训练后，读者应对数控机床 PMC 有了较全面的认识，不同的数控机床其辅助功能控制要求区别较大，本项目不能详尽，读者可根据相关的梯形图编程说明书和对 PMC 工作原理的理解加以练习。

本项目在学习过程中，请读者对各个实训任务（机床主轴正反转、冷却、润滑功能）的 PMC 控制功能进行设计与调试，并且做好每个实训步骤、各控制信号地址及梯形图程序的记录，通过训练过程与最终程序执行效果进行检查。

附录A　常用电气简图用图形及文字符号一览表

名称	GB 4728–2008 图形符号	GB 7159–1987 文字符号	名称	GB 4728–2008 图形符号	GB 7159–1987 文字符号
直流电	—— 或 ·······		正极性	+	
交流电	∿		负极性	—	
中性(中性线)	N		端子	○	X
交流发电机	G ∼	GA	可拆卸端子	⊘	X
直流发电机	G	GD	位置开关常开触点		SQ
交流测速发电机	TG ∼	TG	位置开关常闭触点		SQ
直流测速发电机	TG	TG	作用双向机械操作的位置开关		SQ
交流电动机	M ∼	MA	单极控制开关		SA
直流电动机	M	MD	三极控制开关		SA
步进电动机	M	M	常开按钮		SB
三相笼型异步电动机	M 3∼	MC	常闭按钮		SB
三相绕线型异步电动机	M 3∼	MW	复合按钮		SB
交流伺服电动机	SM ∼	SM	断路器		QF
直流伺服电动机	SM	SM	三极断路器		QF

续表

名称	GB 4728-2008 图形符号	GB 7159-1987 文字符号	名称	GB 4728-2008 图形符号	GB 7159-1987 文字符号
欠压继电器线圈	$U<$	KV	隔离开关		QS
过电流继电器	$I>$	KA	三极隔离开关		QS
交流接触器线圈		KM	负荷开关		QS
接触器常开触点		KM	三极负荷开关		QS
接触器常闭触点		KM	通电延时线圈		KT
中间继电器线圈		K	断电延时线圈		KT
中间继电器常开触点		KA	延时闭合常开触点		KT
中间继电器常闭触点		KA	延时断开常闭触点		KT
热继电器热元件		FR	延时断开常开触点		KT
热继电器常闭触点		FR	延时闭合常闭触点		KT

续表

名称	GB 4728-2008 图形符号	GB 7159-1987 文字符号	名称	GB 4728-2008 图形符号	GB 7159-1987 文字符号
电阻器		R	电流表		PA
压敏电阻		RV	电压表		PV
电容器一般符号		C	电度表	kWh	PJ
极性电容器		C	双绕组变压器	或	T
电磁铁		YA	电流互感器	或	TA
电磁制动器		YB	熔断器		FR
电磁离合器		YC	照明灯 信号灯		EL HL
接机壳或接地板	或	PE	二极管		V
接地一般符号		E	晶闸管		V
保护接触		PE	控制电路用电源整流器		VC
电抗器		L	NPN晶体管		V
蜂鸣器		B	PNP晶体管		V
电铃		B			

附录B　FANUC功能指令

指令			处理过程	型号
格式1 （梯形图）	格式2 （纸带穿孔程序）	格式3 （编程输入）		PMC-PAI
END1	SUB1	S1	第一梯形图程序结束	o
END2	SUB2	S2	第二梯形图程序结束	o
TMR	TMR	S3 或 TMR	定时器	o
TMRB	SUB24	S24	固定定时器	o
TMRC	SUB54	S54	定时器	o
DEC	DEC	S4 或 DEC	译码	o
DECB	SUB25	S25	二进制译码	o
CTR	SUB5	S5	计数器	o
CTRC	SUB55	S55	计数器	o
ROT	SUB6	S6	旋转控制	o
ROTB	SUB26	S26	二进制旋转控制	o
COD	SUB7	S7	代码转换	o
CODB	SUB27	S27	二进制代码转换	o
MOVE	SUB8	S8	逻辑乘后的数据传送	o
MOVEOR	SUB28	S28	逻辑或后的数据传送	o
MOVB	SUB43	S43	一字节的传送	X
MOVW	SUB44	S44	两字节的传送	X
MOVN	SUB45	S45	任意数目字节的传送	X
COM	SUB9	S9	公共线控制	o
COME	SUB29	S29	公共线控制的结束	o
JMP	SUB10	S10	跳转	o
JMPE	SUB30	S30	一个跳转的结束	o
JMPB	SUB68	S68	标点跳转1	X
JMPC	SUB73	S73	标点跳转2	X
LBL	SUB69	S69	标点	X
PARI	SUB11	S11	奇偶校验	o
DCNV	SUB14	S14	数据转换	o
DCNVB	SUB31	S31	扩展数据转换	o
COMP	SUB15	S15	比较	o
COMPB	SUB32	S32	二进制比较	o
COIN	SUB16	S16	一致性检测	o
SET	SUB33	S33	寄存器位移	o

指令			处理过程	型号
格式1 （梯形图）	格式2 （纸带穿孔程序）	格式3 （编程输入）		PMC-PAI
DSCH	SUB17	S17	数据搜寻	o
DSCHB	SUB34	S34	二进制数据搜寻	o
XMOV	SUB18	S18	变址数据传送	o
XMOVB	SUB35	S35	二进制变址数据传送	o
ADD	SUB19	S19	加法	o
ADDB	SUB36	S36	二进制加法	o
SUB	SUB20	S20	减法	o
SUBB	SUB37	S37	二进制减法	o
MUL	SUB21	S21	乘法	o
MULB	SUB38	S38	二进制乘法	o
DIV	SUB22	S22	除法	o
DIVB	SUB39	S39	二进制除法	o
NUME	SUB23	S23	常数定义	o
NUMEB	SUB40	S40	二进制常数定义	o
DLSPB	SUB41	S41	扩展信息显示	o
EXIN	SUB42	S42	扩展数据输入	o
WINDR	SUB51	S51	读窗口数据	o
WINDW	SUB52	S52	写窗口数据	o
PSGNL	SUB50	S50	位置信号输出	o
PSGN2	SUB63	S63	位置信号输出2	o
DIFU	SUB57	S57	上升沿检测	X
DIFD	SUB58	S58	下降沿检测	X
EOR	SUB59	S59	异或	X
AND	SUB60	S60	逻辑乘	X
OR	SUB61	S61	逻辑或	X
NOT	SUB62	S62	逻辑非	X
END	SUB64	S64	子程序结束	X
CALL	SUB65	S65	条件子程序调用	X
CALLU	SUB66	S66	无条件子程序调用	X
SP	SUB71	S71	子程序	X
SPE	SUB72	S72	子程序结束	X
AXCTL	SUB53	S53	PMC轴控制	o